水 利 科 学 丛 书

水文水资源计算务实

金光炎 著

东南大学出版社
·南京·

内 容 摘 要

本书是《水文水资源分析研究》(2003 年)一书的续编,为作者近十多年来水文水资源方面的论文,主要内容为水文统计理论与实践、水资源分析与评价以及水文水资源分析应用的经验与体会,其中的城市水文学基本知识系浅近的读物,中英文对照。

读者对象为大专以上水平的水文水资源专业人员,亦可作为高等院校的参考用书。

图书在版编目(CIP)数据

水文水资源计算务实 / 金光炎著. —南京:东南大学出版社,2010.8
(水利科学丛书)
ISBN 978 - 7 - 5641 - 2194 - 5

Ⅰ.①水…　Ⅱ.①金…　Ⅲ.①水文计算-汉、英②水资源-水利计算-汉、英　Ⅳ.①P333②TV214

中国版本图书馆 CIP 数据核字(2010)第 071510 号

水文水资源计算务实

出版发行	东南大学出版社
出 版 人	江 汉
社　　址	南京市四牌楼 2 号
邮　　编	210096
网　　址	http://press.seu.edu.cn
经　　销	江苏省新华书店
印　　刷	兴化印刷有限责任公司
开　　本	B5
印　　张	19
字　　数	372 千字
版　　次	2010 年 8 月第 1 版
印　　次	2010 年 8 月第 1 次印刷
书　　号	ISBN 978 - 7 - 5641 - 2194 - 5
印　　数	1—2000
定　　价	38.00 元

(本社图书若有质量问题,请与读者服务部联系。电话:025 - 83792328)

前　言

本书是《水文水资源分析研究》的续编,大都为近十多年来在刊物或论文集上发表的论文,还有少数记叙类的文章,内容简介如下。

第一部分为综述类的文章。第一篇叙述了务实创新与发展水文科学的关系,扼要回顾了水文科学的发展历史,简述了理论联系实际、自主创新对水文科学发展的重要性;第二篇是为纪念治淮 60 周年(1950—2010)而作,记述了在治淮实践中,在实事求是和勤奋务实作风的引领下,在专业上成长的过程;第三篇是对 1993 年的《水利水电工程设计洪水计算规范》(SL 44 - 93)中洪水频率计算部分提出了一些看法,当时 2006 年编制的替代该规范的新规范(SL 44 - 2006)尚未发布。今天看来,此文中的多数意见仍有一定的参考意义。

第二部分为水文统计类的文章,是本书篇幅最多的部分,主要内容为水文频率分布模型、参数估计技术和合理性分析等。近一段时期以来,新引入的模型和新的参数估计方法在水文文献中频频出现,为此本部分有多篇文章对它们进行了比较详细的叙述与剖析,并特别强调计算结果的合理性分析。另对暴雨强度公式中参数的求解技术和异参同效问题作了介绍,并以实例做出说明。其他是对洪水频率分析中特大值处理方法做了评述和提出了改进意见,还就期望概率和防洪标准等有关问题提出一些想法。

第三部分为水文水资源类的文章,其中包含对地表径流的分析计算和对深层地下水资源的进一步认识,并以淮河流域安徽省有些区域的情况为例,做了分析,说明了当地水资源的有限性与保护水资源的必要性。另外还列述了水文预报误差评定方法和城市防洪标准相应的洪水值问题。

第四部分为述评类的文章和笔记类的记叙文,包括:二维分布的导演和应用,此文写于 1964 年,系根据当时国内外文献有关内容进行的综述,现略作了整理,可作为参考资料;另外是几种分布与线性矩的关系等问题。

　　最后为附录。附录 A 为城市水文学基本知识,这是 2006 年和 2007 年应安徽省外经建设公司之邀,在为非洲学员举办的两届"建筑技术"培训班上所写的讲义,系中英文对照,其中的英文稿经多位专家翻译和校对,非常感谢他们的辛劳和帮助。其他两个附录分别为两种分布的离均系数表。

　　本文集的各部分基本上按发表或完稿的时序排列。多篇文稿系针对实际工作中出现的问题而作,希望能对进一步研究和实际计算有所帮助。

　　自《水文水资源分析研究》2003 年出版发行以来,得到多位专家和读者的关注和鼓励,十分感激。该书只印刷了一次,没有重印和新编,请读者们识别和注意。

　　本书有幸得到水利部公益项目(200801068)的部分资助。衷心感谢对本书出版提供帮助和提出过宝贵意见的同志,对刊物和论文集的编辑以及论文的合作者深表谢意。不足之处,请批评指正。

金光炎

2010 年 3 月

目　录

第一部分　综　述　类

第二部分　水文统计类

第三部分 水文水资源类

第四部分　述评及其他

附　　录

第一部分 综述类

1 务实创新与发展水文科学

摘　要　简要回顾了水文学科的发展历史和列述了近期新出现的分支学科。简述了理论联系实际、自主创新和普及与提高并重对发展水文科学的重要性。提及"好资料、好模型、好经验"为做好水文工作的必要条件。建议有组织地对新学科分支进行研究。

关键词　水文科学　求是务实　自主创新

水文科学是"关于地球上水的起源、存在、分布、循环、运动等变化规律和运用这些规律为人类服务的知识体系"[1]。水文科学的研究领域十分广阔，陆地水、海洋水、冰川水以及大气水、地表水、地下水等，都是它的研究对象。全球和地区的水文循环是水文科学研究的核心；也就是说，其主要研究对象为水文循环中各有关要素的运动和变化规律以及各要素之间的关系和相互影响。到了现代，人们以极大的兴趣关注水资源的开发利用和人类活动对自然环境的影响，水量和水质并重，这都为水文科学提出了新的任务，为发展水文科学起了促进作用。

水文科学是在与自然作斗争和改造自然中成长起来的，是为了实践的需要。水文科学在逐步认识自然过程中以及在观测实验和分析研究中得到发展，渐渐成为一门近代的自然科学。

本文先回顾水文科学的发展简史，然后就理论联系实际、自主创新和如何做好水文工作等问题，提出一些浅见。

1.1 水文科学发展简史摘述

水文科学是一门既古老而又年轻的科学。长期以来，人类为除水害、兴水利进行不断地探索，在与水旱灾害作斗争中，观测水文现象，研究水文规律，在大量的实践中积累了丰富的水文知识，逐渐形成了这门学科。据《水文学史》[2]叙述，水文学始于何时何地，很难回答，因为很早以前没有记载；虽然人们在实践中有了一些水文活动，但那时不够系统，还不能成为一门学科。现将一些主要事例记述如下。

1) 水文学的起源与重要记载选列

(1) 公元前时期。根据已有记载,约在公元前 3 000 年前,古埃及在尼罗河开始观测水位。公元前 1 400 年前后,中国殷墟甲骨文中已有雨、泉和洪水的记叙。公元前 251 年,中国的李冰在都江堰用石人小尺观测水位。公元前 88 年前后,中国的王充提出水文循环和潮汐成因的科学解释。

(2) 公元 1 世纪至 19 世纪。公元 1 世纪,古希腊的希罗提出河流的流量取决于流速和过水断面。223 年,中国在黄河支流伊洛河龙门崖壁石刻洪水。1424年,中国采用测雨器观测雨量。1663 年,英国的雷恩发明自记雨量计。1736 年,中国绘制以寸计的降水量等值线图。1775 年,法国的谢才发表明渠均匀流公式。1790 年,德国的沃尔特曼发明流速仪。1841 年,北京开始用现代方法观测和记录降雨量。1851 年,爱尔兰的莫万尼提出推理公式,计算小流域的最大洪峰流量。1865 年,中国长江汉口设立了水位站,为我国现代水位观测的开始。其他,如1856 年法国的达西定律、1871 年法国的圣维南方程组、1889 年爱尔兰的曼宁公式,都为水文科学发展做出了贡献。

(3) 20 世纪。1914 年,美国的海森首先用正态概率格纸选配流量频率曲线,把概率理论引入水文计算。1924 年,美国的福斯特提出用皮尔逊 III 型分布的频率计算方法。1931 年,前苏联的韦利卡诺夫提出等流时线概念。1932 年,美国的谢尔曼提出单位线。1933 年,美国的霍顿提出下渗理论曲线。1934 年,前苏联建立了瓦尔达依径流实验站。1935、1936、1945 年,美国的麦卡锡、霍伊特、克拉克分别提出了马斯京根法、随机水文过程移动平均模型、瞬时单位线。1957 年,中国出版了《洪水调查》。1965 年,国际水文计划开始活动。1975 年,国际水文计划开始执行。到了 20 世纪下半时期,先进的水文仪器、众多的水文模型以及计算机的普及应用,为水文科学发展提供了许多新的条件。

2) 近期出现的多门年轻分支学科

为实际发展和实践工作所需,不少水文科学分支应运而生。例如,农业水文学[3]、城市水文学[4,5]、地下水水文学[6]、环境水文学[7,8]、生态水文学[9]、灌溉水文学[10]和同位素水文学等。其他,如随机水文学也有新的内容和发展。还有一些新的学科,如模糊数学、灰色理论、混沌理论和系统理论在水文学中的应用研究等,也都方兴未艾。

新分支学科的出现,一方面更丰富了水文科学的内容,有利于水文科学的发展和有益于为实践服务。另一方面,应该看到,有的分支学科与已有学科内容有交叉,分支学科之间的相互关系等需要有明确的分工。例如,地下水水文学与水文地质学关系密切各应如何侧重;农业水文学与灌溉水文学的内容各应如何划分;环境水文学和生态水文学各应研究什么等等。内容适当交叉是可以的,但若重复过多就会显不出该分支学科的特色及其专门性。

因此,应有组织地将各分支学科的研究对象和主要内容进行界定,明确分工,协调工作。建议有关单位尽快组织讨论,落实牵头单位,解决具体问题,以利于更好地来发展各分支学科。

1.2 水文发展与理论联系实际

水文学是一门实用性很强的学科,在工作过程中,理论与实际密切联系十分重要。按传统的说法,水文工作的主要内容为"测、报、算"。测,就是水文测验;报,就是水文预报;算,就是水文分析与计算。水文工作遍布各地,有城市、农村,沙漠、草地、海洋、陆地和高山、平原等,其中含有许多复杂而条件各异的实际问题。因而水文学科的主要任务是面向基层、面对实际,解决实际工作中所发生的问题。

水文工作中,执行"实践是检验真理唯一标准"的原则,至关重要。常可碰到有的方法在理论上是成立的,数学论证上也是有效的,但在实际问题中并不合适。例如,极大似然法在水文频率计算中的应用,就是一个典型的例子。

深入地进行水文研究是需要的,但最终目的是为了解决实际问题,是为了应用,故新的理论、新的方法都应深入浅出,为广大水文工作者所理解和接受,并便于操作。

理论要为实践服务;反过来实践中出现的问题,也可为理论研究提供课题,如此往复,水文科学的水平方能大为提高。求是务实是水文科学发展的必由之路。

1.3 自主创新,提高我国水文科学的水平

2005 年 3 月 30 日,温家宝总理在国家科学技术奖励大会上的讲话指出:"科技的灵魂是创新,科技的活力在改革,科技的根本在人才"。创新是科技的灵魂,是学科发展的必需,是提高科学水平的关键。

科学工作者继承和学习前人的经验当然很重要,但不能满足于已有的成就,不能只学习别人的东西,要突破传统的束缚,提出新型的观点,通过大量的实践来检验自己的设想和提出的方法。这就是要有更多的原创,要大力提倡自主创新。

不妨回忆 20 世纪七八十年代的两件事。第一件是爱尔兰学者纳希提出用矩法来计算瞬时单位线中的两个参数,当时掀起了一股"纳希热",虽然这种方法比较简单,适合有些地区应用,并有所改进(如将两个参数与当地的地理因子建立关

系等），但总的说来，毕竟是以我们的资料验证了纳希方法的可应用性。第二件是美国的"确定洪水频率指南"[11]出来后，对其中推荐用对数皮尔逊Ⅲ型分布作为洪水频率曲线线型，很多单位做了大量的计算工作，终于因为适应性不佳，没有继续探讨下去。

学习与继承是必要的，但主要是自主创新，这就是要利用我们自己的优势和特点，提出新的和有效的方法，来更好地解决实践中需要解决的问题。要继承和创新并重。创新不一定是从无到有，但一定要在已有的基础上向上攀登，不能跟在别人的后面跑；需要学习别人的东西，但要有更多的原创。

1.4　保证水文工作达到良好效果的"三好"条件

水文工作和其他各行各业一样，为了做好各项工作，达到优良的效果，必须具备"三好"条件，即好资料、好模型、好经验。

1）要有可靠和足够的资料

可靠的资料是最为关键的条件。如果资料不可靠，那么模型再好、方法再细、付出再大，都是无法得到可靠结果的。足够的资料也是做好水文工作的前提。

资料系列要有代表性。一个系列需要不同的年型组成，如丰水、平水、枯水的资料均应有。如果资料的代表性不足，所有结果都是会有偏差的。

在人类活动大量影响水文资料的现时，应特别注意资料的一致性，即检查前、后期资料是否受到影响，如果有的话，应作适当处理，并进行必要的修正或还原计算等。

资料质量的重要性不言而喻，所以在分析计算前，要认真检查资料。检查资料的工作，不论在什么时候，都应深化，不应淡化。

2）要有合适的模型和方法

水文现象是十分复杂的，例如要用流域上的降雨量来推算流域出口的流量过程，这中间有许多影响因子，模型不可能一个不漏地把它们都包括进去，只能抓几个主要因子将模型进行概化和简化。因此，选取模型或研制模型要合适，要符合当地的实情。

对于模型的输入，不但水文资料要可靠，输入的各项参数也要合理。除了率定资料之外，还要有检验资料，最好是通过多次预报的结果检验。

3）要有丰富的知识和经验

用任何方法进行计算，因受资料的误差、参数的不确定性、方法的概化和简化等影响，得到的结果一般只是初值，最终取用值必须经过综合平衡、调整修改等合理性分析后才能确定。

合理性分析要求水文工作者有丰富的专业知识和实践经验,充分了解所计算区域的各种情况,并能权衡不确定性因素对计算的影响,再经过讨论和协调,才能得到最终的取用结果。例如,绘制降雨量等值线图,先按照站点的实测值进行初绘,然后参照水汽来源、地形地貌等实情,做出调整、修匀;特别是对于条件相似的平原区,不能有过多的表示为峰或谷的小圈,也就是这类地区一般不可能有较多的暴雨中心或雨经常下不到的地方。又如,对于水文频率计算结果,需在时间和空间(点、线、面)上进行平衡、协调,不能出现有不合理的情况。时间上是指长、短时段结果的比较(如短时段的结果不能大于长时段的结果),空间上是指线上(如河流的上下游)和面上(如邻近区域或相似流域)结果的协调和平衡。切忌用纯粹的数学方法或计算机直接计算所得的读数,不加分析地简单取用,因为这是未经合理性分析的初值。

有位学者讲过,以往解决问题的途径有两个,一是"理论",二是"实验",现在多了一个是"计算"。的确,在计算机普及的今天,为计算创造了有利条件,许多可归纳为数学化的问题,用计算的方法可以起到一定的作用。然而,应当认为还有一个重要的途径,那就是"经验"。合理性分析非常重要,而好经验又是合理性分析的依据,是建立这类专家系统的基础。

因此,要做好任何工作,"好资料、好模型、好经验"是不可缺少的,"理论—实验—计算—经验"相互结合和灵活应用、实事求是地进行分析研究,更能帮助我们解决好所要处置的问题。

1.5　亟需普及与提高相结合

全国在基层工作的水文工作者为数众多,需要深入浅出的知识和可操作的方法,只有获得更多的知识和经验,才能提高工作效率,创造性地工作。

每完成一项任务,要善于总结经验,归纳出未解决的问题,提出今后的研究方向和课题。有些专门性或比较高深的课题,最好组织专门人员进行研究,使理论水平有所提高,问题有所解决。普及工作不可少,任何新的方法只有为广大水文工作者所认识,才能真正发挥有效的作用和有利于工作的开展。

对于水文专业之外的领导干部、基层干部和群众,在汇报和沟通时,要尽可能地浅近地解释好专有名词、所进行工作的目的意义和已得到的结果,使他们有很好的了解和认可,这会对我们的工作很有帮助。特别是对于一些容易误解的问题,需细心地加以解释。例如百年一遇的洪水,不是每百年一定出现一次,而是发生超过这种洪水的可能性(概率)为1‰的通俗化代名词,是很长时期内的平均情况等等。

普及与提高应相互结合。提高不忘普及,普及不忘提高,将使水文科学取得有更大的发展。

1.6　结语

（1）水文学是一门既古老又年轻的学科,有前人的成就和现代人的努力;近期又出现了新的学科分支,有待大家的努力和实践。

（2）理论要密切联系实际,水文研究需面向基层、面对实际、深入浅出,普及与提高并重。

（3）提倡自主创新,做到继承和创新相结合,但主要是原创。

（4）好资料、好模型、好经验的"三好"条件是做好水文工作的关键,任何水文计算成果都必须经过合理性分析后才能取用。

应提倡求是务实,自主创新,为发展水文科学做出新贡献!

（附记:本文为 2007 年 9 月 14 日在北京举行的"中国水文科技与发展高层论坛"上的发言整理稿）

参　考　文　献

[1]　中国大百科全书总编辑委员会. 中国大百科全书—大气科学·海洋科学·水文科学[M]. 北京·上海:大百科全书出版社,2007

[2]　Biswas. A. K.;刘国纬译. 水文学史[M]. 北京:科学出版社,2007

[3]　施成熙,粟崇嵩. 农业水文学[M]. 北京:农业出版社,1984

[4]　霍尔. M. J.;詹道江译. 城市水文学[M]. 南京:河海大学出版社,1989

[5]　朱元甡,金光炎. 城市水文学[M]. 北京:中国科学技术出版社,1991

[6]　朱学愚,钱孝星. 地下水水文学[M]. 北京:中国环境科学出版社,2005

[7]　沈晋,沈冰. 环境水文学[M]. 合肥:安徽科学技术出版社,1992

[8]　张仁铎. 环境水文学[M]. 广州:中山大学出版社,2006

[9]　Eaglson,P S;杨大文译. 生态水文学[M]. 北京:中国水利水电出版社,2008

[10]　代俊峰,崔远来. 灌溉水文学及其研究进展[J]. 水科学进展,2008,19(2):294～300

[11]　Interagency Advisory Committee on Water Data,etc. Guidelines for Determining Flood Flow Frequency (S). Bulletin No. 178 of the Hydrology Subcommitte. Revised Sep. 1981,Editorial Correction,Mar. 1982

（原载:江淮水利科技,2008(5):3～5）

2 从治淮实践中成长和发展

摘 要 在毛泽东主席"一定要把淮河修好"的伟大号召下,广大干群努力奋战,60年来治淮战线上硕果累累。本文以亲身体验记述了在治淮实践中受锻炼的事例,并在实事求是作风的熏陶下,有了专业上的成长和进展。

关键词 一定要把淮河修好 治淮60年 实事求是

在毛泽东主席"一定要把淮河修好"的伟大号召下,各级领导和群众同心协力、艰苦奋斗、顽强拼搏,在治淮战线上已经历了不平常的60个春秋。这60年中,淮河流域上建设了许多水利工程,涌现出许多英雄模范,培育了许多优秀人才,积累了许多实践经验,取得了伟大的成就[1]。

我是1950年参加治淮工作的,自学校出来,第一站就是淮河之畔,陆续担负了规划、设计、测量和施工等任务。从参加工作的角度上来看,可以说,我与治淮是"同龄",作为同龄人,感慨颇多。与许多同志一样,在治淮的实践过程中,得到了锻炼成长。

治淮工程的成效不胜枚举,这里不一一列出,只对其中印象较深的两件事说一说。第一,1969年7月14日,大别山区发生大暴雨,洪水暴涨,佛子岭水库漫坝,洪水位超过坝顶1.08 m,漫坝时间长达25 h,其上游磨子潭水库的洪水位超过坝顶0.49 m,漫坝时间达4.8 h,均未垮坝,这是一项伟大的奇迹(上述数据摘自《中国大洪水》[2])。其次是淮河流域北部的平原区,广布有不同程度的盐碱地,庄稼难以生长,多年治理,见效不大。当大规模的井灌(打井灌溉)工程开展后,地下水位降低,加上生产关系和耕作条件的改变,这类盐碱地基本消失了,并得到了丰产丰收,这也是一项很有成效的事例。

总之,60年来,治淮效果硕果累累,不仅利及本流域,而且治淮的实践经验被不断地推广到全国各地,从治淮实践中培养出来的优秀人才奔向祖国的四面八方,为国家和人民做出了更多、更大的贡献。

现在,作为一名水文水资源工作者,想用两个亲身体验的例子,说明我的经历与感受。

2.1 在实践中成长和发展

一个人在工作实践中,常常会遇到一些很平常的事件,但如果能将它千方百计地做好,那就可能会有意想不到的收获。

1) 第一个事件——从暴雨频率分析到水文统计全科的发展

1954 年夏季,淮河发生了流域性的特大洪水。据考证与分析,它与 1931 年的洪水不相上下,其重现期为 40～50 年一遇。汛后,当时的治淮委员会组织了大批人员,重新编制新一轮的流域规划。于是,我暂时搁置了手边的工作,被抽调来参与这项新的任务。

规划初期,首先接触的是设计暴雨的确定,其中需要进行水文频率计算。一天,科组负责人交给我一项任务,那就是绘制短历时的 1 天、3 天、7 天的暴雨频率曲线。具体要求是:凡资料在一定年限以上的雨量站点全部选用;采取规定的频率分布曲线和经验频率公式;用目估适线法,C_s 分别取 $2C_v$、$3C_v$ 和 $4C_v$;在同一张概率格纸上对每一历时绘制三条频率曲线。同时,还神秘似地说:“你只管画,至于最终取用哪条曲线,你无权定,我也无权定,须由总工程师来定”等等。之后,利用手头仅有的简单计算工具——计算尺、算盘加曲线板,日以继夜,不知过了多少时日,终于完成了两本厚厚的频率曲线图和多本计算底稿,如释重负地交差了。几天后,这位负责人携带了这些图稿,向总工程师去汇报,结果是决定采用 $C_s = 3.5C_v$。初看起来,这似乎是一件很平常的事件,而具有经验性,但它反映出的却是一定的统计规律性。这个规律性,不仅适用于淮河流域,给频率分析带来了很大的方便,而且也推广到全国大部分地区使用。据知,后来通过各地长期资料系列的验证,恰如《中国暴雨》中所说[3]:“从全国的分布可以看出,大多地区 C_s/C_v 介于 3～4 之间,说明一直沿用的全国统一比值 3.5 属一个中间数值”,说明了 $C_s = 3.5C_v$ 对短历时暴雨频率分析有一定的统计规律性和较为普遍的适用性,因而其作用是明显的,影响是深远的。

就是这个 $C_s = 3.5C_v$,当时使我疑问丛生,总是在想为什么选定的不是所画的几条线,而偏偏取了没有画上的 $C_s = 3.5C_v$ 呢,这总是有道理的吧。于是决心弄个明白,开始学习那时仅有的文献,对每一个公式能导演的就去导演一下,能思考的也多去想想,没有料到在推演统计参数的抽样误差公式时,发现有几个公式与前苏联两位院士得到的不一样。后经有关同志与原作者联系,他们承认了原公式有误,这成了我学习的一大收获,从此与水文统计结下了不解之缘。

水文学中,对水文分析计算有两个主要途径:物理成因途径和统计途径。前者是根据水文现象的物理成因,来分析研究其发生、发展的变化规律和各有关因素之间的关系。大家知道,水文现象有其必然发展的物理过程,但在其数量的出现上,还有随机性的一面,这就需要用概率统计理论和方法来处理。通过多年的实践,在领导和同志们的关怀和鼓舞下,不断提高,逐渐成长,成为了统计途径研究领域中的一兵,成长为水文统计全科发展中的一员,这是我在治淮实践上的一大收获。

2）第二个事件——从地下水开发利用实践到评算技术的创新

1966 年夏秋之际，我国北方大部分地区发生了罕见的干旱，并一直延续到第二年的夏初。为此，淮河流域的四省平原区，有组织地开展了井灌工程的建设，形成了有史以来最大规模的井灌建设运动，为抗旱增产起到了积极的作用。当时，我加入了这个队伍，这是我参加地下水实践工作的开始。

井灌建设必须与地下水打交道，需要进行地下水资源评价，了解地下水资源量和可开采量，以便合理布井和适时灌溉。对于地下水资源评价，不但有方法的选择问题，更有地下水计算参数（水文和水文地质参数）的确定问题。必须提及的是五道沟水文水资源实验站在这些方面起到了十分重要的作用，其多项因素（如降雨入渗、潜水蒸发、地下水位等）的观测资料，对分析参数用处很大，所得到的参数不仅应用于淮河流域，而且还推广到其他同类地区，给许多无资料地区提供了可以参照和移用的参数，解决了计算上的困难。同时，按照实际需要，做了多次有关的试验，更丰富了成果和积累了经验，为做好评价工作提供了更多的有利条件。

我根据水利、地质等部门多年的合作共事和长年的实践工作，再吸取流域内外的成果和经验，在地下水资源评价技术上，归纳出以下几点主要的改进与创新。

（1）用水均衡法替代四大储量法

以前，地下水资源评价方法一直沿用四大储量法。所谓四大储量就是：① 静储量，指在天然或现状条件下，最低地下水位以深含水层中所蓄存的水量；② 动储量，即地下水径流量，是一定时间内通过地下某断面的总水量；③ 调节储量，是地下水最高和最低水位之间含水层中所蓄存的水量；④ 开采储量，即在一定的技术、经济能力下，能从含水层中取出的水量。这种方法由于计算过于简单，且概念不是很确切，计算项目不够完整，适用性受到限制。例如，安徽省淮北地区 40 m 以浅的静储量曾估算为 600 亿 m³，这个数字很大，但缺乏实际意义。据近期的评价结果为 60 亿～70 亿 m³，只占静储量的 1/10 左右。在动储量计算中，仅含有侧向水流，没有考虑垂向补给的水量。再如调节储量内，未计及降雨和蒸发对地下水位的变幅等。水均衡法可以避免上述方法的不足，并能详细计算地下水补给量、排泄量和储存量以及计算出其中各个量的分量，概念明确、计算方便，故目前都采用这个方法。

（2）将水文学方法与水文地质学方法相结合

以往沿用的多是水文地质学的方法，计算比较单一。将水文学的方法应用到地下水的计算中，并与水文地质学相结合，开阔了思路，增加了方法，更便于评价与计算。例如，引入地表水计算中的多年调节法，不但解决了地下水可开采资源量的计算问题，也给地下水规划提供了地下水资源在历年变化过程中的变化概况,利于提出规划方案和应对措施。

(3)地下水计算参数变值系统的发现与建立

地下水计算参数(水文和水文地质参数)过去一直沿用的是常值参数,即在计算时,对相同的岩性,参数取不变的常量。通过长期的观测和研究发现,这类参数不仅随岩性而变,还随地下水位埋深而变。例如,给水度、降雨入渗补给系数、地下水资源量等也是随地下水位埋深而变化的。变值系统的引入,使评价结果的精度大为提高。这是一个新的发现,是一种创新,对丰富地下水文学理论和实际应用都有深远的意义。

(4)开展四水转化的研究,加深对四水转化机制的认识

四水(降水、地表水、土壤水和地下水)是有机联系着的四种水源,相互间的关系非常密切。通过四水转化的研究,不仅可以发现它们之间的相互关系和转化规律,而且还解决了水资源评价中的重复量计算问题。

所有这些,都是新的创举,大大有利于地下水资源的评价与计算,在理论和实践上,不仅对我国,而且对世界都具有十分重大的意义。这是我国广大地下水工作者共同努力的结果。

2.2 实事求是的风范引领我们成长和进步

自参加治淮工作以来,领导和同志们一贯的实事求是的作风和勤奋务实的风气,引领我们踏实工作,把所担负的任务做得更好。多年来,体会较深的有两项要领,即"三注重"("三好")和"三实",下面分别简述之。

1)"三注重"是做好工作的基本准绳

所谓"三注重"就是注重资料、注重实际操作和注重实际情况。

(1)注重资料,即要重视资料的可靠性、代表性和一致性

资料的可靠性是最关键的条件。如果资料不可靠、误差很大,那么在后续工作中,即使模型再好、方法再细、投入再大,都是无法得到可靠的结果。

资料的代表性是要求资料系列的分布不能有偏向。一个合适的系列,需由丰水、平水和枯水年合理组成,而且还应有符合计算要求的系列长度。如果资料系列缺乏代表性,则结果是有偏差的。

资料的一致性是与人类活动的影响有关。例如,水利工程修建前后,同一测站上所测得的资料,条件是不一样的,应分别对待,一般是采取还原(还算到未受影响时的情况)或还现(还算至现时某一年段的情况)计算来加以处理。

(2)注重实际操作,即要选取合适的模型和方法

水文现象是十分复杂的,例如用流域上的降雨量来推算流域出口处的流量

这中间有许多影响因子,在建立模型时,不可能把所有因子都加入到模型中,而只能抓住几个主要的因子,对模型进行简化和概化。这样,由模型得到的结果,会有一定的不确定性。因此,在研制或选择模型时,必须合适,并符合实情。同时,还需注意所采用的资料,除了率定的之外,还须有检验的资料,这也是实际操作中很重要的问题。

（3）注重实际情况即注重合理性分析

用任何模型来进行计算,因受资料误差、模型的简化和概化、参数选取等的影响,所得结果会有一定的不确定性。一般,由计算得到的结果,只能是个初值,最后取用值需根据实际情况,即按照所研究现象的物理特性和统计规律,凭工作者的知识和经验,通过综合平衡和调整修改的合理性分析之后,才能确定。

要做好一件工作,这"三注重"是不可缺少的;用另一句话来说,就是要有"三好",即"好资料、好模型、好经验"。实事求是地进行分析研究,是做好工作的必由之路。

2）"三实"作风

所谓"三实",即"实际、实践、实务"的简称,分别简述于下。

（1）"实际"就是理论联系实际

理论不能脱离实际,理论要为实际服务,指导实践。有的水文计算方法,在理论上是成立的,在数学求证上也是有效的,但在实际情况中不合适。例如,极大似然法在水文频率计算中的应用,就是一个典型的例子。学习理论、应用理论是必需的,但最终目的必须理论结合实际,为实际工作解决问题。新的理论、新的方法都应深入浅出,能为广大工作者所理解和接受,便于操作,利于应用。

（2）"实践"就是要重视实际操作

如果想做好一件工作,亲身体验、实际操作是很重要的一环。多数经验表明,在实际操作和具体计算的过程中,常常能发现很有意义的事情,甚至发现新的和值得进一步研究的问题。这样,经过反馈,可给理论研究提供新的课题,促进学科的发展。

（3）"实务"就是要务实,去解决实际工作中出现的问题

经常在实际工作中会有大小不同、难易不等的问题需要及时加以解决,这就要靠大家的智慧和力量。有位学者讲过,大意是：以往解决问题的途径有两个,一是"理论",二是"实验",现在多了个"计算"。他的这番话,是有道理的,因为在计算机普及的今天,为减轻繁复的计算创造了有利条件,许多可归纳为数学化的问题,用计算的方法也可以得到解决。然而,应当还有一个不可忽视的途径,那就是"经验"。如上述,合理性分析很重要,好经验又是合理性分析的依据。因此,"理论—实验—计算—经验"相互结合、灵活应用,实事求是地进行分析研究,不失为

是一种更完整的途径。

2.3　结束语

治淮是新中国成立以来大规模治水事业的开端。60 年来,在党和政府的正确领导和广大人民群众的积极奋战下,取得了伟大成效,淮河流域起了翻天覆地的变化。治淮 60 年,是个值得纪念的日子。

本文从亲身体验到的几件事,进行了回忆,深切地感觉到在治淮战线上获得了锻炼,在工作上有所成长和发展,感谢治淮事业给予的机遇和恩泽。

治淮的路还很长,有待我们继续努力,务实创新,为祖国的建设做出更多的贡献。

祝治淮事业取得更大的成就,愿淮河流域人民幸福安康!

参 考 文 献

[1]　水利部淮河水利委员会《淮河志》编纂委员会. 淮河志(第一卷至第七卷)[M]. 北京:科学出版社,1997~2007

[2]　骆承政,乐嘉祥. 中国大洪水——灾害性洪水述要[M]. 北京:中国书店,1996

[3]　王家祁. 中国暴雨[M]. 北京:中国水利水电出版社,2002

(本文为纪念治淮 60 周年而作,2010.1)

3 严肃认真对待标准编制的每一细节

——有感于《水利水电工程设计洪水计算规范》部分内容

摘　要　按照《水利技术标准编写规定》等要求,针对《水利水电工程设计洪水计算规范》中根据流量资料计算设计洪水和水文频率计算部分提出一些看法。例如,内容中有前后矛盾,实测系列的重现期欠符合实情,有弹性词语,有悬而未定的问题以及对初估成果用不必要的复杂方法和个别公式有印刷错误等。建议打破习惯势力的束缚,走自主创新的道路,严肃认真对待每一细节,做到内容正确无误。

关键词　设计洪水　水文频率计算　自主创新

《水利水电工程设计洪水计算规范》前后颁布过两次,分别在 1979 年[1] 及 1993 年[2](以下简称《规范》),对大中型工程的设计洪水计算统一了思路和方法,方便了操作和运算,起到了很好的标准或规范作用。现对照《水利技术标准编写规定》(以下简称《编写规定》)[3] 及其宣贯指南[4],主要对《规范》中"根据流量资料计算设计洪水"及"水文频率计算"部分提出一些看法,供修订《规范》及制订研究课题的参考。

(1)《编写规定》中对"条文说明"部分有明确的叙述,即条文说明的有关内容要有利于对标准的正确理解和执行。但在《规范》中,条文说明与正文尚有一些矛盾之处。例如,1993 年《规范》条文说明第 1.0.6 条所述:"实测洪水暴雨资料是计算设计洪水的主要依据"、"计算设计洪水应充分运用历史洪水及暴雨资料",这里明确指出应以实测资料为主,并充分运用历史资料;又如第 3.2.2 条所述,"历史洪水对频率计算成果有重大影响,但历史洪水数值及其调查期、序位等的不确定度又要比实测洪水的大……应慎重对待",此处又指明了历史洪水的不确定度大于实测洪水的不确定度,故应以不确定度较小的实测洪水为主要依据是合乎实情的。然而,正文第 3.2.2 条的式(3.2.2-2),即有历史洪水资料时实测洪水系列的经验频率计算公式,其涵义却不同于上述说明,正好相反。实际上,这个公式的来源是以不确定度较大的历史洪水为主,将实测洪水各项频率值缩放在历史洪水末位项之后,完全改变了实测洪水系列的排位。由于绝大多数历史洪水(有时会是全部历史洪水)是根据历史上在河流附近留下的洪水印记、历史档案或当地老年人的回忆等信息推估而得的,如果考证的年份较远,则遗留特大洪水和大洪水的可能性是有的,因此在其定量和定位上的误差和不确定度就远远大于实测洪水的情况。照此看来,以条文说明上所说的取实测洪水为主,并适当考虑历史洪水中比较可靠的资料,两者结合来制定公式,就更合理。

(2)《编写规定》宣贯指南内列出标准编写应遵循的原则,其中第(7)条为"标准条文的规定,应当严谨明确,文字简练,不得模棱两可……"。仍是正文第3.2.2条中的第(2)点,对连序洪水的经验频率并列了两个公式(3.2.2-2)、(3.2.2-3),公式间用"或"字连接,没有明确什么情况下用哪个公式。且在相应的条文说明中,似乎否定了式(3.2.2-3),所说的理由并不充分。不论怎样,如果不打算用的公式,就不应写在正文中,此其一。再者,如果采用式(3.2.2-2),很明显,实测系列的重现期(或经验频率)同直观概念常相距甚远。例如长江宜昌站的年最大日平均流量系列[5]现已有120年左右的实测资料(如此长的资料国内外很少见),其老大项 $Q_1 = 71\,100\ \mathrm{m^3/s}$ 的重现期定为120年一遇,是很直观和易于理解的,但按式(3.2.2-2)计算,约只有60年一遇!而最终实践结果,其20年一遇的流量为 $72\,300\ \mathrm{m^3/s}$,与实测老大项相差无几,也就是说实测老大项约只合到20年一遇了。差别如此之大,合理吗?

(3)《编写规定》宣贯指南中,对标准编写的具体要求第(8)点中指出"标准的技术内容……忌用弹性词语(如"尽可能"、"考虑"等)"。但正文第3.2.4条中的第(2)点中用了"也可"、"尽可能"、"考虑"之词,似有改进的必要。

(4)附录A的洪水频率计算篇中,所列公式不简要,如式(A1)~(A4),没有必要对均方差 s 和偏态系数 C_s 列出了两套等价公式。又如式(A12)及(A13)的近似公式没有列出适用范围,并对式中 R 值计算中的概率权重矩 M_0、M_1 和 M_2 要求至少达到5位有效数字,才能保证 C_v 和 C_s 有二位小数准确;然而在水文计算中,一般原始数据能有3位有效数字已足够,要它达到5位,而最后结果只有2位,那就没有什么意义了。再如该附录中还列出了一些数学计算繁复的公式和完全可以不列的初估统计参数的方法,因为作为初估,用愈简单的方法(如正文中已提及的矩法)愈好。特别要提及的是公式(A15)中还出现印刷错误,方括弧内第一项的 $n-j-1$ 应为 $N-j-1$。因 $N \gg n$,如果照搬应用,结果就不对了。

(5)正文的第3.2.3条所述:"频率曲线的线型一般应采用皮尔逊Ⅲ型。特殊情况,经分析论证后也可采用其他线型"。"对于特殊情况,也可采用其他线型"的提法,这在1979年《规范》中已有,当时对此研究不够,写了这句灵活的话,也无有不可;而到了1993年《规范》中,仍然有此话,似显得无可奈何。如果在下一次的《规范》还留着这句话,就要成为悬案了。我国在哪些地区皮尔逊Ⅲ型不合适,可以做些调查研究;应如何处置,该有个说法了,不能无限期地拖下去。

主要的问题列举至此,尚有一些小问题不多说了。编写《规范》是严肃认真的事,倘若稍有疏忽,不但影响《规范》的质量,而且还会误导使用者。建议有关部门对《规范》中存在的问题,列出针对性强的课题,作进一步的研究。

　　《规范》中必然会涉及一些理论与方法,但理论必须联系实际,数学方法应当符合实情,要避免繁琐的数字操作和单纯的"资料加统计"。对于设计洪水来说,由于要外延(例如仅有百年资料,需外延到千年和万年一遇),就会有较大的不确定性,所以强调对成果的合理性分析及采用"多种途径、综合比较、合理选用"的准则非常重要。

　　正如《编写规定》宣贯指南中,标准编写应遵循的原则第(3)点所述:"应当积极采用新技术、新工艺、新设备、新材料",就是要突出一个"新"字,要引入新事物,特别是要自主创新。习惯势力往往是创新的干扰者和阻挡者,对已有的的一套方法用熟了、用习惯了,哪怕不大合理,能过得去就算了的这种思想,是难以打破常规、进行创新和提高的。

　　这次会议不是具体专业性问题的讨论,故在上面只列出主要问题,至于如何改进或处理,笔者有一些看法和建议,有的已发表在有关刊物上,在此不一一说明了。

　　《规范》在实际工作中已起了很大的作用,编写《规范》是很辛苦的,在目前的技术条件和认识水平下,有点问题也是正常的,希望在再次修订时,能严肃认真对待每一细节,做到正确无误,使《规范》的质量有更大的提高。

　　(附记:本文是针对《水利水电工程设计洪水计算规范》SL 44 - 93 而写的,成稿时,新的规范 SL 44 - 2006 尚未发布,文中内容至今仍有参考价值)

参 考 文 献

[1] 水利水电工程设计洪水计算规范. SDJ 22~79
[2] 水利水电工程设计洪水计算规范. SL 44~93
[3] 水利技术标准编写规定. SL 1~2002
[4] 刘咏峰,窦以松:《水利技术标准编写规定》SL 1 - 2002 宣贯指南. 北京:中国水利水电出版社,2005
[5] 长江水利委员会. 三峡工程水文研究. 武汉:湖北科学技术出版社,1997

　　(原载:水利部国际合作与科技司. 2006 水利技术标准体系建设研讨论文集. 2006:47~49)

第二部分　水文统计类

4　洪水频率分布模型和参数估计的研究进展

摘　要　对国际上常见的频率分布模型和统计参数估计方法进行叙述和比较,并以实例作了分析。一般,不同分布和不同估计方法对均值、离差系数和内插值的结果比较接近,而对偏态系数和外延值有一定差异。由于水文资料等含有误差,据某一方法计算的结果是一个初值,须经合理性分析才能确定。
关键词　设计洪水　水文频率计算　频率分布模型　统计参数　参数估计

　　水利水电工程设计洪水的推求,常用统计分析的方法。当资料系列确定后,接着就是频率分布模型的选择和参数估计方法的采用。多年来,国内外对这两个问题进行了不断地探索和实践,获得了许多有益的成果。本文对此作述评如下。

4.1　洪水频率分布模型

1) 模型类别

用于暴雨和洪水频率计算的分布模型(频率曲线线型),目下已不下数十种[1,2,3],大致可分成以下几类(其中参数的符号 $\bar{x}$、S、C_v 和 C_s 各表示均值、标准差、离差系数和偏态系数)。

(1) 正态分布类

正态分布类是水文界应用最早的模型,有:

① 正态分布。含两个参数 $\bar{x}$ 和 S,常用于误差估计。

② 对数正态分布。有两参数和三参数的分布,前者频率密度曲线的坐标起点在原点,此时 $C_s = 3C_v + C_v^3$。

③ 格拉姆—夏里埃分布。这是用正态分布去逼近频率密度函数的格拉姆—夏里埃级数来计算,用爱尔密特多项式来展开的一种分布。由于它是一个用无穷级数所表达的多项式,应用时只能截取少数项,从而会出现误差和不合理现象,且

数学式不简便,故极少引用。

（2）Γ分布类

该类分布目前采用较多,有:

① Γ分布(亦称皮尔逊Ⅲ型分布)。包括两参数和三参数的分布。前者频率曲线的坐标起点在原点,此时 $C_s = 2C_v$；三参数的分布最常用。

② 对数Γ分布。有三参数和四参数的分布,前者的密度曲线起点在原点；四参数的分布,有过研究,如何应用有待进一步探讨。

③ 指数Γ分布。有三参数和四参数的分布。前者的密度曲线起点在原点,亦称为克里茨基—门克尔分布(简称克—门分布)；四参数的分布,也作过研究,应用问题有待探索。

④ 勃列夫柯维奇分布。这是以 $C_s = 2C_v$ 的Γ分布进行转换的、用拉盖尔多项式为扰动函数的一种分布,同样在应用时只能截取有限项,会产生误差和不合理现象,现亦极少应用。

（3）极值分布类

该类分布国外应用较多,有:

① 极值Ⅰ型分布。该分布仅两个参数,分布的两端无限,偏态系数固定,即 $C_s = 1.140$,因最早由耿贝尔应用于水文计算中,故也有称其为耿贝尔分布的。

② 极值Ⅱ型分布。该分布有三个参数,$C_s > 1.140$,也有称其为伏瑞谢分布的。

③ 极值Ⅲ型分布。该分布有三个参数,$C_s < 1.140$,$C_s = 0$ 时不确切对称,但近于对称分布。

以上三种分布,统称为广义(通用)极值分布,其变量 x 可表示为频率 P 的显式函数。有些国家或地区,有选用其中的一种或两种,也有三种一起应用的。

（4）指数分布类

① 广义指数分布。该分布1927年由古德力区以经验方式提出,P 与 x 的关系式为:

$$P = e^{-h(x-a)^c/(b-x)^d} \tag{4.1}$$

式中,a 和 b 分别为下限值和上限值；c、d、h 为参数；按水文计算中的习惯,P 为超过概率(下同)。由于此分布含五个参数,估计比较困难,一般可令 $d = 0$,即用下面只含三个参数的简化式:

$$P = e^{-h(x-a)^c} \tag{4.2}$$

② 威布尔分布。分布函数为:

$$P = e^{-(x-\xi)^\alpha/\beta} \tag{4.3}$$

式中,α、β 和 ξ 为参数。实际上,该分布与式(4.2)相同,是式(4.1)的特例。

（5）韦克比分布类

该类分布于 1978 年由霍顿提出，是以 P 与 x 为显式关系表示的，如：

① 五参数韦克比分布。该分布的一般表达式为：

$$x = m + aP^b - cP^{-d} \tag{4.4}$$

式中，m 为位置参数；a、b、c 和 d 为正参数。式中含五个参数，估计较为困难。霍顿认为，当 $P < 0.25$ 时可用 $m + cP^{-d}$ 来估计参数 m、c 和 d，再用其他部分来定另两个参数 a 和 b。

② 四参数韦克比分布。该分布为：

$$x = aP^b - cP^{-d} \tag{4.5}$$

这比式（4.4）少一个参数 m。但含四个参数，估计也比较困难。

③ 广义帕雷托分布。该分布为：

$$x = \xi + \frac{\alpha}{k}(1 - P^k) \tag{4.6}$$

式中，ξ 为位置参数（分布曲线的起点）；参数 $\alpha > 0$；k 可正可负。$k > 0$ 时为两端有限分布，$k < 0$ 时为一端有限和一端无限分布，$k \to 0$ 时为指数分布，$k = 1$ 为均匀分布。

（6）罗吉斯蒂克分布类

① 两参数罗吉斯蒂克分布。该分布为：

$$x = \xi - \alpha \ln \frac{P}{1 - P} \tag{4.7}$$

式中，ξ 为中值；参数 $\alpha > 0$。分布呈两端无限，为对称分布，即 $C_s = 0$。

② 广义罗吉斯蒂克分布。该分布为：

$$x = \begin{cases} \xi + \dfrac{\alpha}{k}\left[1 - \left(\dfrac{P}{1-P}\right)^k\right] & (k \neq 0) \\ \xi - \alpha\ln\left(\dfrac{P}{1-P}\right) & (k = 0) \end{cases} \tag{4.8}$$

式中，ξ 为中值；参数 $\alpha > 0$；k 为另一参数。$k = 0$ 时两参数分布；$k > 0$ 时，$C_s > 0$；$k < 0$ 时，$C_s > 0$，两者均为一端有限一端无限分布。

（7）其他分布类

除上述分布类之外，尚有一些分布，较常见的如下：

① 皮尔逊分布族（皮尔逊曲线族）。皮尔逊分布族含有 10 多种分布，前述的 Γ 分布即其Ⅲ型分布。另外，如Ⅰ型为两端有限分布，含四个参数；Ⅴ型为一端有限一端无限分布，当Ⅲ型中的变量（x）经倒数（$1/x$）变换后，即为Ⅴ型分布。

② 其他分布。如正态幂变换分布、一般对称分布等。这些分布不常用，采用者不多。

前面列述了多种分布,国际上大都有采用。这种分类不是很绝对的,有的有交叉,如指数分布,不少类别中均含有,文中不一一细分。

2) 应用概况

据文献[2]的统计资料,国际上 28 个国家或地区用于洪水和降水的频率分布有 20 种左右。这些国家或地区为:欧洲 16 个(包括英国、德国、法国和罗马尼亚等),亚洲 4 个(包括土耳其、香港等),美洲 4 个(包括美国、巴西等),非洲 2 个(乌干达、赞比亚)和大洋洲 2 个(澳大利亚、新西兰)。从中可见,其所述的国家或地区主要在欧洲,而缺中国、前苏联和日本等。

在有的国家或地区内,所采用的频率分布并不统一,不同机构或公司选用的分布不尽相同,因而在同一国家中有使用不同频率分布的情况。现将包括中国和前苏联在内的 30 个国家或地区使用最多的前几种分布列于表 4.1。

表 4.1　采用频率分布的国家或地区统计表

分 布 名	洪　水		降　水	
	个　数	所占比例(%)	个　数	所占比例(%)
极值 I 型	28(18)	19.3(24.7)	25(19)	29.4(39.6)
对数正态	27(11)	18.6(15.1)	13(7)	15.3(14.6)
Γ 分布	24(12)	16.6(16.4)	12(6)	14.1(12.5)
对数 Γ 分布	22(17)	15.2(23.3)	5(2)	5.9(4.2)
极值 II 型	11(3)	7.6(4.1)	8(3)	9.4(6.2)
广义极值	7(5)	4.8(6.8)	6(5)	7.1(10.4)
其　　他	26(7)	17.9(9.6)	16(6)	18.8(12.5)
合　　计	145(73)	100.0	85(48)	100.0

表 4.1 的几点说明如下:① 对于极值分布,因采用较多,且有的国家或地区采用几种类型的,故单独列出;② Γ 分布包括了两参数及三参数的分布;③ 括弧内的数字表示作为标准的统计数。

从表 4.1 可见,极值 I 型的采用者较多,尤其是欧洲国家,这可能是由于该分布仅两个参数,易于估计,对于 C_v 和 C_s 不大的水文系列,使用效果较好。据知,欧洲国家常去援助有些国家(主要在非洲)修建水利水电工程,他们总是把本国所采用的分布移用过去,故使其成为更广泛应用的一种分布。我国在风暴潮水位的频率计算中,也应用这型分布。如果把极值分布的三种类型合在一起统计,即广义极值分布的统一应用,则此分布的应用者更多了。

其次为对数正态分布和 Γ 分布,其一般含三个参数,能与实测水文资料较好拟合,估计方便,故选用者亦较多。

对数 Γ 分布在洪水频率计算中选用较多,作为标准的比例仅次于极值 I

型,由于该分布常采用变数的对数值计算,C_s 值较难估计,可能会出现较大的误差。

(3) 各种模型的实例比较

现采用三点法的结果进行比较,即仿 Γ 分布的三点法进行计算,将这三点固定在频率 $P=5\%$、50% 和 95% 时的点据数值。实例取笔者《水文统计计算》一书中第 89 页的系列,资料项数 $n=24$,三个点依次为 156、88 和 57。这样,有一个统一比较的基础,便于看出问题。

表 4.2 列出 7 种分布(均取三参数分布)的比较结果,包括三个参数和三个不同频率($P=0.01\%$、0.1% 和 1%)时的变数值 x_p。对于广义极值分布,其 $C_s=1.93>1.14$,实际上是极值 II 型分布;指数 Γ 分布即克—门分布。

表 4.2 各种分布估计结果比较表

分 布	$\overline{x}$	C_v	C_s	$x_{0.01}(\%)$	$x_{0.1}(\%)$	$x_1(\%)$
广义极值	94.9	0.35	1.93	416	300	209
对数正态	94.9	0.34	1.65	368	288	204
Γ	94.8	0.33	1.33	308	253	197
对 数 Γ	94.9	0.34	1.81	399	292	207
指 数 Γ	94.9	0.34	1.65	368	288	204
广义指数	94.8	0.33	1.20	285	242	194
帕 雷 托	94.9	0.33	0.82	204	197	180
罗吉斯蒂克	95.3	0.39	5.43	696	391	225

从表 4.2 可见,罗吉斯蒂克分布的结果较为偏离,其他 7 种分布的 $\overline{x}$、C_v 均较接近,但 C_s 有一定差异,因而引起不同频率时的变数值 x_p 的不同。这里没有列出频率曲线中间部位(如 $P=5\% \sim 95\%$)的 x_p 值,因为它们几乎相同。

因此,不同分布的估计结果,常常表现为频率曲线的中间部位几乎相同,均可在水文计算的误差范围内,但外延有比较大的差异。上述例子 C_v 较小,如果 C_v 较大,其差异会更大。

4.2 参数估计方法

当频率分布模型选定后,需要估计模型中的统计参数,并由此推算各种频率时的设计值 x_p。估计统计参数主要有两个方面的用途:一为用于设计洪水的计算,另一为用于统计试验研究。

目前,估计参数的方法有多种,各有其优缺点。目前适线法容易调整参数,便于在时间(不同时段)和空间(不同地区)上进行综合平衡和作合理性分析,但因其经验性较强,不同工作者会得到不同的结果。多年来,国内外均在探索能"唯一"确定参数的方法,特别是在用大量生成资料时的参数计算中。

本节仅选择介绍几种常见的估计方法。为便于比较,仅针对三参数 Γ 分布模型,并以常用的均值 $\overline{x}$、离差系数 C_v 和偏态系数 C_s 来表示。为节省篇幅,不详列数学推演。

1)各种方法概述

(1)矩法

矩是数理统计学中最基本的特征值,其 r 阶原点矩 m_r 为:

$$m_r = \frac{1}{n} \sum x_i^r \tag{4.9}$$

式中,n 为系列的项数;x_i 为变量或水文值($i=1,2,\cdots,n$);$\sum$ 为 i 自 $1\sim n$ 累加的简写。最常用的为前三阶矩,即 $r=1,2,3$。

中心矩 M_r 可通过原点矩算得,分布中的三个参数 $\overline{x}$、C_v 和 C_s 可分别由一阶、二阶和三阶矩进行推算。一般认为,一阶矩或 $\overline{x}$ 的误差最小,常直接取用;二阶矩的误差不大,通常在允许误差范围内;三阶矩含变量的立方,若变量有误差,则立方后误差更大,故存疑或不直接采用。

用矩法估计参数,比较直观和方便,不因分布模型的不同而异。但因三阶矩(从而估计得 C_s)可能产生大的误差,使应用受阻。因此,在估计常不单独采用由计算而得的结果。

(2)极大似然法

该法是使系列中各变数的密度函数值之乘积即似然函数为最大来求解,可得到 $\overline{x}$ 与矩法计算值相同,C_v 和 C_s 可联立解算获得。实际上,该法是用了三个一阶矩,即算术平均数(均值)、几何平均数和倒数平均数。

用极大似然法作估计,从理论上讲,所得参数的有效性好,但有如下缺点:① 用的是三个一阶矩,使参数结果不灵敏;② 因用了几何平均数和倒数平均数,系列中的小值项对参数的确定起主要作用,这与洪水频率计算需主要参照系列中大值项的要求不符,因为常需在大值项方向外延频率曲线;③ 当 Γ 分布 $C_s>2$ 时不能应用,但水文上常有 $C_s>2$ 的情况出现;④ 计算不甚方便,不利于应用。

(3)概率权重矩法[4,5]

简单地说,该法是利用三个低阶矩,以离散形式表示为:

$$M_{1,0,0} = \frac{1}{n} \sum x_i = \overline{x}, \quad M_{1,1,0} = \frac{1}{n} \sum x_i P_i, \quad M_{1,2,0} = \frac{1}{n} \sum x_i P_i^2 \tag{4.10}$$

式中,P_i 为与 x_i 对应的频率,可近似用经验频率公式计算得,即

$$P_i = 1 - \frac{i-0.35}{n} = \frac{n-i+0.35}{n} \tag{4.11}$$

　　显然,在洪水频率计算时,x_1 的权重最大,x_2 的权重次之,…x_n 的权重最小。

　　通过概率权重矩(式(4.10))与有关参数的关系,可以求得 C_v 与 C_s,$\overline{x}$ 仍为矩法的均值。该法对不同的变数给予不同的权重,利于使主要变数项在矩的计算中起主要作用,例如对洪水频率计算,因需外延,故使大值项增加权重。但对变数而言只用到三个一阶矩,参数的灵敏度较差。虽然,这种方法避免了高阶矩的计算,但可能会因资料的误差和有效数位数的损失而影响成果的精度。

　　(4) 线性矩法[6]

　　该法是采用上述概率权重矩的线性组合,其前三阶线性矩为:

$$l_1 = M_{1,0,0} = \overline{x}, \quad l_2 = 2M_{1,1,0} - M_{1,0,0}, \quad l_3 = 6M_{1,2,0} - 6M_{1,1,0} + M_{1,0,0}$$

(4.12)

　　然后通过一系列演算得到 C_v 和 C_s,$\overline{x}$ 仍为矩法的均值。由于线性矩法与概率权重法计算中所依据的矩均等同(仅矩的组合不同),因而结果应是一样的,存在的问题也相同。虽然,线性矩法定义了新的参数,即 $L-C_v$ 和 $L-C_s$,但与一般的 C_v 和 C_s 有函数关系,可以相互转换。

　　(5) 权函数法[7]

　　该法包括单权函数法与双权函数法,其中的均值都是取矩法计算的 $\overline{x}$。

　　单权函数法中的 C_v 值,仍以矩法计算,仅需估计 C_s。其矩的计算(以离散形式近似表示) 为:

$$E(x) = \frac{1}{n} \sum (x_i - \overline{x})\Phi(x_i), \quad H(x) = \frac{1}{n} \sum (x_i - \overline{x})^2\Phi(x_i) \quad (4.13)$$

式中,$\Phi(x_i)$ 为权函数。

$$\Phi(x) = \frac{1}{S\sqrt{2\pi}} \exp\left[-\frac{(x-\overline{x})^2}{2S^2}\right] \quad (4.14)$$

这是正态分布的密度函数,$S = \overline{x}C_v$,即标准差。C_s 用式(4.15) 计算:

$$C_s = -4S\frac{E(x)}{H(x)} \quad (4.15)$$

　　该法的特点是避免了三阶矩的计算。由于在矩的计算中作为权重的正态密度函数是中间大、两端小,即在 $x = \overline{x}$ 处的权为最大值,离 $\overline{x}$ 愈远则权愈小。显然,这种方法是增加了靠近均值部位变数值的权重,削弱了系列两端极值部位变量值的权重,即大值项和小值项部位相对来说对参数估计的影响不大。这对洪水或枯水频率计算来说是不大合适的。

　　双权函数法改进了单权函数法,即在单权函数法的基础上再引入第二个权重函数,即

$$\Psi(x) = \exp[-h(x-\overline{x})/\overline{x}] \quad (4.16)$$

式中,设 h 近似等于矩法的 $S\sqrt{x}$。进行一系列相似的演算,将连续矩按数值求积法

化为离散矩来计算,可得到 C_v 和 C_s 值。显然,由式(4.16)知,x 愈大则 $\Psi(x)$ 愈小,对暴雨或洪水系列,其中最大值 x_1 的权重 $\Psi(x_1)$ 最小,次大值 x_2 的 $\Psi(x_2)$ 次之,到了末项 x_n 的 $\Psi(x_n)$ 最大。这样做,对大值项部位给予了相对较小的权,不利于外延计算。

(6)优化适线法

所谓优化适线法就是取目标函数 F 为最小的参数搜索法,使

$$F = \sum |x_i - x_p|^k = \min \tag{4.17}$$

可搜索得到参数。式中,x_p 为对应于频率 P 的计算值,即

$$x_p = \overline{x}(1 + C_v \Phi_p) \tag{4.18}$$

式(4.17)中,$k=2$ 时为最小二乘法,$k=1$ 时为最小一乘法。它们分为两参数优选($\overline{x}$ 用矩法计算,仅搜索 C_v 和 C_s 值)和三参数优选(三个参数均搜索)。该法的特点是能使理论资料完全还原。

上述各法,除矩法外,均与所选定的分布模型有关。应当认为,各方法所得参数,必须经过合理性分析才能取用,其结果只能作为估计的初值。如果需要调整,则目估适线法就方便了。

2)算例

取某站最大一日暴雨(x)系列(同表 4.2 的资料),其中 $n=24$。将各种方法的估计结果列于表 4.3。

表 4.3 各种估计方法的参数及设计值计算结果表

方　法	$\overline{x}$	C_v	C_s	$P(\%)$				
				0.01	0.1	1	5	10
矩法	93.4	0.294	0.932	253	215	175	145	130
极大似然法	93.4	0.304	1.157	286	237	186	148	131
概率权重矩法	93.4	0.306	1.194	276	231	183	148	132
线性矩法	93.4	0.306	1.194	276	231	183	148	132
单权函数法	93.4	0.294	1.256	273	228	181	146	130
双权函数法	93.2	0.299	1.107	266	224	179	146	131
最小二乘法(2)	93.4	0.335	1.328	303	250	194	154	135
最小二乘法(3)	94.9	0.332	1.393	311	255	198	156	137
最小一乘法(2)	93.4	0.322	1.241	289	240	189	151	134
最小一乘法(3)	95.0	0.328	1.226	297	246	194	155	137

备　注　(2)和(3)分别表示两参数和三参数优选。

从表 4.3 可见 10 种方法的估计结果,有以下几点说明。

(1)对于均值 $\overline{x}$,10 个结果中有 7 个是矩法计算的,故相同。10 种方法中以三

参数的优选法结果为最大(比矩法结果略大),可以说均值基本相同。

(2)对于离差系数 C_v,前 6 种方法为 0.30 左右;后 4 种方法为优选法结果,在 0.33 左右。两者相差不大,优化法亦大于其他方法的结果。

(3)对于偏态系数 C_s,虽然其值不大,在 $0.932 \sim 1.393$ 之间,但总的看来其变化范围较前两个参数为大,各种方法估计结果各有千秋。由于本例的 C_v 不大,故还看不出 C_s 有更大的变化,如果 C_v 加大,其变化范围会更大。

(4)对于不同频率的设计值 x_p,也分两种情况:优化适线法较其他 6 种方法的结果为大。频率曲线内插($P = 5\% \sim 95\%$)部位,也是优化适线法略大,其他基本相同;但外延值有不小的差别。

4.3　结　语

本文对国内外常见的几种频率分布模型和参数估计方法进行了叙述和比较,几点认识如下。

(1)频率分布模型是一种统计计算工具,选用的分布应尽可能与所研究水文系列的统计特征相近。在目前的技术水平下,待估参数不宜过多,一般以三个参数为宜,计算应简便。

(2)同一系列,用不同分布模型,除个别者外,其 $\bar{x}$ 和 C_v 值比较接近,然而 C_s 相差较大。虽然频率曲线中间部位的值几乎相同,但外延值 x_p 有不同结果;对暴雨和洪水频率计算,主要作用是外延,故应特别注意。

(3)国际上各个国家或地区根据各自的具体情况,均已有了习用的分布。我国幅员广大,水文和地理条件不一,对于 Γ 分布不大适应的地区,似可研究别种分布模型。

(4)本文取三参数 Γ 分布为例,对各种方法进行了参数估计,并作出比较,发现优化适线法的结果比其他方法结果为大,且各种方法的计算结果也有些差异,特别在外延部位。

(5)除矩法之外,其他方法均须事先指定频率分布模型的型式。不同模型有不同的计算过程,有的方法计算过程较为复杂,应尽量简化,以便于应用。

(6)一般来说,如果模型中含有三个参数,只需给予三个条件,就可求得结果,因而这些条件的合适选取是至关重要的。对于暴雨和洪水的频率计算而言,对大值项部位应有更多关注。

(7)在目前的技术水平下,结合水文资料的具体情况(如资料含有误差和系列不够长等)和水文计算的要求,计算结果的合理性分析必不可少。因此,单独一条频率曲线定线的结果,只能是一个估计的初值,尚需在时间和空间上作综合平衡分析和进行适当调整。各种估计方法各有优缺点,实际工作时,应选取概念清晰、简单方便和乐为广大工作者所接受者为好。

参 考 文 献

［1］ 金光炎.水文统计原理与方法.北京：中国工业出版社,1964

［2］ Cunnane. C. . Statistical Distributions for Flood Frequency Analysis. WMO Operational Hydrology Report No. 33，Secretariat of WMO，1989

［3］ 金光炎.水文水资源分析研究.南京：东南大学出版社,2003

［4］ Greenwood. J. A. and J. M. Landwehr, et. Probability-weighted moments：Definition and relation to parameters of distribution expressible in inverse form. Water Resources Research，1979,15(5)：1049～1054

［5］ 宋德敦,丁晶.概率权重矩法及其在P-Ⅲ分布中的应用.水利学报,1988(3)：1～11

［6］ Hosking. J. R. M. and J. R. Wallis. Regional Frequency Analysis，an Approach Based on L-moments. Cambridge University Press，Cambridge，UK，1997

［7］ 刘光文.皮尔逊Ⅲ型分布参数估计.水文,1990(4)：1～15 及 1990(5)：1～14

（原载：张建云主编.中国水文科学与技术研究进展——全国水文学术讨论会论文集.南京：河海大学出版社,2004：43～48）

5 两种新的水文频率分布模型：Pareto 分布和 Logistic 分布

摘　要　介绍了两种新的水文频率分布模型——Pareto 分布和 Logistic 分布，叙述了它们的统计特性和应用概况。制作了两种分布的离均系数表，能用一般的方法估计参数和设计值，可作为进一步研究频率曲线线型的参考。

关键词　水文频率分析　Pareto 分布　Logistic 分布

目前，水文频率分析的模型(频率曲线线型)已有多种，各国采用的不尽相同；就是在同一个国家或地区，对不同的分析对象(如洪水、枯水、潮水和水质等)也有采用不同线型的。据不完全统计[1]，国际上用于降水和洪水计算的频率分布模型约有 20 种，实际上比此数还要多。由于各地水文气象和自然地理等条件的不一致以及水文系列的随机性，通常难以用一种线型来概括或拟合各类水文资料。例如，我国在《水利水电工程设计洪水计算规范》[2]中述列了"频率曲线的线型一般采用皮尔逊Ⅲ型。特殊情况，经分析论证后也可采用其他线型"的条款。因此，研究适合各类水文系列的线型或探索新的分布，常常是水文工作者颇感兴趣的问题。

本文介绍两种在水文频率计算中不常见的分布：一为 Pareto 分布，在大气科学和水文学中采用过[3~7]；另一为 Logistic 分布，很早就在人口统计和经济学中使用，近期在水文计算中亦有应用[5~8]。现简要地叙述它们的主要统计特性和应用概况。

5.1 Pareto 分布

1) 概述

设随机变数 X(取值为 x)Pareto 分布的形式为：

$$x = a_0 + \frac{\alpha}{k}(1 - F^k) \tag{5.1}$$

式中，a_0 为位置参数，即分布曲线的起点值；α 为恒大于零的参数；k 为与偏态系数 C_s 有关的参数；$F = F(x)$ 为分布函数，等同于水文计算中的频率 P。利用式(5.1)，可直接用 F(或 P)求得相应的 x 值(记为 x_p)。

Pareto 分布的分布函数 $F(x)$ 和密度函数 $f(x)$ 分别为：

$$F(x) = \left[1 - \frac{k}{\alpha}(x - a_0)\right]^{1/k} \tag{5.2}$$

$$f(x) = \frac{1}{\alpha}\left[1 - \frac{k}{\alpha}(x - a_0)\right]^{1/(k-1)} \tag{5.3}$$

下面是两个特例：

（1）$k \to 0$（或记为 $k = 0$）时为指数分布

$$\left. \begin{array}{l} F_1(x) = \mathrm{e}^{-(x-a_0)/\alpha} \\[2mm] f_1(x) = \dfrac{1}{\alpha}\mathrm{e}^{-(x-a_0)/\alpha} \end{array} \right\} \qquad (a_0 \leqslant x < \infty) \tag{5.4}$$

这种情况与 Γ 分布（皮尔逊 III 型分布）$C_s = 2$ 时相同。

（2）$k = 1$ 时为均匀分布

$$\left. \begin{array}{l} F_2(x) = 1 - \dfrac{x - a_0}{\alpha} \\[3mm] f_2(x) = \dfrac{1}{\alpha} \end{array} \right\} \qquad (a_0 \leqslant x \leqslant \alpha + a_0) \tag{5.5}$$

从上列各式可知：$k > 0$ 时为两端有限分布，变数的变化范围为 $a_0 \leqslant x \leqslant a_0 + \frac{\alpha}{k}$；$k \leqslant 0$ 时为一端有限和一端无限分布，即 $a_0 \leqslant x < \infty$。水文计算中，多用 $k \leqslant 0$ 的情况。

　　2）矩和参数

先对 $k > 0$ 的情况（不含 $k = 1$）进行推演。为方便起见，取新变数 Y（取值为 y），令

$$y = \frac{x - a_0}{\alpha} \tag{5.6}$$

即为变量消除 a_0 和 α 的影响。对式（5.3）通过变数转换，得 Y 的分布密度函数为：

$$g(y) = f(x)\,|_{x=\alpha y+a_0}\left|\frac{\mathrm{d}x}{\mathrm{d}y}\right| = (1-ky)^{1/(k-1)}, (0 \leqslant y \leqslant 1) \tag{5.7}$$

第 r 阶原点矩为：

$$m_{ry} = \int_0^1 y^r (1-ky)^{1/(k-1)}\,\mathrm{d}y = \frac{1}{k^{r+1}}B\left(r+1, \frac{1}{k}\right) \tag{5.8}$$

式中，$B(n,m) = \Gamma(n)\Gamma(m)/\Gamma(n+m)$，为 Bata 函数。

各阶原点矩为：

$$\left. \begin{array}{l} m_{0y} = 1 \\[2mm] m_{1y} = \dfrac{1}{1+k} \\[3mm] m_{2y} = \dfrac{2}{(1+2k)(1+k)} \\[3mm] m_{3y} = \dfrac{6}{(1+3k)(1+2k)(1+k)} \end{array} \right\} \tag{5.9}$$

二阶和三阶中心距为：

$$M_{2y} = \frac{1}{(1+2k)(1+k)^2}$$
$$M_{3y} = \frac{2(1-k)}{(1+3k)(1+2k)(1+k)^3}$$

（5.10）

由此可得各统计参数（均值 $\overline{y}$，标准差 S_y 和偏态系数 C_{sy}）与 k 的关系：

$$\overline{y} = \frac{1}{1+k} \tag{5.11}$$

$$S_y = \frac{1}{(1+k)\sqrt{1+2k}} \tag{5.12}$$

$$C_{sy} = \frac{2(1-k)\sqrt{1+2k}}{1+3k} \tag{5.13}$$

峰度系数 C_{ey} 不常用，需要时可比照得出，在此从略。由式（5.12）知，$k > -1/2$ 时 S_y 存在；从式（5.13）可见，$k > -1/3$ 时 C_{sy} 有正常值。且 $k > 1$ 时，$C_{sy} < 0$；$k < 1$ 时，$C_{sy} > 0$；$k = 1$ 时为均匀分布，$C_{sy} = 0$。

通过式（5.6），将 Y 的参数转换成 X 的参数（不加下角标），得

$$\overline{x} = a_0 + \frac{\alpha}{1+k} \tag{5.14}$$

$$S = \frac{\alpha^2}{(1+k)\sqrt{1+2k}} \tag{5.15}$$

$$C_s = C_{sy} \tag{5.16}$$

对于 $k < 0$，可进行相同的导演，其结果与前述相同，不再另述。离差系数 C_v 可据式（5.14）和式（5.15）得到。k 与 C_s 的关系见表1。

表 5.1　Pareto 分布 C_s 与 k 的关系简表

C_s	k	C_s	k	C_s	k
−2.0	6.464 10	2.5	−0.068 65	7.0	−0.249 06
−1.5	4.403 21	3.0	−0.116 00	7.5	−0.255 27
−1.0	2.842 44	3.5	−0.150 07	8.0	−0.260 65
−0.5	1.733 41	4.0	−0.175 50	8.5	−0.265 35
0.0	1.000 00	4.5	−0.195 07	9.0	−0.269 48
0.5	0.544 48	5.0	−0.210 52	9.5	−0.273 15
1.0	0.270 42	5.5	−0.222 99	10.0	−0.276 43
1.5	0.104 31	6.0	−0.233 25		
2.0	0.000 00	6.5	−0.241 81		

3）离均系数

同 Γ 分布一样,该分布也可以制成离均系数表。据式(5.1)、式(5.14)、式(5.15),得

$$\Phi = \frac{X - \overline{X}}{S} = \frac{\sqrt{1+2k}}{k}[1-(1+k)P^k] \tag{5.17}$$

式中,$P=F$。Φ 值简表见表 5.2(详见附录 B)。

表 5.2　Pareto 分布离均系数 Φ 值简表

C_s	P(%)								
	0.01	0.1	1	5	20	50	80	95	99
−2.0	0.58	0.58	0.58	0.58	0.58	0.53	−0.44	−2.52	−3.46
−1.5	0.71	0.71	0.71	0.71	0.71	0.53	−0.72	−2.35	−2.97
−1.0	0.91	0.91	0.91	0.91	0.87	0.42	−0.94	−2.11	−2.49
−0.5	1.22	1.22	1.22	1.20	1.01	0.21	−1.04	−1.83	−2.06
0.0	1.73	1.73	1.70	1.56	1.04	0.00	−1.04	−1.56	−1.70
0.5	2.63	2.56	2.32	1.85	0.95	−0.16	−0.98	−1.33	−1.42
1.0	4.11	3.69	2.91	2.00	0.82	−0.24	−0.90	−1.16	−1.23
1.5	6.09	4.88	3.34	2.02	0.70	−0.29	−0.83	−1.04	−1.09
2.0	8.21	5.91	3.61	2.00	0.61	−0.31	−0.78	−0.95	−0.99
2.5	10.18	6.72	3.76	1.95	0.54	−0.31	−0.73	−0.88	−0.92
3.0	11.88	7.33	3.84	1.90	0.49	−0.32	−0.70	−0.84	−0.87
3.5	13.30	7.79	3.88	1.85	0.46	−0.32	−0.68	−0.80	−0.83
4.0	14.47	8.13	3.90	1.81	0.43	−0.32	−0.65	−0.77	−0.80
4.5	15.43	8.40	3.91	1.78	0.41	−0.31	−0.64	−0.75	−0.77
5.0	16.22	8.60	3.91	1.75	0.39	−0.31	−0.62	−0.73	−0.75
5.5	16.89	8.76	3.90	1.72	0.38	−0.31	−0.61	−0.71	−0.74
6.0	17.45	8.90	3.90	1.70	0.36	−0.31	−0.60	−0.70	−0.72
6.5	17.92	9.00	3.89	1.68	0.35	−0.31	−0.59	−0.69	−0.71
7.0	18.33	9.09	3.88	1.66	0.35	−0.31	−0.59	−0.68	−0.70
7.5	18.69	9.16	3.87	1.64	0.34	−0.30	−0.58	−0.67	−0.69
8.0	18.99	9.22	3.86	1.63	0.33	−0.30	−0.57	−0.67	−0.69

4）与其他线型比较

将 Pareto 分布与我国常用的 Γ 分布(皮尔逊Ⅲ型)和曾使用过的指数 Γ 分布(克—门曲线)的模比系数 K(即 $x/\overline{x}$)值进行比较,见表 5.3。

由于 Pareto 分布在 $k>0$ 或 $C_s<2$ 时,为两端有限曲线,上端有定值,故在稀遇频率部位(如 $P=1\%\sim0.01\%$)的 K 值小于其他两类分布;又因 $C_s=2$ 时为

指数分布,故与 Γ 分布相同。

从表5.3可见,三类分布在中值附近,K 值比较接近;而在稀遇频率部位,当 C_v 较大(如 $C_v = 1.0$ 左右)时,Pareto 分布与指数 Γ 分布相近,但较 Γ 分布的 K 值为大。一般,Pareto 分布仅能用于 $C_s \geqslant 2$ 的情况。

表5.3　各类分布模比系数 K 值比较表

$\dfrac{C_s}{C_v}$	C_v	分布	$P(\%)$								
			0.01	0.1	1	5	20	50	80	95	99
2	0.5	Γ	3.98	3.27	2.51	1.94	1.38	0.92	0.57	0.34	0.21
		指数 Γ	3.98	3.27	2.51	1.94	1.38	0.92	0.57	0.34	0.21
		Pareto	3.05	2.84	2.46	2.00	1.41	0.88	0.55	0.42	0.39
		Logistic	5.08	3.65	2.52	1.87	1.35	0.95	0.61	0.28	−0.01
	1.0	Γ	9.21	6.91	4.61	3.00	1.61	0.69	0.22	0.05	0.01
		指数 Γ	9.21	6.91	4.61	3.00	1.61	0.69	0.22	0.05	0.01
		Pareto	9.21	6.91	4.61	3.00	1.61	0.69	0.22	0.05	0.01
		Logistic	12.21	7.48	4.33	2.75	1.62	0.85	0.25	−0.27	−0.69
4	0.5	Γ	5.11	3.95	2.80	2.00	1.30	0.85	0.61	0.53	0.51
		指数 Γ	5.91	4.14	2.74	1.94	1.31	0.89	0.61	0.44	0.34
		Pareto	5.11	3.95	2.80	2.00	1.30	0.85	0.61	0.53	0.51
		Logistic	6.63	4.24	2.66	1.87	1.31	0.93	0.62	0.36	0.16
	1.0	Γ	13.36	9.25	5.37	2.92	1.23	0.59	0.50	0.50	0.50
		指数 Γ	15.64	9.26	4.90	2.78	1.42	0.71	0.35	0.18	0.10
		Pareto	15.47	9.13	4.90	2.81	1.43	0.68	0.35	0.23	0.20
		Logistic	15.97	8.68	4.51	2.69	1.53	0.81	0.30	−0.10	−0.39
6	0.5	Γ	6.18	4.58	3.03	2.00	1.21	0.80	0.68	0.67	0.67
		指数 Γ	7.44	4.65	2.81	1.90	1.27	0.88	0.64	0.49	0.40
		Pareto	6.94	4.66	2.92	1.95	1.25	0.84	0.65	0.58	0.57
		Logistic	7.72	4.61	2.73	1.86	1.28	0.92	0.64	0.47	0.25
	1.0	Γ	16.96	11.07	5.69	2.59	0.93	0.67	0.67	0.67	0.67
		指数 Γ	18.80	9.98	4.85	2.66	1.37	0.72	0.39	0.23	0.15
		Pareto	18.45	9.90	4.90	2.70	1.36	0.69	0.40	0.30	0.28
		Logistic	17.78	9.16	4.55	2.64	1.49	0.80	0.33	−0.03	−0.27

5.2　Logistic 分布

1) 概况

Logistic 分布的形式为:

$$x = \begin{cases} a_0 + \dfrac{\alpha}{k}\left[1 - \left(\dfrac{F}{1-F}\right)^k\right], & k \neq 0 \\ a_0 - \alpha\ln\left(\dfrac{F}{1-F}\right), & k = 0 \end{cases} \tag{5.18}$$

式中,a_0 为位置系数,即分布的中值($F = 0.5$);α 为恒大于零的参数;k 为与偏态系数有关的参数；$F=F(x)$，等同于频率P。$k\neq0$时的分布函数和密度函数分别为：

$$F(x)=\frac{\left[1+\dfrac{k}{\alpha}(x-a_0)\right]^{1/k}}{1+\left[1+\dfrac{k}{\alpha}(x-a_0)\right]^{1/k}} \tag{5.19}$$

$$f(x)=\frac{\left[1+\dfrac{k}{\alpha}(x-a_0)\right]^{1/(k-1)}}{\alpha\left\{1+\left[1+\dfrac{k}{\alpha}(x-a_0)\right]^{1/k}\right\}^2} \tag{5.20}$$

变量的变化范围为：$k>0$时，$-\infty<x\leqslant a_0+\alpha/k$，曲线有上限，另一端为无限；$k<0$时，$a_0+\alpha/k\leqslant x<\infty$，曲线有下限，另一端为无限。水文频率计算中，一般用$k<0$的情况。

特例：$k\to0$（或记为$k=0$）时，由式(5.19)得

$$\lim_{k\to0}F(x)=\frac{\mathrm{e}^{-(x-a_0)/\alpha}}{1+\mathrm{e}^{-(x-a_0)/\alpha}} \tag{5.21}$$

密度函数为：

$$f(x)=\frac{\mathrm{e}^{-(x-a_0)/\alpha}}{\alpha\left[1+\mathrm{e}^{-(x-a_0)/\alpha}\right]^2} \tag{5.22}$$

此时，$-\infty<x<\infty$，为两端无限曲线。

2）矩和参数

为便于推演，令变数Z（取值z）为：

$$z=1-\frac{k}{\alpha}(x-a_0) \tag{5.23}$$

由式(5.20)得Z的密度函数为：

$$f_1(z)=\frac{z^{1/(k-1)}}{k(1+z^{1/k})^2},\ (0\leqslant z<\infty) \tag{5.24}$$

当$k\neq0$时的各阶原点矩为：

$$m_{rz}=\frac{1}{k}\int_0^\infty\frac{z^{1/k-1+r}}{(1+z^{1/k})^2}\mathrm{d}z$$

查积分公式表，知在下列关系时有解：

$$|k|<1/r \tag{5.25}$$

令$\theta=k\pi$，有

$$m_{rz}=\frac{r\theta}{\sin r\theta} \tag{5.26}$$

按照原点距与中心矩的关系、统计参数和矩的关系以及式(5.21)，得到变数X的均值$\overline{X}$、标准差S和偏态系数C_s为：

$$\overline{x} = a_0 + \frac{\alpha}{k}\left(1 - \frac{\theta}{\sin\theta}\right) \tag{5.27}$$

$$S = \frac{\alpha}{|k|}\left[\frac{2\theta}{\sin 2\theta} - \left(\frac{\theta}{\sin\theta}\right)^2\right]^{1/2} \tag{5.28}$$

$$C_s = -\frac{\dfrac{3\theta}{\sin 3\theta} - \dfrac{6\theta^2}{\sin\theta\sin 2\theta} + \dfrac{2\theta^3}{\sin^3\theta}}{\left[\dfrac{2\theta}{\sin 2\theta} - \left(\dfrac{\theta}{\sin\theta}\right)^2\right]^{3/2}} \tag{5.29}$$

从式(5.25)知,$|k| < 1$ 时,$\overline{x}$ 存在;$|k| < 1/2$ 时,标准差存在;$|k| < 1/3$ 时,C_s 存在。因此,一般情况下 $|k|$ 要小于 $1/3$。由式(5.29)可得 C_s 与 k 的关系,摘列值于表 5.4。

表 5.4　Logistic 分布与 C_s 与 k 关系表

C_s	k	C_s	k	C_s	k
0.0	0.000 00	3.5	0.233 17	7.0	0.281 42
0.5	0.056 17	4.0	0.244 54	7.5	0.284 85
1.0	0.105 78	4.5	0.253 73	8.0	0.287 87
1.5	0.145 88	5.0	0.261 29	8.5	0.290 54
2.0	0.176 89	5.5	0.267 60	9.0	0.292 92
2.5	0.200 61	6.0	0.272 93	9.5	0.295 05
3.0	0.218 89	6.5	0.277 49	10.0	0.296 97

注:表中的 C_s 和 k 为绝对值,$C_s > 0$ 时,k 取负值;$C_s < 0$ 时,k 取正值。

同样,对 $k \to 0$ 时的情况进行推演,可得 $\overline{x} = 0$,$S = \dfrac{\pi}{\sqrt{3}}\alpha$,$C_s = 0$。

3)离均系数

当 $k \neq 0$ 时,由式(5.18)、式(5.27)、式(5.28)得离均系数为:

$$\Phi = \frac{x - \overline{x}}{S} = \frac{\dfrac{|k|\pi}{\sin k\pi} - \dfrac{|k|}{k}\left(\dfrac{F}{1-F}\right)^k}{\left[\dfrac{2k\pi}{\sin 2k\pi} - \left(\dfrac{k\pi}{\sin k\pi}\right)^2\right]^{1/2}} \tag{5.30}$$

当 $k \to 0$ 时,有

$$\Phi = \frac{\sqrt{3}}{\pi}\ln\frac{1-F}{F} \tag{5.31}$$

式中,$F = P$。Φ 值简表见表 5.5(详见附录 C)。

表 5.5 Logistic 分布离均系数 Φ 值简表

C_s	$P(\%)$								
	0.01	0.1	1	5	20	50	80	95	99
0.0	5.08	3.81	2.53	1.62	0.76	0.00	−0.76	−1.62	−2.53
0.5	6.52	4.55	2.81	1.69	0.74	−0.05	−0.78	−1.53	−2.26
1.0	8.16	5.29	3.04	1.73	0.70	−0.09	−0.78	−1.43	−2.02
1.5	9.77	5.95	3.21	1.75	0.66	−0.13	−0.76	−1.34	−1.83
2.0	11.21	6.48	3.33	1.75	0.62	−0.15	−0.75	−1.27	−1.69
2.5	12.43	6.90	3.40	1.73	0.59	−0.16	−0.74	−1.21	−1.58
3.0	13.45	7.22	3.45	1.72	0.57	−0.17	−0.72	−1.17	−1.50
3.5	14.28	7.48	3.49	1.70	0.55	−0.18	−0.72	−1.13	−1.44
4.0	14.97	7.68	3.51	1.69	0.53	−0.19	−0.70	−1.10	−1.39
4.5	15.54	7.83	3.53	1.68	0.52	−0.19	−0.69	−1.08	−1.35
5.0	16.02	7.96	3.54	1.67	0.51	−0.20	−0.68	−1.06	−1.32
5.5	16.43	8.07	3.54	1.65	0.50	−0.20	−0.68	−1.04	−1.29
6.0	16.78	8.16	3.55	1.64	0.49	−0.20	−0.67	−1.03	−1.27
6.5	17.08	8.23	3.55	1.64	0.48	−0.20	−0.67	−1.01	−1.25
7.0	17.34	8.29	3.55	1.63	0.47	−0.20	−0.66	−1.00	−1.23
7.5	17.56	8.35	3.55	1.62	0.47	−0.20	−0.66	−0.99	−1.22
8.0	17.76	8.39	3.55	1.61	0.46	−0.20	−0.65	−0.99	−1.21

4）与其他线型比较

将 Logistic 分布的模比系数 K 值与 Γ 分布、指数 Γ 分布和 Pareto 分布的 K 值进行比较，同列于表 5.3 上。从此表可见，在稀遇频率部位，C_v 较小时，Logistic 分布的 K 值明显大于其他三种分布的 K 值；而 C_v 较大时，同其他分布比较，其 K 值有大有小，不很规则。

Logistic 分布的尾部，容易出负值，当 C_v 较大时，特别明显。只能在下列情况下，才不出现负值：$C_s = 2$ 时，$C_v < 0.343$；$C_s = 4$ 时，$C_v < 0.508$；$C_s = 6$ 时，$C_v < 0.590$。一般，在水文计算中仅能用于较小 C_v 值的情况中，使应用受到限制。

5.3 结语

（1）本文介绍了两种新的频率分布，它们在水文界采用过。文中探讨它们的统计特性和应用条件，可作为必要时选择线型的参考。

（2）这两种分布具有一个共同的特性，即在参数已知的情况下，可用频率 P

直接计算相应的设计值 x，因为 $x \sim P$ 的关系是用显式表示的。

（3）现已制成了两种分布详细的离均系数 Φ 值表，可用一般的估计方法进行频率计算，使用是方便的。

（4）频率曲线线型是一种数学模型，其适用与否，需视它们能否与水文系列的分布相匹配，并应便于计算和对结果进行合理性分析。

参 考 文 献

[1] Cunnane. C.. Statistical Distribution for Flood Frequency Analysis [S]. WMO-No. 718, Geneva, 1989

[2] 中华人民共和国行业标准. 水利水电工程设计洪水计算规范 [M]. SL 44～93. 北京：中国水利水电出版社，1993

[3] Essenwanger. O.. Applied Statistics in Atmospheric Science [M]. Elserier Scientific Publishing Company. Amsterdam, 1976

[4] Maidment. D. R. ed. Handbook of Hydrology[M]. McGraw-Hill, New York, 1992

[5] Hosking. J. R. M and Wallis. J. R.. Regional Frequency Analysis, An Approach Based on L-moments [M]. Cambridge University Press, 1997

[6] Robson. A. and Reed. D.. Flood Estimation Handbook, Vol. 3, Statistical Procedures of Flood Frequency Estimation[M]. Institute of Hydrology, UK, 1999

[7] Rao. A. R. and Hamed. K. H.. Flood Frequency Analysis [M]. CRC Press LLC, Baca Raton, Florida, 2000

[8] Ahmad. M. I. Sinclair. C. D. and Werritty. A.. Log-logistic flood frequency analysis [J]. Journal of Hydrology, Vol. 98, 1988：205～224

（原载：水文，2005，25（1）：29～33）

6 矩、概率权重矩与线性矩的关系分析

摘　要　叙述了矩、概率权重矩与线性矩之间的关系,并以 Γ 分布为例进行分析。线性矩的计算式为概率权重矩的线性组合,两者的计算结果完全相同。概率权重矩和线性矩均与指定的频率分布型式和作为权重的概率有关,结果的敏感性较差。详细分析了计算参数的近似公式及其精度。对水文应用而言,它们的计算结果仅是估计的初值,需经过合理性分析才能取用。

关键词　水文频率计算　概率权重矩　线性矩　Γ 分布　参数估计

水文频率计算中,常用的统计特征值是积矩(product moment),亦称常规矩(conventional moment,不致混淆时,简称矩),它是以变数 X 的幂次来定阶次的。1979 年,Greenwood 等定义了一种新的矩,称作概率权重矩(probability-weighted moment,简称 PWM)[1],它是以含幂次的概率值作为权重乘以变数 X 来计算的。1989~1990 年,Hosking 将排序系列的值进行一定的线性组合来计算矩,定名为线性矩(linear moment,简称 L-矩)[2],实际上,其计算公式为概率权重矩的线性组合。这三种矩之间存在密切的关系,例如一阶矩都是均值 $\bar{x}$,其他各阶矩可演算得到。本文主要分析这三种矩之间的关系,并以三参数 Γ 分布为例,说明应用中的情况。

6.1　概率权重矩

1) 定义

按原作者的规定,变数系列按递增次序排列,即

$$x_1 \leqslant x_2 \leqslant x_3 \leqslant \cdots \leqslant x_n \tag{6.1}$$

其概率分布函数 $G(x)$ 为:

$$P(X < x) = G(x) = \int_{a_0}^{x} g(y)\mathrm{d}y \tag{6.2}$$

式中,$g(y)$ 为密度函数;a_0 为分布的起始点。简写之,使 $G = G(x)$,则概率权重矩的定义为:

$$M_{i,j,k} = E[x^i G^j (1-G)^k] = \int_0^1 x^i G^j (1-G)^k \mathrm{d}G \tag{6.3}$$

特别有用的是前三个低阶矩,即取 $i = 1$、$k = 0$ 及 $j = 0,1,2$(也可以取 $i = 1$、$j = 0$ 及 $k = 0,1,2$,两者可以相互转换,在此从略)。这样就有:

$$M_{1,0,0} = \int_0^1 x\,\mathrm{d}G = \bar{x}$$
$$M_{1,1,0} = \int_0^1 xG\,\mathrm{d}G$$
$$M_{1,2,0} = \int_0^1 xG^2\,\mathrm{d}G$$
(6.4)

式中,$\mathrm{d}G = g(x)\mathrm{d}x$。例如 $\int_0^1 x\mathrm{d}G = \int_{a_0}^{\infty} xg(x)\mathrm{d}x = \bar{x}$。显然,式(6.4)的变数均为 1 次幂,而概率 G 分别为 0 次、1 次和 2 次幂,为比较方便起见,依次称它们为一阶、二阶和三阶概率权重矩(即将 X 的幂次和 G 的幂次之和作为阶次)。

2)参数求算

取 Γ 分布(皮尔逊 Ⅲ 型分布)为例,其密度函数为:

$$g(x) = \frac{\beta^{\alpha}}{\Gamma(\alpha)}(x - a_0)^{\alpha-1}\mathrm{e}^{-\beta(x-a_0)}$$
(6.5)

式中,a_0 为位置参数,即分布的起点坐标值;α 为偏度参数;β 为标度参数,均可用常用参数的均值 $\bar{x}$、离差系数 C_v 和偏态系数 C_s 来表示,即

$$\alpha = \frac{4}{C_s^2},\ \beta = \frac{2}{\bar{x}C_v C_s},\ a_0 = \bar{x}\left(1 - \frac{2C_v}{C_s}\right)$$
(6.6)

概率权重矩法对 Γ 分布的应用,我国的宋德敦、李松仕等做了比较详细的研究[3,4]。经演算得

$$M_{1,0,0} = a_0 + \frac{\alpha}{\beta}$$
$$M_{1,1,0} = \frac{a_0}{2} + \frac{1}{\beta}s_1(\alpha)$$
$$M_{1,2,0} = \frac{a_0}{3} + \frac{1}{\beta}s_2(\alpha)$$
(6.7)

其中,[4]

$$s_1(\alpha) = \frac{\alpha}{2} + \frac{\Gamma(2\alpha)}{2^{2\alpha}\Gamma^2(\alpha)}$$
$$s_2(\alpha) = \frac{\alpha}{3} + \frac{2\Gamma(3\alpha)}{\Gamma^3(\alpha)}\int_0^1 \frac{y^{\alpha-1}}{(2+y)^{3\alpha}}\mathrm{d}y$$
(6.8)

式中,$\Gamma(\alpha)$ 为 Γ 函数。又有(备下面演算用)$B(m,n) = \Gamma(m)\Gamma(n)/\Gamma(m+n)$,为 B 函数;$I_x(m,n) = \int_0^x y^{m-1}(1-y)^{n-1}\mathrm{d}y/B(m,n)$,为不完全 B 函数。

据式(6.7)、式(6.8)消去 a_0 和 β,得:

$$\frac{3M_{1,2,0} - M_{1,0,0}}{2M_{1,1,0} - M_{1,0,0}} = \frac{3s_2(\alpha) - \alpha}{2s_1(\alpha) - \alpha} = \frac{3 \times 2^{2\alpha}}{B(\alpha, 2\alpha)}\int_0^1 \frac{y^{\alpha-1}}{(2+y)^{3\alpha}}\mathrm{d}y$$

$$= \frac{3}{B(\alpha, 2\alpha)} \int_0^{1/2} \frac{z^{\alpha-1}}{(1+z)^{3\alpha}} \mathrm{d}z$$

$$= \frac{3}{B(\alpha, 2\alpha)} \int_0^{1/3} u^{\alpha-1}(1-u)^{2\alpha-1} \mathrm{d}u$$

其中,积分做了相应的变换,得(设 w 为另一参数):

$$w = \frac{1}{3}\left(\frac{3M_{1,2,0}-M_{1,0,0}}{2M_{1,1,0}-M_{1,0,0}}\right) = I_{1/3}(\alpha, 2\alpha) \tag{6.9}$$

式(6.9)中间项可据实测资料系列求出,利用不完全 B 函数表,能得到 α 值,用式(6.6)可计算 $C_s = 2/\sqrt{\alpha}$。这里简单说一下 $I_{1/3}(\alpha, 2\alpha)$ 的求法:当 α 为正整数时,理论上可直接积分,但当 α 较大时,计算较繁;当 α 为任意值时,可用数值积分法计算。最方便的是用计算机上的 Excel 软件,即取不完全 B 函数 BETADIST($x = 1/3, \alpha, 2\alpha$) 计算而得,并可制成详表。现摘录部分 $C_s \sim w$ 与 $w \sim C_s$ 关系,如表6.1 及表 6.2。易证明,当分布为正偏时,w 的变化范围为 $1/2(C_s = 0) \sim 2/3(C_s \to \infty)$,其变幅全程仅为 $1/6$。

表 6.1 Γ分布的 $C_s \sim w$ 关系表

C_s	w	C_s	w	C_s	w
0.0	0.500 000	3.5	0.592 575	7.0	0.636 685
0.5	0.513 614	4.0	0.602 243	7.5	0.639 838
1.0	0.527 443	4.5	0.610 541	8.0	0.642 549
1.5	0.541 519	5.0	0.617 606	8.5	0.644 892
2.0	0.555 556	5.5	0.623 599	9.0	0.646 926
2.5	0.569 039	6.0	0.628 682	9.5	0.648 701
3.0	0.581 478	6.5	0.633 002	10.0	0.650 256

表 6.2 Γ分布的 $w \sim C_s$ 关系表

w	C_s	w	C_s	w	C_s
0.500	0	0.555	1.979 963	0.610	4.464 834
0.505	0.184 119	0.560	2.161 587	0.615	4.805 927
0.510	0.367 775	0.565	2.346 846	0.620	5.189 991
0.515	0.550 556	0.570	2.536 998	0.625	5.629 864
0.520	0.732 154	0.575	2.733 455	0.630	6.144 206
0.525	0.912 408	0.580	2.937 824	0.635	6.761 482
0.530	1.091 335	0.585	3.151 964	0.640	7.527 881
0.535	1.269 148	0.590	3.378 060	0.645	8.524 770
0.540	1.446 254	0.595	3.618 739	0.650	9.913 216
0.545	1.623 239	0.600	3.877 218	0.655	12.075 140
0.550	1.800 849	0.605	4.157 528	0.660	16.267 798

　　用实测资料按式(6.9)计算 w 之后,可以得到 C_s 值。从表6.2可以看出一个问题,即因 w 的全程变幅很小,在 $C_s \geqslant 0$ 时仅为 1/6,若 w 有较小误差,则对 C_s 的影响较大。例如取 $w = 0.55$,$C_s = 1.801$。若 w 有 0.01 的误差(即达到 0.56,或相对误差不足 2%),则 $C_s = 2.162$,即相对误差约为 20%。实际上,一般水文资料的有效位数为 $3 \sim 4$ 位,通过式(6.9)中分子、分母相减计算,有效数位数会缩短,这样很可能在 w 的第2位小数上会有误差,则对 C_s 的估计有一定影响。

　　求得 C_s 或 α 之后,由式(6.7)消去 a_0,可求解得:

$$\frac{1}{\beta} = \frac{2M_{1,1,0} - M_{1,0,0}}{2s_1(\alpha) - \alpha}$$

因为 $1/\beta = \overline{x}\, C_v C_s / 2 = \overline{x}\, C_v / \sqrt{\alpha}$,则 C_v 值为:

$$C_v = \frac{H(\alpha)}{2}\left(\frac{2M_{1,1,0}}{M_{1,0,0}} - 1\right) \tag{6.10}$$

式中,

$$H(\alpha) = \frac{2^{2\alpha}\sqrt{\alpha}\,\Gamma^2(\alpha)}{\Gamma(2\alpha)} = 2\sqrt{\alpha}B\left(\alpha, \frac{1}{2}\right) \tag{6.11}$$

　　可知,当 $C_s = 0$ 时,有 $H(\alpha) = 2\sqrt{\pi} = 3.544\,908$;当 $C_s \to \infty$ 时,有 $H(\alpha) \to 2\sqrt{\alpha}$。另外,式(6.10)右端括弧内的值是 L-矩法中的 L-C_v 值(或 t_2)。

　　至此,已求得 $\overline{x}$,C_v 和 C_s,可按常规方法通过离均系数 Φ_P 来计算不同频率 P 时的设计值 X_P。对于已知 w 求 C_s(或 α)以及再推算 $H(\alpha)$ 的近似公式,将在下一节中叙述。

6.2　线性矩(L-矩)

1) 定义

　　据 Hosking 所述[2],L-矩是描述概率分布特征的另一类系统,它是对概率权重矩法的一种改进。前四阶 L-矩(以 l_i 表示,$i = 1,2,3,4$)与概率权重矩的关系为:

$$\left.\begin{aligned}
l_1 &= M_{1,0,0} = \overline{x} \\
l_2 &= 2M_{1,1,0} - M_{1,0,0} \\
l_3 &= 6M_{1,2,0} - 6M_{1,1,0} + M_{1,0,0} \\
l_4 &= 20M_{1,3,0} - 30M_{1,2,0} + 12M_{1,1,0} - M_{1,0,0}
\end{aligned}\right\} \tag{6.12}$$

亦可推演得:

$$\begin{aligned}
M_{1,0,0} &= l_1 \\
M_{1,1,0} &= (l_2 + l_1)/2 \\
M_{1,2,0} &= (l_3 + 3\,l_2 + 2\,l_1)/6 \\
M_{1,3,0} &= (l_4 + 5\,l_3 + 9\,l_2 + 5\,l_1)/20
\end{aligned} \tag{6.13}$$

对三参数分布,只需前三阶矩;为了完整,写出了四阶矩。

L-矩法中,定义线性离差系数 t_2(即 L-C_v)、线性偏态系数 t_3(即 L-C_s)及线性峰度系数 t_4(即 L-C_e)为:

$$t_2 = l_2/l_1,\ t_3 = l_3/l_2,\ t_4 = l_4/l_2 \tag{6.14}$$

由此可见,L-矩是概率权重矩的线性组合,其对分布参数的求解结果,应完全与概率权重矩法相同,只不过是定义了不同的参数 t_2、t_3 和 t_4。因此,可以通过两者之间的关系进行求算。

2) L-矩法的参数推算

利用式(6.9),将式(6.12)的 l_2 和 l_3 代入式(6.14)的第二式,可得

$$t_3 = 6w - 3\ 或\ w = (t_3 + 3)/6 \tag{6.15}$$

由此可见,t_3 与 w 之间有简单的函数关系,当已知 t_3 或 w 之后,均可求得 C_s 或 α 值。当 $C_s \geqslant 0$ 时,已知 $w = 1/2 \sim 2/3$,可得 $t_3 = 0 \sim 1$。一般情况下,有

$$|t_3| \leqslant 1 \tag{6.16}$$

以及

$$|t_4| \leqslant 1 \tag{6.17}$$

将式(6.12)的 l_1 和 l_2 代入式(6.14)的第一式,再由式(6.10)知:

$$C_v = \frac{H(\alpha)}{2}t_2\ 或\ t_2 = \frac{2}{H(\alpha)}C_v \tag{6.18}$$

从式(6.28)可看到,当 x_i 均大于零时,由于 $x_i > x_i q_i > x_i q_i^2 (i = 1,2\cdots,n)$,故 $M_{1,1,0} < M_{1,0,0}$,得

$$0 < t_2 < 1 \tag{6.19}$$

上列各式表现了两种方法推求参数可相互通用的关系。从式(6.15)知,当用已知系列算得 w 或 t_3 之后,可由式(6.9)试算出比较确切的 α 或 C_s 值(部分值已列于表6.2中)。现设 t_3 已知,将试算所得 C_s 值作为确切值填入表6.3中,并取名为方法1。另外,亦可用下列近似方法计算。

方法 2:据参考文献[5],$t_3 \sim \alpha$ 的近似式为:当 $\alpha \geqslant 1$ 时,有

$$t_3 = \frac{A_0 + A_1\alpha^{-1} + A_2\alpha^{-2} + A_3\alpha^{-3}}{1 + B_1\alpha^{-1} + B_2\alpha^{-2}}\alpha^{-1/2} \tag{6.20}$$

当 $\alpha < 1$ 时,有

$$t_3 = \frac{1 + E_1\alpha + E_2\alpha^2 + E_3\alpha^3}{1 + F_1\alpha + F_2\alpha^2 + F_3\alpha^3} \tag{6.21}$$

式中,$A_0 = 3.2573501 \times 10^{-1}$;$E_1 = 2.3807576$;$A_1 = 1.6869150 \times 10^{-1}$;$E_2 = 1.5931792$;$A_2 = 7.8327243 \times 10^{-2}$;$E_3 = 1.1618371 \times 10^{-1}$;$A_3 = -2.9120539 \times 10^{-3}$;$F_1 = 5.1533299$;$B_1 = 4.6697102 \times 10^{-1}$;$F_2 = 7.1425260$;$B_2 = 2.4255406 \times 10^{-1}$;$F_2 = 1.9745056$。

采用式(6.20)和式(6.21),在 t_3 已知时,亦需经试算求解 α 值,从而算得 C_s 值。现将试算结果同列于表6.3中。从表6.3可见,试算结果与确切值几乎相同。实际工作时,因试算费时,故可用如下直接求算的近似式。

方法3:据参考文献[5],当 $0 \leqslant |t_3| < 1/3$ 时,令 $z = 3\pi t_3^2$,有

$$\alpha = \frac{1 + 0.290\,6z}{z + 0.188\,2z^2 + 0.044\,2z^3} \tag{6.22}$$

当 $1/3 \leqslant |t_3| < 1$ 时,令 $z = 1 - |t_3|$,有

$$\alpha = \frac{0.360\,67z - 0.595\,67z^2 + 0.253\,61z^3}{1 - 2.788\,61z + 2.560\,96z^2 - 0.770\,45z^3} \tag{6.23}$$

采用式(6.22)和式(6.23)计算的结果,与方法1的确切值相比,仅有微小差别,可以用于实际工作中。

方法4:据参考文献[6],其中设

$$R = \frac{M_{1,2,0} - M_{1,0,0}/3}{M_{1,1,0} - M_{1,0,0}/2} \tag{6.24}$$

由式(6.9)知,式(6.24)的 $R = 2w$,其变幅为 $1 \leqslant R < 4/3$。近似的经验关系如式(6.25):

$$\left. \begin{array}{l} C_s = 16.41u - 13.51u^2 + 10.72u^3 + 94.5u^4 \\ u = (R-1)/(4/3-R)^{0.12} \end{array} \right\} \tag{6.25}$$

计算 C_v 仍用式(6.10),$H(\alpha)$ 的近似式为:

$$\left. \begin{array}{l} H(\alpha) = 3.545 + 29.85v - 29.15v^2 + 363.8v^3 + 6\,093v^4 \\ v = (R-1)^2/(4/3-R)^{0.14} \end{array} \right\} \tag{6.26}$$

该法要求概率权重矩的计算值至少要取5位有效数字,才能保证 C_v 和 C_s 可精确到两位小数。

表6.3为四种方法的计算结果,以方法1的值作为确切值,对其他三种方法作比较。从中可见,方法2的精度可达 $5 \sim 6$ 位有效数字;方法3可达 $4 \sim 5$ 位有效数字;方法4大都只能达到 $2 \sim 3$ 位有效数字,且在 C_s 较大(例如 $C_s > 6$)时,误差较大。顺便说明,由于资料有误差,R 和 u、v 的计算值也会有误差,以致影响 C_s 的值。例如 $R = 1.1(C_s = 1.800)$,若加上 1% 的微小误差,变成 $R = 1.111(C_s = 1.998)$,就是说 C_s 的误差加大了,约为 11%;$H(\alpha)$ 也有相同的情况。其次是式(6.25)和式(6.26)中,u 和 v 的高次项权重过大,这是近似式应避免的。

由于方法1和方法2需要试算,不甚方便;方法4要求矩值达5位有效数字的意义不大且精度不高,故建议在实际计算时可采用方法3,即式(6.22)和式(6.23)。对于 $H(\alpha)$ 的计算,可直接用式(6.11)。因 Γ 函数的计算可在 Excel 上进行,亦可换算成下列等价式计算,即

$$H(\alpha) = 2\sqrt{\alpha\pi}\,\Gamma(\alpha)/\,\Gamma(\alpha + 1/2) \tag{6.27}$$

表 6.3　各种方法计算 C_s 的比较表

t_3	C_s			
	方法 1	方法 2	方法 3	方法 4
0.00	0	0	0	0
0.05	0.306 635	0.306 636	0.306 634	0.309 110
0.10	0.611 232	0.611 232	0.611 223	0.612 803
0.15	0.912 408	0.912 408	0.912 397	0.912 038
0.20	1.209 980	1.209 980	1.209 974	1.208 213
0.25	1.505 229	1.505 229	1.505 224	1.503 241
0.30	1.800 849	1.800 849	1.800 849	1.799 657
0.35	2.100 700	2.100 701	2.100 716	2.100 753
0.40	2.409 620	2.409 619	2.409 615	2.410 776
0.45	2.733 455	2.733 455	2.733 437	2.735 202
0.50	3.079 371	3.079 372	3.079 345	3.081 140
0.55	3.456 521	3.456 521	3.456 492	3.457 959
0.60	3.877 218	3.877 218	3.877 190	3.878 280
0.65	4.359 010	4.359 019	4.358 995	4.359 662
0.70	4.928 631	4.928 663	4.928 607	4.927 651
0.75	5.629 864	5.629 865	5.629 842	5.621 795
0.80	6.541 930	6.541 932	6.541 908	6.508 977
0.85	7.828 940	7.828 942	7.828 921	7.718 153
0.90	9.913 217	9.913 215	9.913 208	9.557 068
0.95	14.463 303	14.463 286	14.463 326	13.145 526

6.3　各阶概率权重矩的计算

概率权重矩的计算,因式(6.4)为积分式,需化为离散型的情况,即

$$\left.\begin{aligned}M_{1,0,0} &= \sum x_i/n \\ M_{1,1,0} &= \sum x_i q_i/n \\ M_{1,2,0} &= \sum x_i q_i^2/n\end{aligned}\right\} \tag{6.28}$$

式中,$\sum$ 表示 i 自 $1 \sim n$ 累加;q 同式(6.2),即设

$$q = P(X < x) = G(x) \tag{6.29}$$

据参考文献[7],q 和 q^2 的无偏估计值取为:

$$\left.\begin{aligned}q &= \frac{i-1}{n-1} \\ q^2 &= \frac{(i-1)(i-2)}{(n-1)(n-2)}\end{aligned}\right\} \tag{6.30}$$

显然,按式(6.30)计算,$M_{1,1,0}$ 中最小项的 $q = 0$,$M_{1,2,0}$ 中最小项和次小项的 $q^2 = 0$,即这些项在矩的计算中不起作用。

据参考文献[8],式(6.30)的近似公式为:

$$q = \frac{i - 0.35}{n}, \quad q^2 = \left(\frac{i - 0.35}{n}\right)^2 \tag{6.31}$$

经统计试验,认为式(6.31)可以作为式(6.30)的近似式。

式(6.28)中,$M_{1,1,0}$ 和 $M_{1,2,0}$ 分别用概率 q 和 q^2 作为权重来计算。虽然它们用了 n 项的平均值,但并不是加权平均值,因为对应于式(6.30),有

$$\sum q = 2/n, \quad \sum q^2 = 3/n \tag{6.32}$$

因此,其对应的加权平均值 $\overline{M}_{1,1,0}$ 和 $\overline{M}_{1,2,0}$ 为:

$$\overline{M}_{1,1,0} = 2M_{1,1,0}, \quad \overline{M}_{1,2,0} = 3M_{1,2,0} \tag{6.33}$$

不难看出,在有些指标或参数计算中,若用加权平均值表示,式(6.9)和式(6.10)可写成:

$$w = \frac{1}{3}\left(\frac{\overline{M}_{1,2,0} - M_{1,0,0}}{\overline{M}_{1,1,0} - M_{1,0,0}}\right) \tag{6.34}$$

$$C_v = \frac{H(\alpha)}{2}\left(\frac{\overline{M}_{1,1,0}}{M_{1,0,0}} - 1\right) \tag{6.35}$$

6.4　C_v、C_s 与 t_2、t_3 的关系

由式(6.18)知:

$$C_v / t_2 = H(\alpha)/2 \tag{6.36}$$

即 C_v 与 t_2 的关系与 α 或 C_s 有关。设

$$C_s / t_3 = A(\alpha) \tag{6.37}$$

联列式(6.36)和式(6.37),可得:

$$C_s / C_v = k_1 t_3 / t_2 \quad \text{或} \quad t_3 / t_2 = k_2 C_s / C_v \tag{6.38}$$

式中,

$$k_1 = 2 A(\alpha) / H(\alpha) \quad \text{或} \quad k_2 = 1/ k_1 \tag{6.39}$$

据式(6.15)知 $t_3 = 6w - 3$,由表1可得到 $C_s \sim t_3$ 的关系,见表6.4。从中可知,当 C_s 为中小值时,C_s/t_3 约等于6。

Γ 分布在 $C_s/C_v = 2$ 时,密度曲线下限值 $a_0 = 0$。由式(6.38)知,此时有:

$$t_3/ t_2 = 2/k_1 = H(\alpha)/A(\alpha) \tag{6.40}$$

可知,当 $a_0 = 0$ 时,t_3/t_2 不等于常数,而是随 α 或 C_s 而变。一般水文系列不能出现负值,即必有 $a_0 \geqslant 0$,故必须有 $t_3/t_2 \geqslant H(\alpha)/A(\alpha)$。例如,$H(\alpha) / A(\alpha)$ 值在 C_s

= 2 时,为 1/6;$C_s < 2$ 时,小于 1/6;$C_s > 2$,大于 1/6。

Hosking 对 $a_0 = 0$ 或 $C_s = 2C_v$ 的情况提出了由 t_2 计算 α 的近似公式[2],必要时可再由 α 推算 t_3,得 $t_3/t_2 = H(\alpha)/A(\alpha)$ 的值,在此从略。

表 6.4 $C_s \sim t_3$ 的关系表

C_s	t_3	C_s/t_3	C_s	t_3	C_s/t_3
0.0	0	6.14(近似值)	5.0	0.705 633	7.085 832
0.5	0.081 684	6.121 114	5.5	0.741 591	7.416 486
1.0	0.164 660	6.073 126	6.0	0.772 090	7.771 111
1.5	0.249 113	6.021 354	6.5	0.798 010	8.145 265
2.0	0.333 333	6.000 000	7.0	0.820 109	8.535 454
2.5	0.414 233	6.035 252	7.5	0.839 027	8.938 921
3.0	0.488 866	6.136 653	8.0	0.855 297	9.353 477
3.5	0.555 450	6.301 199	8.5	0.869 354	9.777 370
4.0	0.613 459	6.520 400	9.0	0.881 559	10.209 188
4.5	0.663 249	6.784 785	9.5	0.892 205	10.647 780

6.5 一点说明

前面所叙述的是资料系列按递增次序排列的情况(彼时 x_n 为最大项),如式(6.1)。在水文频率计算中,系列是按递减次序排列(此时 x_n 为最小项),即

$$x_1 \geqslant x_2 \geqslant \cdots \geqslant x_n \tag{6.41}$$

设此时的概率分布函数 $F(x)$ 为:

$$P(X \geqslant x) = F(x) = 1 - G(x) \tag{6.42}$$

概率密度函数 $f(x)$ 与 $g(x)$ 相同,即

$$f(x) = g(x) \tag{6.43}$$

因此,对应的式(6.28)的概率权重矩计算应为:

$$\left.\begin{aligned} M_{1,0,0} &= \sum x_i/n \\ M_{1,1,0} &= \sum x_i p_i/n \\ M_{1,2,0} &= \sum x_i p_i^2/n \end{aligned}\right\} \tag{6.44}$$

其中,$p = 1 - q = P(X \geqslant x)$。同时,对应的式(6.30)的计算为:

$$p = \frac{n-i}{n-1},\ p^2 = \frac{(n-i)(n-i-1)}{(n-1)(n-2)} \tag{6.45}$$

对应的式(6.31)的计算为:

$$P = 1 - \frac{i-0.65}{n} \tag{6.46}$$

计算方法和步骤不变。

6.6　结语

本文叙述了矩、概率权重矩与线性矩之间的关系,并以 Γ 分布为例进行了分析,有以下几点认识。

(1) 上述三类矩的一阶矩都等于均值 $\bar{x}$,其他各阶矩和有关参数可以相互换算。

(2) 线性矩的计算公式为概率权重矩的线性组合,对同一分布的参数及不同频率时的设计值,其结果完全相同。

(3) 概率权重矩法或线性矩法是以概率作为权重来求矩的。在各阶矩中,变数 X 均为一次幂,其阶次主要由其相应的概率(作为权重)来反映。需注意推求参数时会引起的误差和灵敏性问题。

(4) 概率权重矩法或线性矩法中用近似式计算参数,宜取应用范围较广、精度较高并可直接计算的公式(22)和式(23)。

(5) 在水文频率计算中,各种参数估计方法所得结果均为初值,尚需经合理性分析并适当调整后才能取用。

参　考　文　献

[1] Greenwood. J. A. , J. M. Landwehr, N. C. Matalas and J. R. Wallis. Probability-weighted moments: Definition and relation to parameters of distribution expressible in inverse form [J]. Water Resources Research, 1979, 15(5): 1049~1054

[2] Hosking. J. R. M. . L-moments: Analysis and estimation of distributions using linear combination of order statistics[J]. J. R. Stat. Soc. , Ser. B, 1990, 52(2): 105~124

[3] 宋德敦,丁晶. 概率权重矩法及其在 P-Ⅲ 分布中的应用[J]. 水利学报,1988,(3): 1~11

[4] 李松仕. 概率权重矩法推求 P-Ⅲ型分布参数新公式[J]. 水利学报,1989(5): 39~48

[5] Hosking. J. R. M. and J. R. Wallis. Regional Frequency Analysis, An Approach Based on L-moments[M]. Cambridge University Press, 1997

[6] 杨荣富,丁晶,等. 概率权重矩法估计 P-Ⅲ型分布参数用表的近似表达式[J]. 水文, 1994(3): 17~20

[7] Landwehr. J. M. , N. C. Matalas and J. R. Wallis. Probability weighted moments compared with some traditional techniques in estimating Gumbel parameters and quantiles[J]. Water Resources Research, 1979, 15(5): 1055~1064

[8] Landwehr. J. M. , N. C. Matalas and J. R. Wallis. Estimation of parameters and quantiles of Wakeby distributions, 1. Known lower bounds[J]. Water Resources Research, 1979, 15(6): 1361~1372

(原载:水文,2005,25(5):1~6)

7　频率分析中特大洪水处理的新思考

摘　要　按以不确定性较小的实测洪水系列为主的原则,对含特大洪水系列的频率计算方法,包括经验频率、参数估计和适线问题进行了讨论,并结合实例作了剖析,提出了改进意见。

关键词　设计洪水　水文频率计算　历史洪水　经验频率　统计参数　适线法

推算设计洪水,当具有足够的流量资料时,可以采用流量资料直接进行分析计算。我国于 1978 年和 1993 年先后颁布的设计洪水计算规范[1,2] 中,列出了主要的工作内容与规定,对设计洪水计算起到了重要的作用。

对于含特大洪水系列(亦称历史洪水,包括调查和实测的特大洪水)的频率计算方法,经过多年的实践,积累了许多经验,但也发现了一些可商榷之处。本文拟针对现行的处理思路和计算方法,提出存在问题和改进意见,并结合实例进行讨论。

7.1　含特大洪水系列的经验频率公式

设特大洪水系列(简称特大值系列)为:
$$x_1^{(N)} \geqslant x_2^{(N)} \geqslant \cdots \geqslant x_a^{(N)} \tag{7.1}$$
式中,N 为系列中老大项 $x_1^{(N)}$ 的重现期(调查考证期);a 为特大值的项数,包括从实测洪水系列中抽至特大洪水系列的 l 个值,即 $a = a' + l$(其中 a' 为原特大洪水的个数)。

实测洪水系列(简称实测系列)为:
$$x_1 \geqslant x_2 \geqslant \cdots \geqslant x_n \tag{7.2}$$
式中,n 为实测系列的项数,如果其中有 l 个值抽出,则 $n' = n - l$(其中 n' 为除 l 个之外的实测系列项数)。

1) 经验频率公式

特大值系列的经验频率计算公式,两次规范所取相同,即
$$P_M = \frac{M}{N+1} \tag{7.3}$$
式中,$M = 1, 2, \cdots, a$。

对于实测系列,两次规范有不同的规定,分述如下。

(1) 1978 年的规范[1] 上分别列出的两种计算方法

方法一：认为特大值系列和实测系列是分别从总体中抽出的几个随机连序样本，故将它们对各自系列单独排位，其计算公式为：

$$P_m = \frac{m}{n+1} \tag{7.4}$$

式中，$m = 1,2,\cdots,n$。如果 $l \neq 0$，则所抽出的 l 项在实测系列中保留空位。

方法二：是将特大值系列与实测系列共同组成一个不连序样本，实测系列排列于特大值系列末项之后，在 N 年内统一排位，经验频率公式改变为：

$$P'_m = P_a + (1 - P_a)\frac{m}{n+1}(用于\ l = 0) \tag{7.5}$$

式中，$m = 1,2,\cdots,n$，且

$$P'_m = P_a + (1 - P_a)\frac{m-l}{n-l+1}(用于\ l \neq 0) \tag{7.6}$$

式中，$m = l+1, l+2, \cdots, n$，且（已如前述，$a = a' + l$）

$$P_a = \frac{a}{N+1} \tag{7.7}$$

P_a 为末位特大洪水的经验频率。规范上还规定："如果 N 年之外，有更远的 N' 年内的调查洪水，则同样可把 N 与 N' 组成不连序系列，按上述公式估算各项经验频率"。其意思是有了 N' 之后，N 虽经考证，也不再为原数，而要据 N' 而变。

(2) 在 1993 年的《规范》[2] 中，实际上只推荐用方法二，并在该规范的条文说明内作了简要说明，认为"调查期 N 是从分析之时起，向后追溯计算确定的，N 中包括了实测期 n"，特大值系列与实测系列是"不可能相互独立的 …… 为了使这二个系列能保持相互独立，特大值系列的容量应取 $N-n$，而不应是 N。但这样取时，就不可能得出公式(3.2.2-3)"，即本文的式(7.4)。接着指出取 $a = N-n$，即与方法二的公式相同。这种解释是值得商榷的。

2) 式(7.5)的由来

为分析简单起见，取 $l = 0$ 的式(7.5)进行讨论。该式的意思是：为避免特大值系列和实测系列在概率格纸上有重叠或脱节的现象，将实测系列各项线性地（均匀地）置于特大值系列末项之后的 $1 - P_a$ 范围内。

这是一种线性缩放的思路。回顾在 1950 年，班森将实测系列的序次 m 线性缩放于特大值系列末位之后[3]，新的序次 m' 为：

$$m' = a + \frac{N-a}{n}m \tag{7.8}$$

由此可得：

$$P_m = \frac{m'}{N+1} = P_a + \left(\frac{N}{N+1} - P_a\right)\frac{m}{n} \tag{7.9}$$

当时，班森对实测系列的经验频率是按 $P = m/n$ 计算的。如果换成 $P = m/$

$(n+1)$ 及在 N 较大时的 $N/(N+1) \rightarrow 1$，则式(7.9)就与式(7.5)相同了。班森的公式曾引录于参考文献[4,5]中。

1964 年，钱铁用相同的思路以条件概率的计算方法，导演得到式(7.5)。实际上，由经验频率的数学期望公式知，特大值系列和实测系列在项与项之间的间隔分别为 $1/(N+1)$ 和 $1/(n+1)$，也就是将其所含的范围分别分成 $N+1$ 和 $n+1$ 格，如图7.1。

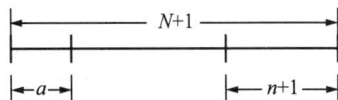

图 7.1　系列项数表示图

这样，所余的缺项 $N+1-a$ 可由 $n+1$ 项的特征值线性地（均匀地）缩放之，其比例系数为 $(N+1-a)/(n+1)$，故式(7.8)的序次可改为：

$$m' = a + \frac{N+1-a}{n+1}m \tag{7.10}$$

由此而得的结果即为式(7.5)，这是最简捷的推导方法，对含有多段不连序系列的公式进行推导更为方便。因为根据线性缩放的原则，不论用何种推导方法，仅需给定的条件相同，推导就是等效的，公式就是相同的。这种思路与叙述已见于参考文献[7]。

从式(7.5)的由来可见，它是用以特大值系列为主，使实测系列排位随之而变的方式建立的。因此，在实际应用时，必须注意下列几点。

(1) 特大值系列与实测系列应属同一总体，其精度相同，不确定度相同，否则资料系列缺乏一致性的条件。

(2) 特大值系列中无遗漏项，其末项的频率 P_a 值准确无误，否则影响实测系列的全部排位，从而使经验频率计算值有误。

(3) 无特小洪水出现。当调查考证期 N 较长时，一般只考虑特大洪水，但特小洪水是客观存在的，从概念上讲，不计入特小洪水的因素，公式缺乏完整性。

对式(7.5)作评价时，上述几点是很关键的，现结合实例，对式(7.5)进行剖析，并提出改进意见。

3) 剖析式(7.5)

结合实例进行分析，取我国洪水系列最长的、较为典型的宜昌站年最大日平均洪峰流量 Q_m 系列[8]。该站现取用的历史特大洪水有 8 个，考证期为 1153 年迄今，N 取整为 850 年[①]；实测系列自 1877 年至 2004 年，即 $n = 128$ 年，且 $l = 0$。

为便于讨论，据参考文献[8]与《长江三峡工程古洪水研究报告》（河海大学水资源水文系，长江水利委员会水文局，1993 年），将 20 世纪 50 年代之后所进行的宜昌站历史特大洪水（大于实测最大洪水 71 000 m³/s）调查情况列于表 7.1。现列出几个值得思考的问题。

---

① 注：参考文献[8]中，自 1153 年计算至 1990 年，N 取整为 840 年。本文延至 2004 年（下同），故 N 取整为 850 年由此引起的经验频率值略有改变，但不影响已有的适线成果。

(1) 该站实测系列的老大项 $Q_{1(n)} = 71000\,\text{m}^3/\text{s}$,从表 7.1 可见,大于此值者已考证到 22 个,但因能定量的仅 8 个,其他 14 个只能定性而不能定量,在实际工作中未曾采用。这说明应用式(7.5)时,P_a 存在难以估计的不确定性。

表 7.1　20 世纪后半期对宜昌站历史特大洪水调查情况表

内　容		所用年份	年　数	老大项重现期 T
50 年代频率计算中采用的洪水年		1870①、1860⑤、1788⑥	3	1870 年洪水为 1520 年以来的最大值,T=439 年(1520～1958 年)
60 年代后调查	能定量估计的洪水年	1227②、1560③、1153④、1796⑦	4	1870 年洪水为 1153 年以来最大值,T=838 年(1153～1990 年)
	能判定大小的洪水年	1613⑧、1700、1761、1840	4	当时采用 T=840 年
	分析推断较大的洪水年	1310、1463、1478、1513、1520、1550、1574、1658、1672、1681、1859	11	
共　计			22	

注:年份旁小圈内数字为现采用 8 个特大洪水的序位。

(2) 再据参考文献[8],对宜昌站调查历史洪水有如下记载:①"1153 年洪水发生后,只有 1227 年洪水高过 3 尺左右";②"1227 年～1560 年间……300 余年之久,而这段时间文献记载较少",不知有无遗漏;③"1000 年～1499 年间……记有严重洪水 7 次",原文未说明 1000 年～1153 年间洪水发生情况;④"1500 年～1899 年间……记有严重洪水 17 次",从上两条知 1000 年～1899 年间共发生严重洪水 24 次,与表 7.1 比较,尚缺 2 次的记载;⑤"1560 年以后各次调查历史洪水遗漏的可性能较小",故有将 1560 年作为第二调查期的,这也是一种处理方法。由此可见,从 1153 年以来,遗漏大洪水的可能性是有的,且另外还有一种分段的考证期。这又说明了 P_a 计算值的另一种不确定性。

(3) 参考文献[8]列举了特大洪水系列的两种排位情况。第一种排位是目前采用的 8 个特大洪水一段制排位。第二种排位是分两段排位,第一段为 1870 年、1227 年洪水,1870 年的考证期为 850 年;第二段为其余 6 个洪水,将 1560 年洪水作为 440 年中的老大项。现将不同排位法对几个主要年份的重现期 T 列于表 7.2 中,同时列入本文建议方法与长江委适线结果的有关值。从表 7.2 中可见,实测系列老大项($m=1$)的重现期用不同排位方法时是不相同的,约合 40～60 年一遇,同长江委的适线结果比较亦仅 20 年一遇左右,显然与直接排位 $T=128$ 年相差太大。

(4) 据宜昌站年最大日平均洪峰流量 Q_m 系列资料,绘制各分段流量 ΔQ 与出现年数的直方图,如图 7.2。从图 7.2 可见,当 $\Delta Q = 5\,000\,\text{m}^3/\text{s}$ 时,实测系列的分布似常遇的铃形分布,呈中间高两边低的走势,而特大值的分布似另一种分布,且两系列在 71 000~81 000 m³/s 之间有断缺(缺口长为 10 000 m³/s)。如果 $\Delta Q = 2\ 500\ \text{m}^3/\text{s}$,则特大值系列范围内的断缺更多。由此看来,实测系列与特大值系列似不服从同一总体,且缺项较多,若以特大值系列来修改实测系列的排位,不确定性太大,引入的误差也太大。

表 7.2 不同排位法主要年份的重现期(年)比较表

系列	年份	第一种排位 $N=850$	第二种排位 $N=850$ $N'=440$	第二种排位 $N'=440$	建议方法 $N=850$ $n=128$	长江委 适线结果
特大值	1870	$M=1,T=850$	$M=1,T=850$		$M=1,T=850$	
	1560	$M=3,T=284$	$M'=1,T=217$	$M'=1,T=440$	$M=3,T=354$	
	1613	$M=8,T=106$	$M'=6,T=63$	$M'=6,T=74$	$M=8,T=144$	
实测	1896	$m=1,T=59$	$m=1,T=42$	$m=1,T=47$	$m=1,T=128$	$T=20$ 左右
	1998	$m=9,$ $T=12\sim13$	$m=9,T=12$	$m=9,T=12$	$m=9,$ $T=14\sim15$	$T=6\sim7$

注:1896 年洪水为实测系列老大项,1998 年为最近期的大水年[9]。

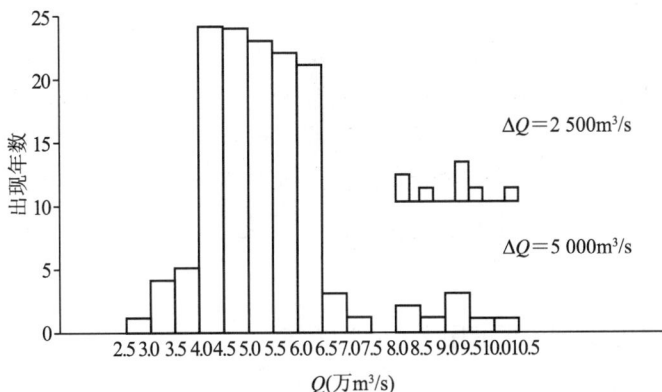

图 7.2 宜昌站各分段流量与出现年数直方图

4) 改进意见

众所周知,我国的实测洪水系列来自近几十年的实测资料,有的已有百年左右,这是非常宝贵的。虽然,有些资料由插补或移用而得,但距今较近,情况比较了解,只要方法合适,资料的精度可以满足计算的要求。即使这样,对推求设计洪水来说,主要是外延,有时甚至外延很远,现所掌握的实测系列长度 n 还比较短,如果用单一的实测资料进行推估,尚有一定困难。另外,特大值系列的调查考证期 N 较长,有利于外延。然而在多数情况下,这些特大值是根据河流沿途的印记、历史文献上的记载等经调查、考证推估而得,尤其是年代久远的洪水,难免出现一些误差。

显然,实测系列的不确定性较小,而特大值系列的不确定性要比实测系列的大,特别是当考证期较远时,遗漏一般的特大洪水项是可能的,从而影响到 P_a 的精度,使全部实测系列的排位不确切。

在 1993 年的设计洪水计算规范[2] 中记录了对待不同洪水系列的要点,即"实测暴雨洪水资料是计算设计洪水的主要依据"、"应充分运用历史洪水及暴雨资料"和"历史洪水数值及其调查期、序位等的不确定度又要比实测洪水的大"等,这是符合实际情况的。同时,再度指出计算设计洪水要采用多种方法、综合比较和合理选用的原则,是应认真遵循的。

为此,由历史洪水为主而得出的式(7.5),并不符合上述要点。历史洪水系列的不确定度要比实测洪水系列大,以不确定度大的系列来改变不确定度相对较小的实测系列的排位,显得不够合理。历史洪水要充分利用,这是无疑的,但在经验频率计算问题上以它为主,就值得商榷了。

实测系列是近期获得的,比较熟悉,有疑问去调查和复核较为容易,直观性较强。例如,有 50 年的资料,一般将其老大项作为 50 年一遇的洪水,大家是易于接受的,如果把它定为 100 年一遇或 20～30 年一遇,除非有强有力的证据,否则难以为大家所理解和接受。

因此,建立经验频率计算公式,可以采用以实测系列为主的方法,先固定实测系列的排位或各项序次,即应用惯常的数学期望式(式(7.4)),而将特大值系列各项的频率 P_M 线性地(均匀地)置于特大值系列老大项频率 $P_{1(N)}=1/(N+1)$ 与实测系列老大项频率 $P_{1(n)}=1/(n+1)$ 之间。这样,改进后的历史洪水系列的经验频率公式为:

$$P'_M= P_{1(N)} + \frac{P_{1(n)}+P_{1(N)}}{a}(M-1) = \frac{1}{N+1}\Big[1+\frac{N-n}{(n+1)a}(M-1)\Big]$$
(7.11)

也就是说,特大值系列各项的序次 M' 为:

$$M' = 1+\frac{N-n}{(n+1)a}(M-1)$$
(7.12)

当特大洪水有不同考证期时,规定各系列老大项的重现期仍为各自的考证期,其他项进行线性缩放。当实测系列中有 l 个特大值抽出时,这 l 项在实测系列中保留空位。

7.2　含特大值系列的统计参数

1) 现行的统计参数计算公式

先设 $l=0$,常用的均值计算公式为:

$$\bar{x} = \frac{1}{N} \left(\sum_{M=1}^{a} x_M + \frac{N-a}{n} \sum_{m=1}^{n} x_m \right) \qquad (7.13)$$

其意义是全系列应有 N 项,除特大值 a 个之外,尚有 $N-a$ 项,但现只有 n 项,故将 n 项的均值来替代所缺的各项。这个公式要求 n 项实测系列的均值具有代表性。

从式(7.13)可见,当 N 较大和 a 较少时,均值的计算结果主要取决于实测系列的均值 $\bar{x}_{(n)}$,它在公式中所占权重很大。例如,对于宜昌站的 Q_m 系列,有 $\bar{x}_{(n)} = 51\,200$ 及 $N-a = 842$,得 $\bar{x} = (729\,400 + 842 \times 51\,200) / 850 = 860 + 50\,720 = 51\,580$(取 $51\,600$)。显然,特大值系列在均值中所占比重仅 1.7%,而实测系列却占到 98.3%,所以实测系列均值的代表性是十分重要的。

二阶矩和三阶矩的计算公式(从而计算 C_v 和 C_s)可比照式(7.13)得到,在此从略,同样存在有与 $\bar{x}$ 计算中同样的问题。

2)统计参数计算公式的讨论

当 $l \neq 0$(即有特大值从实测系列中抽出)时,$\bar{x}_{(n)}$ 的代表性更值得关注。考虑下列两种情况。

(1)实测系列均值的计算,仅用余下的 $n-l$ 项,即

$$\bar{x}_{1(n)} = \frac{1}{n-l} \sum_{m=l+1}^{n} x_m \qquad (7.14)$$

这样算得的值,可能偏小,因最大的 l 项不计在内。

(2)把 l 项仍留在实测系列内,均值计算结果为:

$$\bar{x}_{2(n)} = \frac{1}{n} \sum_{m=l}^{n} x_m \qquad (7.15)$$

这个值可能偏大。

因此,建议 $l \neq 0$ 时采用两种情况的平均值,即

$$\bar{x} = \frac{1}{2} (\bar{x}_{1(n)} + \bar{x}_{2(n)}) \qquad (7.16)$$

在洪水频率计算中,通常均值是用矩法计算的,进行适当改进,颇有必要。对于二阶和三阶矩,如需计算时,也应注意这个问题。

7.3　含特大值系列的频率计算适线问题

1)不连序系列统一适线可能出现的问题

将特大值系列和实测系列的经验频率点(不论用何种经验频率公式)同绘于概率格纸上,进行统一适线,常能碰到以下几种情况。

(1)高挂:特大值点高挂在概率格纸的左上方,明显地与实测系列点的分布

趋势相脱离。

（2）中垂：统一适线时，为照顾特大值点子，频率曲线的左端会向上翘，引起实测系列大值部位偏于曲线下方，并在概率格纸上形成中偏上方的点低垂。

（3）尾脱：所适出频率曲线的尾部脱离实测点子，这是由于为照顾特大值点的适线，使 C_v 和 C_s 加大所致。

图 7.3 为按式（7.5）绘出的宜昌站最大日平均洪峰流量 Q_m 的频率曲线图（长江委采用 $\overline{Q}=52\,000$，$C_v=0.21$，$C_s=4C_v$，[8] 及现取 $N=850$，$n=128$，$a=8$），上述三种情况均有所表现。显然，特大值老大项（1870 年）高挂在曲线上方，实测系列上部约有 20 个点低垂于曲线之下，而尾部也有数个点与曲线脱离。实际上，这两个系列的分布趋势不是光滑相接的，而是呈倒"人"字形相交，似各属于有区别的分布类型。

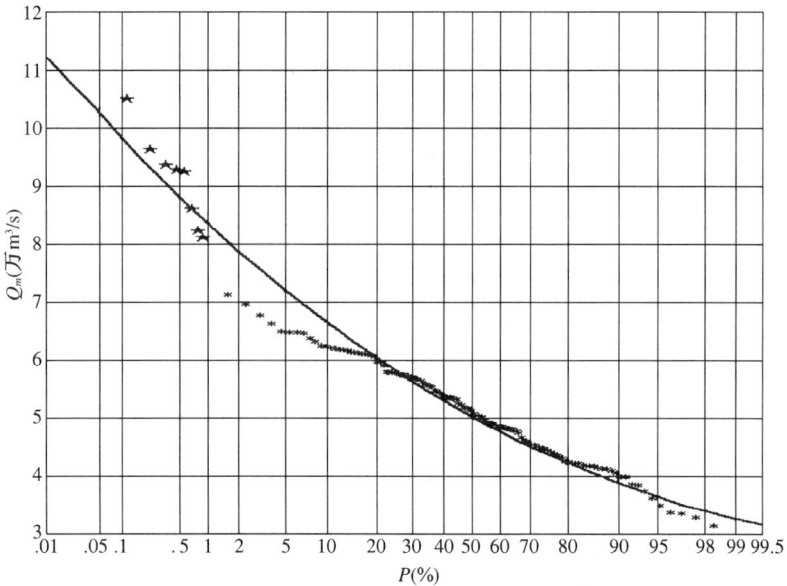

图 7.3　宜昌站年最大日平均洪峰流量 Q_m 频率曲线（长江委的结果）
（图例：★—特大洪水，∗—实测洪水）

2）建议的适线方法

频率计算中所谓的适线法，应以所选频率曲线与经验频率点群配适最好为准则。但是不论用哪一套经验频率公式，仍会遇到如图 7.3 那样经验频率点扭曲分布和畸形适线的情况，这就失去了适线法要适线好的原意。要改变这种情况，单纯靠经验频率公式的改变，或是改选频率分布的模型，都是难以达到点线最佳配适的要求。为此，早在 20 世纪 80 年代，笔者曾提出改进建议[7,10]，简述如下。

（1）一般，实测系列的测验精度较高，其项数远比特大值个数为多，在概率格纸上的分布趋势较为平缓，离散程度不大，易于适线，由此而得的结果可以反映实测系列的统计特性。但其样本容量较小,统计参数(由此得到的设计值)有一定的抽样误差,特别是在外延时。对重要的工程,为安全起见,应适当加安全系数,即以加上抽样误差来表示。

(2) 特大值系列考证期较长,有利于频率曲线的外延,但其精度常较实测系列为低,在定量和定位上的不确定度较实测系列为大。

(3) 由此看来,两种系列各有长短之处,将它们从水文概念和统计原理上结合起来,能提高洪水频率分析的效果和设计洪水的精度。现在,我们所掌握的实测系列仅是一个样本,可用以配出一条频率曲线,在此线上可读得各频率 p 时的设计值 x_p。但这一值只是一个点估计值(设为 $\hat{x}_p$),理论上在这个点估计值两侧有一定的分布,可用条件分布密度函数 $f(x_p \mid p)$ 来表示。此 $\hat{x}_p$ 可以是分布的某一特征值,如均值、中值等。指定一个置信概率,可得到 x_p 的区间估计值,相应地有区间的上限 a 和下限 b。为安全起见,设计洪水计算中,通常只估计其上限值。然后,按照特大值点分布情况,照顾头部(或精度较高)的点,确定上限各点,将其连线作为上限线,如图 7.4 所示。这条上限线是按实测系列频率曲线上各点加上 k 倍抽样标准误差 S_{xp} 得到的,S_{xp} 的计算公式为:

$$S_{xp} = \frac{S}{\sqrt{n}} B \tag{7.17}$$

式中,S 为实测系列标准差;n 为实测系数长度;B 为保证修正值系数,参考文献[11]中详列了 Γ 分布的 B 值。

对于实测系列频率计算结果(包括统计参数和设计值)以及 k 值,均需经过合理性分析后最终确定。这样,既符合设计洪水计算规范中所提出的以实测洪水为主要依据的原则,又充分运用了历史洪水资料,同时还满足了点线拟合较优的要求,表现出实测系列分布的实际规律性,避免了畸形的适线情况。图 7.4 是对图 7.3 进行改进了的适线图,参数为 $\overline{Q} = 51\,000\ \mathrm{m^3/s}$、$C_v = 0.17$、$C_s = 0$ 及 $k = 6.0$,置信概率超过 99.9%,安全度较高(当时也取了别的参数,如 $C_v = 0.155$,$C_s = 2C_v$ 及 $k = 4.7$ 等,但适线均没有图 7.4 为好,以下另有说明)。图 7.4 中,左上方的小圈表示特大洪水系列中的老大项(1870 年洪水)按古洪水研究后的位置,$T = 2\,500$ 年[8]。

3) 一个待思考的问题

据坎南对世界上 28 个国家或地区所使用的洪水和降水频率分布模型的统计[12],选用最多的为极值 I 型分布,其后依次为对数正态分布、Γ 分布和对数 Γ 分布。概念上,多数的水文值不可能出现负值,例如对于 Γ 分布需要求 $C_s \geqslant 2C_v$,取对数正态分布要求 $C_s \geqslant 3C_v + C_v^3$ 等。然而,极值 I 型分布是两端无限的,也就是在频率曲线的尾部会出现负值,目前有许多国家和地区正在应用这一分布,是否合适,是一个值得思考的问题。

现时,一般的水文系列呈正偏型分布,这些分布在频率曲线上表现为上端趋于无穷大。但水文系列应有上限,通常在目前的技术水平下,要确切估计此上限值尚有困难,故而认为使用的仅是有限部位,例如只用到频率 $P = 0.01\%$(万年一遇)的设计标准,上端无限的分布不影响使用。从这一点推而广之,对于曲线尾部会出现负值的情况,只要所用到的部位(例如 $P = 99.99\%$)不出现负值,亦可应用。图 7.4 中取 $C_s = 0$ 适线,也是这样考虑的。

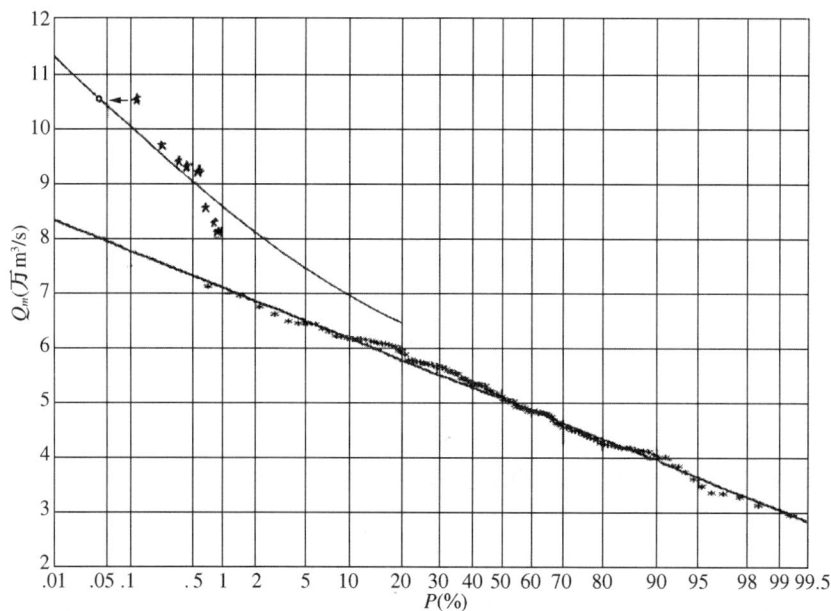

图 7.4　宜昌站年最大日平均洪峰流量 Q_m 频率曲线($\overline{Q}=51\,000,C_v=0.17,C_s=0,k=6.0$)
(图例:★—特大洪水,*—实测洪水,o←按古洪水研究 $T=2\,500$ 年处理)

7.4　结束语

本文讨论了含特大洪水系列的频率计算方法,提出了改进意见,并结合实例进行分析,得到以下几点认识。

(1) 含特大值系列的洪水频率计算中,原经验频率公式的制定是以特大值系列为主,将实测系列的各项频率置于特大值系列末项之后,并线性地(均匀地)缩放之。但特大值系列的不确定度较大,使实测系列的经验频率有较大的偏差。

(2) 实测系列的不确定度较特大值系列为小,遵循"设计洪水计算规范"中指出的"实测暴雨洪水资料是计算设计洪水主要依据"的原则,建议改为以实测系列为主,将特大值系列各项频率线性缩放于两系列的老大项之间。

（3）含特大值系列统计参数的计算，当 $l \neq 0$ 时，若将这 l 项仍留在实测系列内，所得结果可能偏大；若将 l 项抽去后再计算，结果可能偏小，建议取两者的平均值。

（4）不论采用何种方法，频率曲线适线时，常会出现高挂、中垂和尾脱现象，如果进行统一适线，只改变经验频率公式或分布模型，都难以得到良好的适线结果。建议以不确定度较小的实测系列为主，先绘出实测系列的频率曲线，再在各点的设计值 x_p 上加 k 倍抽样标准误差，然后进行合理性分析，定出最终取用结果。各类工程可按其重要性取用设计值。

（5）当使用 Γ 分布时，如果取 $C_s < 2C_v$（或 $C_s < 0$）适线更好，若在概率格纸范围（设为 $P = 0.01\% \sim 99.99\%$）内不出现负值，可允许作为计算结果的初值。这里的一个问题是：倘若放宽 C_s 的限制条件，并能适线更好，似应亦作为可取的方法。

以上提出的思路和方法，有待实践检验和进一步分析研究。不当之处，请批评指正。本文承刘金清教授、王国安教授、杨远东教授等专家提出宝贵意见，谨致谢意。

参 考 文 献

[1]　SDJ22‑78. 水利水电工程设计洪水计算规范[S]
[2]　SL44‑93. 水利水电工程设计洪水计算规范[S]
[3]　班森. M. A.；华士乾译. 洪水频率分析中历史洪水资料的应用[J]. 水利译丛,1957(4)：7~10. 原载：Transactions, American Geophysical Union,1950,31(3)：419~424
[4]　叶永毅,陈志恺. 洪水频率分析中历史洪水资料的处理[J]. 水利学报,1962(1)：1~7
[5]　金光炎. 水文统计原理与方法[M]. 北京：中国工业出版社,1964
[6]　钱铁. 在有历史洪水资料情况下洪水流量经验频率的确定[J]. 水利学报,1964(2)：50~54
[7]　Jin Guangyan. Problems in statistical treatment of flood series[J]. Hydrology, 1987,96：173~184
[8]　长江水利委员会. 三峡工程水文研究[M]. 武汉：湖北科学技术出版社,1997
[9]　水利部水文局等. 1998年长江暴雨洪水[M]. 北京：中国水利水电出版社,2002
[10]　金光炎. 论水文频率计算中的适线法[J]. 水文,1990(2)：1~6
[11]　金光炎,费永法. Γ分布保证修正值系数B的确定[J]. 水文,1991(6)：1~3
[12]　Cunnane. C.. Statistical Distributions for Flood Frequency Analysis[M]. WMO Operational Hydrology Report No. 33, Secretariot of WMO, 1989

（原载：水文,2006,26(3)：27~32）

8 水文频率分布模型选择方法述评

摘　要　回顾和叙述了用三阶和四阶矩或与其有关的统计参数之间关系进行水文频率分布模型选择的方法,并对各方法做了述评。文中认为,这些方法在理论上是成立的,但在实际问题中,受到许多不确定因素的影响,计算结果会有一些参差性和片面性,在应用时须慎重对待。

关键词　水文频率计算　频率分布模型　常规矩法判别　线性矩法判别　参数选模法

　　水文频率分析中,频率分布模型(频率曲线线型)的选择是一项主要的内容,它涉及到与经验频率点的拟合,更重要的是它是作为一种外延的工具。因此,合适地选择频率分布模型,不仅有利于实际应用,更重要的是期望由此得到合理的设计值。

　　多年以来,水文工作者试图从各种途径来选择频率分布模型,例如曾经应用的适线法,包括目估适线法和具有一定数学准则(最小二乘和最小一乘准则)的适线法,用来对各种模型进行拟合检验和相互比较,确定出可取用的模型。除此之外,还有一类用水文系列统计参数之间的关系来选择的,即主要用三阶和四阶中心矩或与其有关的参数(如偏态系数和峰态系数)来进行选取,暂名为参数选模法。近期,由于线性矩法的出现,其更引起了大家的关注。

　　本文拟叙述已有的几种参数选模法,并加以评述。

8.1　对皮尔逊曲线族的判别法

　　皮尔逊曲线族中包括正态分布在内,有 11 种分布曲线,其中的皮尔逊Ⅲ型(简写为 P3 型)曲线,现亦称 Γ 分布曲线,是较为常用的模型。早期,我们看到讨论划分曲线族中各种曲线的文献为 1951 年版的《高等统计学》[1],简述如下:

　　设 r 阶中心矩为 $M_r (r = 0, 1, 2, 3, 4)$,其中二阶中心矩 M_2 为方差,即标准差 S 的平方,或表示为 $M_2 = S^2$。再设 $\beta_1 = M_3^2 / M_2^3$, $\beta_2 = M_4 / M_2^2$,得到判别准则:

$$K = \frac{\beta_1 (\beta_2 + 3)}{4(4\beta_2 - 3\beta_1)(2\beta_2 - 3\beta_1 - 6)} \tag{8.1}$$

　　按资料系列,计算得 K 值,由不同的 K 值可判别该资料系列所对应的曲线类型。图 8.1 显示出曲线族中前 7 种和正态曲线的判别图。

　　实际上,β_1 为偏态系数 C_s 的平方值,即 $\beta_1 = C_s^2$;β_2 为峰态系数 C_k。关于 C_s 与

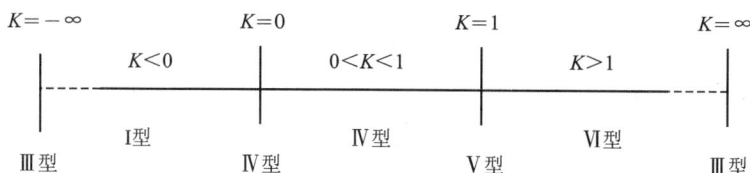

图 8.1 皮尔逊曲线族判别方法示意图
正态 $\beta_2 = 3$，Ⅱ 型 $\beta_2 < 3$，Ⅳ 型 $\beta_2 > 3$

C_k 的计算，将在下节叙述。

用准则 K 值，只能判别皮尔逊曲线族内各种曲线的分型问题，例如当 $K = \pm \infty$ 时，即我们常用的皮尔逊 Ⅲ 型曲线。这种判别方法，当时主要是用于生物统计资料，由于 β_1 和 β_2 含有三阶或四阶矩，故资料系列的项数 n 要足够大。例如，要研究 5 岁儿童身高的分布，n 可取 100，如果还认为不够，只要工作者多花点时间去调查统计，n 可以增加。但对水文资料而言，需经逐年累积，n 都比较小，β_1 和 β_2 的计算误差太大，无法使用这种方法。

8.2 对各类模型的常规矩法判别

目前，国内外常用的和比较常见的水文频率分布模型较多，参考文献[2]中列出了一些国家和地区在降雨和径流方面应用的约 20 种模型，但有些还没有包括在内，如广义指数分布（Goodrich 分布）、皮尔逊 Ⅴ 型分布以及近期在线性矩法中应用的 Pareto 分布和 Logistic 分布等[3~6]。据该文献统计，现应用最多的分布为极值分布、对数正态分布、Γ 分布（P3 型分布）、对数 Γ 分布和指数 Γ 分布（克—门分布）。

实际应用中，模型多采取三参数分布。一般，分布中的三个参数，仅需用与参数个数等量的，即前三阶矩来估计。而四阶矩则与三阶矩有一定的函数关系，水文计算中习惯用 C_s 和 C_k 的关系来表示。例如，对于 Γ 分布，有 $C_k = 3C_s^2/2 + 3$ 或 $C_e = C_k - 3 = 3C_s^2/2$。这里，把 C_e 取名为峰形系数。Γ 分布在 $C_s = 0$ 时为正态分布，$C_k = 3$，$C_e = 0$。有的分布 C_k 与 C_s 可用简单的解析式表示，有些则不能。

设系列 X，其取值为 $x_i (i = 1, 2, \cdots, n$，其中 n 为项数），C_s 的计算式如下：

$$C_s = \frac{n}{(n-1)(n-2)} \sum \left(\frac{x_i - \bar{x}}{S} \right)^3 \tag{8.2}$$

式中，$\bar{x}$ 和 S 分别为系列的均值和标准差；$\sum$ 为 i 从 $1 \sim n$ 累加。

C_k 或 C_e 由于在一般的计算中很少应用，常是抄自有关文献中所载的公式。这样,如果不对这种公式进行深入的考究,对 C_k 和 C_e(相互间差±3)的计算很可能会有混淆。再由于 C_k 和 C_e 的英文单词,在一些书刊上均为kurtosis,表示是峰态或峰形之意,两者同名,更不易分清。这里,简单作些说明。

据参考文献[5],峰形系数的计算公式为:

$$C_e = \frac{n(n+1)}{(n-1)(n-2)(n-3)} \sum \left(\frac{x-\bar{x}}{S}\right)^4 - \frac{3(n-1)^2}{(n-2)(n-3)} \quad (8.3)$$

显然,当 n 较大时,式(8.3)右端第二项近似于3。此式来源于 k-统计量[7],即 $C_e = k_4/k_2^2$,其中 k_r 为 r 阶 k-统计量,它与中心矩 M_r 之间的关系为 $k_2 = M_2$,$k_4 = M_4 - M_2^2$。取它们的数学期望值 $E(k_2)$ 及 $E(k_4)$ 作为 $C_e = E(k_4)/E^2(k_2)$ 的估值,得到了式(8.2)。目前,式(8.2)和式(8.3)的 C_s 和 C_e 值计算,可以由电子表格Excel中的skewness和kurtosis项计算来实现。

再据参考文献[6],峰态系数的计算公式为:

$$C_k = \frac{n^2 - 2n + 3}{(n-1)(n-2)(n-3)} \sum \left(\frac{x-\bar{x}}{S}\right)^4 - \frac{3(n-1)(2n-3)}{n(n-2)(n-3)} \quad (8.4)$$

同样可以看到,当 n 较大时,式(8.4)右端第二项趋于零。此式来源于 $C_k = M_4/M_2^2$,应用时用 $E(M_4)$ 和 $E(M_2)$ 作为 $C_k = E(M_4)/E^2(M_2)$ 的估值。当然,如果要计算 C_e 值,尚需减去3。

当 n 较大时,式(8.3)计算的 C_e 加3(即 C_e+3)与式(8.4)计算的 C_k 相比,两值比较接近;但在 n 较小时,两者有一定差值。由于上述公式的证明较繁,在此从略。

将四种分布的 C_s 与 C_k 关系点绘于图8.2。这些分布为:极值分布(GEV)、

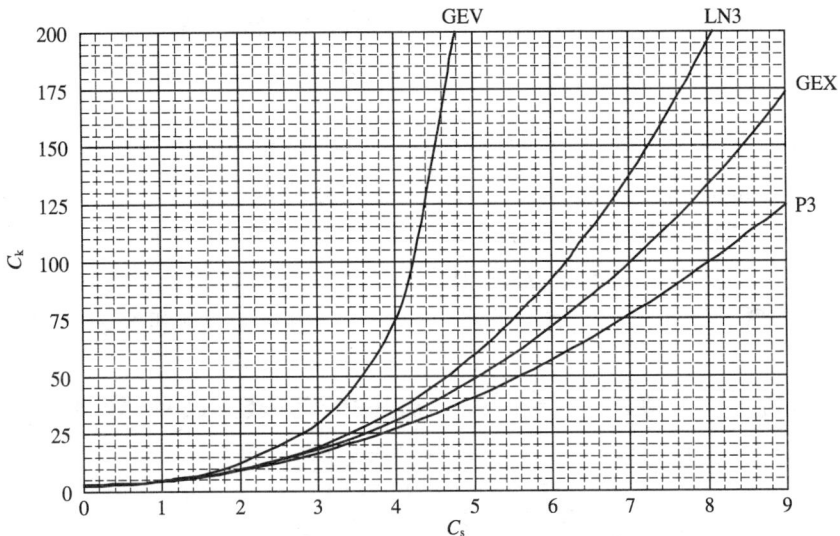

图8.2　用常规矩法计算的 C_s 与 C_k 关系图

对数正态分布(LN3)、广义指数分布(GEX)和 Γ 分布(P3)。判别时,只需按实测系列,计算得 C_s 与 C_k 值,将此实际点绘于图8.2上,看此点最靠近哪一条线,即认为此系列服从这一分布。从图8.2可见,当 $C_s < 2$ 时,各分布的关系线很接近,不易明显区分;只有在 C_s 较大时,才有明显区别。

由于 C_s 与 C_k 的计算公式中,不论用式(8.3)或式(8.4),都涉及到三阶及四阶矩,而这些矩为由变量 X 的立方和四次方组成,其计算误差是较大的,故此法对实际应用的意义不大,在此仅做简单叙述。

8.3　对各类模型的线性矩法判别

与上节方法类似,用线性矩法计算各阶线性矩 l_r(可参见参考文献[5]、[8]),然后再计算 $t_3 = l_3/l_2$, $t_4 = l_4/l_2$,分别表示线性矩的偏态系数 $L\text{-}C_s$(即 t_3)和线性矩的峰态系数 $L\text{-}C_k$(即 t_4)。将它们的理论关系点绘于图8.3上。

图8.3所示的几种分布为:Logistic 分布(GLO)、极值分布(GEV)、对数正态分布(LN3)、Pareto 分布(GPA)、广义指数分布(GEX)和 Γ 分布(P3)。同样,按实测系列计算 $L\text{-}C_s$ 和 $L\text{-}C_k$ 值,并将它点绘于图8.3上,看此点最靠近哪条曲线,就认为此实测系列服从于该分布。

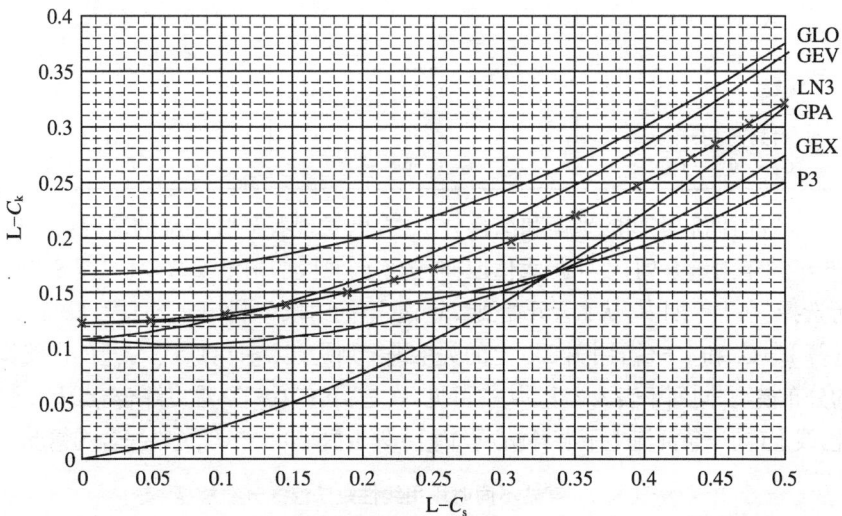

图8.3　用线性矩法的 $L\text{-}C_s$ 和 $L\text{-}C_k$ 关系图

这里,说明下列几个问题:

(1) 线性矩与常规矩有一个明显的区别:各阶线性矩都是用变数 X 系列的一次幂计算而得的。如果变数有误差,也不像常规矩那样对高阶矩影响来得大。另一方面,线性矩的灵敏度较差,且计算比较复杂。例如线性矩(除一阶矩为均值外)的值必须与所取的分布模型有关;分布参数与线性矩的关系有的能用解析式表达,但有的不能,后者的可操作性较差。

(2) 现在对有些常见的分布(如指数 Γ 分布和对数 Γ 分布等),因导演上的困难,尚未导出分布参数与线性矩的关系,使它们在比较和选择中缺了席。然而,对于有些不常见的分布(如 Pareto 分布和 Logistic 分布等),由于它们能得到分布参数与线性矩的关系,却能堂而皇之地出现在一些文献中,似有失公允。

(3) 在如指数 Γ 分布和对数 Γ 分布的计算问题中,分布参数与线性矩关系不是惟一的。例如,就指数 Γ 分布而言,它是在 $C_s = 2C_v$ 的 Γ 分布基础上用新变量 ax^b 来置换原变数 x,显然当 $b=1$ 时仍为 Γ 分布;当 $b=-1$ 时为广义指数分布;在 $C_s = 3C_v + C_v^3$ 时,成为对数正态分布。由图 8.2 可见,Γ 分布、广义指数分布与对数正态分布是不同的三条线,由此可推测,C_s 与 C_v 的比值不同,此分布可以有不同的 L-C_s 和 L-C_k 关系线。表 8.1 给出同一 L-C_s 时,不同分布的 L-C_k 值。对数 Γ 分布也有同样的情况。这样,配点选型会变得更为复杂。

表 8.1　不同分布在相同 L-C_s 时的不同 L-C_k 值

分　　布	L-C_s	L-C_k
广义指数分布 ($b=-1$)	0.25 0.50	0.133 0.274
Γ 分布 ($C_s = 2C_v$)	0.25 0.50	0.145 0.250
对数正态分布 ($C_s = 3C_v + C_v^3$)	0.25 0.50	0.172 0.322

(4) 在时间和空间的平衡和综合分析中,已发现有某些零乱的情况。例如,取某站 56 年的年雨量系列,以年最大值取样,选不同时段的雨量参数,对照图 8.2 的关系进行选择。在 1 年期内,从 1 天开始到 1 年,取不同时段(现取 12 个时段,见表 8.2),分别计算 L-C_s 和 L-C_k,用图 8.3 上的关系进行判别,以与计算点最靠近的曲线作为选取的分布模型,同列于表 8.2 上。从中可见,真是"五花八门",难以综合。点上(同一站)如此,线上(同一条河流上下游各站)及面上(邻近区域)会出现更难综合的情况。

表 8.2　某站不同时段用线性矩法选择分布模型

时段	1 天	2 天	3 天	5 天	7 天	10 天	15 天	30 天	60 天	90 天	120 天	1 年
L-C_s	0.150	0.118	0.174	0.219	0.207	0.202	0.157	0.185	0.115	0.051	0.042	0.031
L-C_k	0.135	0.127	0.176	0.176	0.187	0.205	0.174	0.188	0.114	0.139	0.167	0.138
分布模型	Γ	Γ	GEV	GEV	GLO	GLO	GLO	GLO	Γ	LN3	GLO	LN3

　　总之,用上述判别方法来选择分布模型,在理论上是成立的;然而,单看这一点,有可能迷惑我们的思路。结合到实际问题,在具体操作和分析时会碰到较多的具体问题。目前,国内外有些单位和工作者,对此很感兴趣,并正在进行有关的工作,因此全面认识所述方法的各个方面,是很有帮助的。

8.4　结语

　　(1) 本文叙述了用三阶和四阶矩或与其有关的统计参数之间的关系来判别实测系列所归属的分布,这在理论上是成立的。但在实际应用中,由于资料的随机性以及不确定性因素的影响,在时空综合分析上,会出现一些不协调的现象,因而在使用时应特别注意。

　　(2) 线性矩法的出现,引起了不少水文工作者的兴趣,因为线性矩只含有变量的一次幂,受变量误差的影响较小。然而,各阶线性矩之间的高度相关性、计算上的复杂性以及不能对若干常用分布进行分析等,使这种选模法还存在不少问题。

　　(3) 本文只限于述评上述所谓理论上成立的参数选模法,没有叙述用目估适线法进行判别的方法。我国在 20 世纪 50 年代,各有关单位对各地的实测水文系列,做过大量的用目估适线法进行分布模型的检验、比较和选型工作,认为 Γ 分布(P3 型)能符合大多数水文系列的情况。

　　(4) 用各种方法对实测系列的分布模型进行判别,实际上只涉及有资料的部位,其判别或分析仅限于通常所说的内插部分。而在频率计算中,常常需要外延,有时甚至外延很远。因此,即使内插合适,更重要的还必须考虑外延的合理性。

　　(5) 水文频率计算中有各种各样的方法,不论哪种方法,总有长处和短处两个方面,结合实际、仔细分析是很重要的,特别是要避免具有片面性的工作和缺乏合理性分析的结果。

参　考　文　献

[1]　薛仲三. 高等统计学(第 4 版)[M]. 上海:商务印书馆,1951
[2]　Cunnane C.. Statistical Distributions for Flood Frequency Analysis[M]. WMD—No. 718. Secretariat of the World Meteorological Organization. Genava-Switzerland, 1989
[3]　金光炎. 水文统计原理与方法[M]. 北京:中国工业出版社,1964
[4]　长江水利委员会. 三峡工程水文研究[M]. 武汉:湖北科学技术出版社,1997
[5]　Hosking J. R. M and J. R. Wallis. Regional Frequency Analysis—An Approach Based on L—Moments[M]. Cambridge University Press,1997

［6］　金光炎. 两种新的水文频率分布模型——Pareto 分布和 Logistic 分布［J］. 水文，2005，25(1)：29～33

［7］　Kendall M. G. and A. Stuart. The Advanced Theory of Statistics，Vol. 1，Distribution Theory［M］. Charles Griffin，London，1958

［8］　金光炎. 矩、概率权重矩与线性矩的关系分析［J］. 水文，2005，25(5)：1～6

（原载：淮河水利委员会水文局编. 全国水文水资源科技信息网华东组·2007 年学术交流论文集. 2007：1～7）

9 线性矩法的特点评析和应用问题

摘 要 介绍了线性矩法的无偏估计与直接计算的关系,讨论了在概率权重矩计算过程中各系列之间的高度相关性及其对结果的影响,建立了直接计算线性矩法的 C_v 和 C_s 近似公式,叙述了适线问题和相应的经验频率公式。文中认为,水文频率计算时,由于资料的随机性和处理方法上的概化性,故用任何计算方法得到的结果,都具有不同程度的不确定性,只能作为估计的初值,需通过时空上综合平衡,再经合理性分析和调整后,才能取用。

关键词 水文频率计算 线性矩法 统计参数估计 合理性分析

水文频率分析中,概率权重矩法[1]和线性矩法[2]自出现以来,引起了广泛的关注和兴趣。线性矩(L-矩)是概率权重矩(PWM)的线性组合,在这种矩的计算中只采用变量的一次幂,与常规矩(其变数需采用二次或更高次幂)相比,对统计参数的估计,受变量误差的影响要小一些。L-矩与 PWM 相比,在于前者系统地定义了一套新的统计参数,这将在后面的式(9.16)中看到。

频率分布模型(频率曲线线型)中参数的估计,原则上,只要有与模型参数相同个数的条件,就能解得。例如,对于三参数 Γ 分布(皮尔逊Ⅲ型分布),仅需给予三个合适的条件,如三个常规矩、三个线性矩或极大似然法的三个——另一种一阶矩(均值,对数平均数和倒数平均数)等,均可直接或近似求得三个参数,习惯上用均值 $\bar{x}$、离差系数 C_v(或标准差 S)和偏态系数 C_s 来表示,以代表水文系列或所估计分布的水平、离散度和偏度。这在理论上是成立的,但与实际的水文问题联系起来,各种方法就会有不同的效果,有的还会因计算繁复缺乏可操作性。

不同的方法有不同的特点,从实际应用上来说,各有其优点和缺点,故应结合水文问题的实况,注意它们的适应性和实用性。对于线性矩的有些情况,已在参考文献[3]中作了叙述,这里仍以 Γ 分布为例,再补充几个有关的问题,以利更进一步了解这个方法。

9.1 概率权重矩的无偏估计与线性矩的直接计算

概率权重矩的定义为[1]:

$$M_{i,j,k} = \int_0^1 x^i G^j (1-G)^k \, \mathrm{d}G \tag{9.1}$$

通常取 $i=1$,j 或 k 中有一个为零值,即有:

$$M_{1,j,0} = \int_0^1 x G^j \, \mathrm{d}G \tag{9.2}$$

或

$$M_{1,0,k} = \int_0^1 x(1-G)^k \, \mathrm{d}G = \int_0^1 x F^k \, \mathrm{d}F \tag{9.3}$$

上列各式中（x 为系列 X 的取值）

$$G = G(x) = P(X < x) \tag{9.4}$$

$$F = F(x) = 1 - G(x) = P(X \geqslant x) \tag{9.5}$$

水文计算中，惯用式（9.5）。设 $p = F = P(X \geqslant x)$，各阶矩的计算公式为：

$$\left. \begin{aligned} M_{1,0,0} &= \frac{1}{n} \sum x_i = \overline{x} \\[2mm] M_{1,0,1} &= \frac{1}{n} \sum x_i p_i \\[2mm] M_{1,0,2} &= \frac{1}{n} \sum x_i p_i^2 \\[2mm] M_{1,0,3} &= \frac{1}{n} \sum x_i p_i^3 \end{aligned} \right\} \tag{9.6}$$

其中一阶矩 $M_{1,0,0}$ 即为均值 $\overline{x}$，$\sum$ 表示 i 从 1 到 n 累加（n 为系列的项数）。又 p_i、p_i^2、p_i^3 的无偏估值为[4]：

$$\left. \begin{aligned} \hat{p}_i &= \frac{n-i}{n-1} \\[2mm] \hat{p}_i^2 &= \frac{(n-1)(n-i-1)}{(n-1)(n-2)} \\[2mm] \hat{p}_i^3 &= \frac{(n-1)(n-i-1)(n-i-2)}{(n-1)(n-2)(n-3)} \end{aligned} \right\} \tag{9.7}$$

因此，式（9.6）中后三式可为：

$$\left. \begin{aligned} \hat{M}_{1,0,1} &= \frac{1}{n} \sum \frac{n-i}{n-1} x_i \\[2mm] \hat{M}_{1,0,2} &= \frac{1}{n} \sum \frac{(n-1)(n-i-1)}{(n-1)(n-2)} x_i \\[2mm] \hat{M}_{1,0,3} &= \frac{1}{n} \sum \frac{(n-1)(n-i-1)(n-i-2)}{(n-1)(n-2)(n-3)} x_i \end{aligned} \right\} \tag{9.8}$$

Landwehr 等证明了[4]

$$E(\hat{M}_{1,0,k}) = M_{1,0,k} \tag{9.9}$$

也就是说 $\hat{M}_{1,0,k}$ 是 $M_{1,0,k}$ 的无偏估值，由于证明稍占篇幅，在此从略。

在常规矩的计算中，例如方差的无偏估值，是将二阶中心矩计算式的分母以 n －1 代替 n。这是有严格证明的，但只能从理论来体味和意会，实际上很难确切地看到,即使采取统计试验法,生成很长很长的系列,也难以在数值上一点不差地得到理论上证出的结果。然概率权重矩用于线性矩上,就不同了,采用式(9.8)的无偏估值,会与线性矩所定义(见式(9.11))的计算式结果完全相符。

除了一阶线性矩为均值之外,二阶至四阶线性矩 l_2、l_3 和 l_4 的计算式分别为:

$$\left.\begin{aligned}
l_2 &= 2M_{1,0,1} - M_{1,0,0}\\
l_3 &= 6M_{1,0,2} - 6M_{1,0,1} + M_{1,0,0}\\
l_4 &= 20M_{1,0,3} - 30M_{1,0,2} + 12M_{1,0,1} - M_{1,0,0}
\end{aligned}\right\} \tag{9.10}$$

据参考文献[2],线性矩的定义是:

$$\left.\begin{aligned}
{l_2}' &= \frac{1}{2}E(x_{1,2} - x_{2,2})\\
{l_3}' &= \frac{1}{3}E(x_{1,3} - 2x_{2,3} + x_{3,3})\\
{l_4}' &= \frac{1}{4}E(x_{1,4} - 3x_{2,4} + 3x_{3,4} - x_{4,4})
\end{aligned}\right\} \tag{9.11}$$

式中,$x_{1,2} - x_{2,2}$ 表示取系列(按自大而小的次序排列)中任何可能的前后两值之差,且 $x_{1,2} \geqslant x_{2,2}$,其下标的第二位数为取两个值计算之意,第一位数表示排列顺序。式(9.11)中其他两式表示的意义相同。

如果用一种笨办法进行硬算,对式(9.11)来讲,可以在系列 $x_1 \geqslant x_2 \geqslant \cdots \geqslant x_n$ 中,先取 x_1 为主,计算 $x_1 - x_2$、$x_1 - x_3$,$\cdots$,$x_1 - x_n$;再以 x_2 为主,计算 $x_2 - x_3$,$\cdots$,$x_2 - x_n$,直至最后一项 $x_{n-1} - x_n$。这样可以算出总数为 $\binom{n}{2}$ 项的差值,总加后取平均,就能得到与 ${l_2}'$ 完全相同的结果的 l_2。实际上,概率权重矩中 $\hat{p}_i$、$\hat{p}_i^2$ 及 $\hat{p}_i^3$ 值的由来,就是按各 x_i 的出现个数与总数 $\binom{n}{2}$ 的比值得到的[4],看起来是无偏的概念,而在计算上却是 $l_2 = {l_2}'$ 的结果(同样可类推至 $l_3 = {l_3}'$ 等,不再复述)。其得到了所谓无偏性的具体表达,但实际上与数理统计中的无偏性是有差别的。

Wang 提出了按各 x_i 的权重直接求算线性矩的公式[5]:

$$\left.\begin{aligned}
l_2 &= \frac{1}{2}\sum\left[\binom{n-i}{1} - \binom{i-1}{1}\right]x_i \bigg/ \binom{n}{2}\\
l_3 &= \frac{1}{3}\sum\left[\binom{n-i}{2} - 2\binom{n-i}{1}\binom{i-1}{1} + \binom{i-1}{2}\right]x_i \bigg/ \binom{n}{3}\\
l_4 &= \frac{1}{4}\sum\left[\binom{n-i}{3} - 3\binom{n-i}{2}\binom{i-1}{1} + 3\binom{n-i}{1}\binom{i-1}{2} - \binom{i-1}{3}\right]x_i \bigg/ \binom{n}{4}
\end{aligned}\right\} \tag{9.12}$$

式中,如果组合数 $\binom{N}{M}$ 中的 $M > N$,则取 $\binom{N}{M} = 0$。亦可将式(9.12)化算为:

$$l_2 = \frac{1}{n}\sum \frac{n+1-2i}{n-1}x_i$$

$$l_3 = \frac{1}{n}\sum \frac{(n+1)(n+2)-6(n-1)i+6i^2}{(n-1)(n-2)}x_i$$

$$l_4 = \frac{1}{n}\sum \frac{(n+1)(n+2)(n+3)-2(6n^2+15n+11)i+30(n+1)i^2-20i^3}{(n-1)(n-2)(n-3)}x_i$$

$$(9.13)$$

式(9.10)与式(9.13)是等效的。如果不需要知道各阶PWM,则取后者更为直接。

9.2　系列的相关性

PWM的计算中,除 $M_{1,0,0}=\overline{x}$ 之外,其他各阶矩为 $M_{1,0,k}=\frac{1}{n}\sum x_i p_i$,其中 p_i 表示式(9.7)中的 $\hat{p}_i$、$\hat{p}_i^2$ 或 $\hat{p}_i^3$。由于 x_i 系列及 p_i 系列都是自大而小排列的(自小而大排列也一样),故这两个系列具有较强的相关性。取表9.1的资料为例(其矩和有关值见表9.2),计算 $x_i \sim \hat{p}_i$、$x_i \sim \hat{p}_i^2$ 和 $x_i \sim \hat{p}_i^3$ 系列之间的相关系数,分别以 $r_{(1)}$、$r_{(2)}$ 和 $r_{(3)}$ 表示,得到 $r_{(1)}=0.95083$、$r_{(2)}=0.97569$、$r_{(3)}=0.96628$,可见它们之间的相关关系十分密切,因而也会使 x_i、$x_i\hat{p}_i$、$x_i\hat{p}_i^2$ 和 $x_i\hat{p}_i^3$ 系列之间有较高的相关性,见表9.3。

表9.1　某站年最大1日降雨量(mm)系列表

年　序	降雨量	年　序	降雨量	年　序	降雨量
1	160.3	10	97.5	19	72.4
2	152.1	11	93.4	20	68.8
3	129.3	12	92.6	21	68.0
4	125.9	13	88.3	22	63.7
8	110.6	14	83.7	23	59.4
9	104.8	15	82.0	24	55.4
7	104.6	16	76.7	总和	2242
8	103.5	17	75.8	均值	93.425
9	100.0	18	73.4	标准差	27.499

表9.2　按表9.1资料计算的矩和统计参数值($\overline{x}=93.425$)

常规矩法	线性矩法			
	PWM	线性矩	t 参数	相应于
$C_v=0.294$	$M_{1,0,1}=54.416$	$l_2=15.407$	$t_2=0.165$	$C_v=0.306$
$C_s=0.932$	$M_{1,0,2}=39.352$	$l_3=3.042$	$t_3=0.197$	$C_s=1.195$
$C_k=3.435$	$M_{1,0,3}=31.161$	$l_4=2.216$	$t_4=0.144$	$C_k=3.714$

注:① C_k 值按理论关系 $C_k=C_s^2/2+3$ 计算,实际计算为3.242(常规矩)或3.545(k-统计量);② 表中数字均在计算机的更多位数上截取;③ t 参数与线性矩的关系见式(9.16)。

表 9.3　系列间的相关系数表

系列	x	$x\hat{p}$	$x\hat{p}^2$	$x\hat{p}^3$
x	1	0.995 39	0.978 30	0.952 23
$x\hat{p}$		1	0.984 96	0.955 93
$x\hat{p}^2$			1	0.991 43
$x\hat{p}^3$				1

从表 9.3 可见,对于表 9.1 资料而言,各阶 PWM 相互之间的相关程度十分高,几乎可以用一个系列(如 x 系列)来表达其他系列。在用 PWM 的线性组合来计算线性矩时,因其中有负值项,则很可能会损失有效数的位数,从而影响计算结果的精度。

$$\overline{x}_p = \overline{x} \cdot \overline{P} + \frac{1}{n} \sum (x_i - \overline{x})(P_i - \overline{P}) \tag{9.14}$$

式中,P 分别表示 $\hat{p}_i$、$\hat{p}_i^2$ 和 $\hat{p}_i^3$;$\overline{x}$ 和 $\overline{P}$ 分别为相应系列的均值;$\overline{x}_p$ 为各阶 PWM,即 $M_{1,0,k}(k = 1, 2, 3)$。已知:

$$\frac{1}{n} \sum (x_i - \overline{x})(P_i - \overline{P}) = \frac{n-1}{n} r_{(k)} S_x S_p \tag{9.15}$$

式中,S_x 和 S_p 分别为 x 和 P 系列按常规矩法计算的标准差。概率权重 P 系列的均值和常规矩法计算的标准差,见表 9.4。

表 9.4　概率权重的均值和标准差

项　目	均值 $\overline{P}$	标准差 S_P
$\hat{p}$	$\dfrac{1}{2}$	$\sqrt{\dfrac{n(n+1)}{12(n-1)^2}}$
$x\hat{p}^2$	$\dfrac{1}{3}$	$\sqrt{\dfrac{n(n+1)(4n-7)}{45(n-1)^2(n-2)}}$
$x\hat{p}^3$	$\dfrac{1}{4}$	$\sqrt{\dfrac{3n(n+1)(15n^2-65n+62)}{560(n-1)^2(n-2)(n-3)}}$

由式(9.14)可得各阶 $\mathrm{PWM}(M_{1,0,k})$ 及 L-矩(l_k),从而得到线性矩法的各个统计参数: L-离差系数(L-C_v)、L-偏态系数(L-C_s)及 L-峰态系数(L-C_k),即

$$\left. \begin{array}{l} \mathrm{L} - C_v = t_2 = \dfrac{l_2}{l_1} = 2 r_{(1)} C_{vx} C_1 \\[2mm] \mathrm{L} - C_s = t_3 = \dfrac{l_3}{l_2} = 3\left(\dfrac{r_{(2)}}{r_{(1)}} \cdot \dfrac{C_2}{C_1} - 1 \right) \\[2mm] \mathrm{L} - C_k = t_4 = \dfrac{l_4}{l_2} = 10 \dfrac{r_{(3)}}{r_{(1)}} \cdot \dfrac{C_3}{C_1} - 15 \dfrac{r_{(2)}}{r_{(1)}} \cdot \dfrac{C_2}{C_1} + 6 \end{array} \right\} \tag{9.16}$$

式中,$C_{vx} = S_x \sqrt{x}$ 及

$$\left.\begin{array}{l} C_1 = \sqrt{\dfrac{n+1}{12n}} \\[3mm] \dfrac{C_2}{C_1} = \sqrt{\dfrac{4(4n-7)}{15(n-2)}} \\[3mm] \dfrac{C_3}{C_1} = \sqrt{\dfrac{9(15n^2-65n+62)}{140(n-2)(n-3)}} \end{array}\right\} \tag{9.17}$$

当 $n > 15$ 时,$C_1 = 0.298 \sim 0.289$,$C_2/C_1 = 1.043 \sim 1.033$,$C_3/C_1 = 1.007 \sim 0.982$。同样可以由 $x \sim P$ 系列的 $r_{(k)}$、C_v 和 n,直接用式(9.16)计算所需的 t_2、t_3 和 t_4 值(这样做可以了解 $r_{(k)}$ 的大小)。再由这些值求得相应的线性矩法中的 C_v 和 C_s。用表 9.1 的资料,也得到与表 9.2 中相同的结果。例如本例式(9.16)的

$$t_3 = 3 \times \left(\frac{0.975\,69}{0.950\,83} \times \sqrt{\frac{12 \times 89}{15 \times 22}} - 1 \right) = 3 \times (1.065\,80 - 1) = 3 \times 0.065\,80 = $$

$0.197\,40$。很明显,有效数至少是损失了头一位。

9.3　计算 C_s 和 C_v 的有关近似式

用线性矩法计算 Γ 分布的 C_s 值,一般先计算其偏度参数 α(等于 $4/C_s^2$),然后由 $C_s = 2/\sqrt{\alpha}$ 得到。C_s 为中小值时,有 C_s/t_3 近似于 6,参考文献[3] 中已有详细分析。C_s 值可表示为:

$$C_s = (6 + \Delta t)t_3 \tag{9.18}$$

式中的 Δt 可分别用下列近似式计算得:

当 $t_3 \leqslant 1/3$ 时,

$$\Delta t = \frac{0.139\,96 - 0.419\,88 t_3}{1 - 3.511\,51 t_3 + 21.727\,42 t_3^2} \tag{9.19}$$

当 $1/3 < t_3 \leqslant 7/9$ 时,

$$\Delta t = \frac{0.478\,43 - 2.880\,54 t_3 + 4.335\,67 t_3^2}{1 - 0.063\,80 t_3 - 0.800\,51 t_3^2} \tag{9.20}$$

用式(9.18)~式(9.20)可直接据 t_3 求得 C_s 值,其值可准确到 $3 \sim 4$ 位。

线性矩法是先求 C_s 值,然后据此计算 C_v 值,即

$$C_v = R(\alpha) \cdot t_2 \tag{9.21}$$

式中

$$R(\alpha) = \sqrt{\alpha} B\left(\alpha, \frac{1}{2}\right) = \frac{\sqrt{\alpha\pi}\,\Gamma(\alpha)}{\Gamma\left(\alpha + \dfrac{1}{2}\right)} \tag{9.22}$$

其中的 $B(\cdot)$ 和 $\Gamma(\cdot)$ 分别为 Beta 和 Gamma 函数。

为了便于计算,建立依据 C_s 求算 $R(\alpha)$ 的近似式如下:

当 $C_s = 0 \sim 4$ 时,设 $z = C_s - 2$,有

$$R(\alpha) = 2 + 0.226\,56z + 0.052\,35z^2 - 0.003\,54z^3 - 0.000\,76z^4 \quad (9.23)$$

当 $C_s = 4 \sim 8$ 时,设 $z = C_s - 6$,有

$$R(\alpha) = 3.438\,88 + 0.434\,03z + 0.009\,42z^2 - 0.001\,36z^3 + 0.000\,17z^4$$

$$(9.24)$$

以上近似式的相对最大误差 $|\varepsilon| = 0.03\%$。这样可直接据 t_2 和 C_s 求得 C_v 值。

9.4 适线问题

在概率格纸上绘制频率曲线需要有经验频率(绘点位置)公式,Landwehr 等[6]经验性地提出了下列公式:

$$p = \frac{i - 0.35}{n} \quad (9.25)$$

当时,他们认为此公式应用于 Wakeby 分布、广义极值分布和广义 Pareto 分布有较好的结果。这是对较小的 L-C_v 和 L-C_s 值(约等于 $0.1 \sim 0.3$)作出的研究。

对于 Γ 分布,亦可借用式(9.25)作为经验频率点绘值。如果仅按线性矩法算出的统计参数来拟合频率曲线,不作目估调整,则已发现,对于中小 C_s 值,其拟合效果较好。如果采用常用的 $p = i/(n+1)$ 公式,则结果不如式(9.25)。

Hosking 等指出[7],用下列与式(9.25)相应的公式作为概率权重 p',进行线性矩计算,在有些情况下会出现不符合常规的结果:

$$p' = \frac{n - i + 0.65}{n} \quad (9.26)$$

即各阶矩的概率权重分别为 $\hat{p}_i = p'$、$\hat{p}_i^2 = p'^2$ 和 $\hat{p}_i^3 = p'^3$。特别是在系列的 X 值加减某一常数时,会得到不一致的结果。例如,仍取表1的资料,使 X 值分别减常数 25、50 和 75,结果摘到表 9.5 中。从中可见,用无偏的式(9.7)时(常规矩法也是如此),除与均值有关的 t_2(表中未列)之外,其余的矩或参数是不变的;而用式(9.26)时,相应的值改变了,与常规认识不符。如将其用于水位资料时,尤其应注意此问题。

表 9.5　系列各项减固定数后的线性矩计算结果

系　列		X	$X-25$	$X-50$	$X-75$
均　　值		93.4	68.4	43.4	18.4
用式(9.7)	l_2	15.4	15.4	15.4	15.4
	t_3	0.179	0.179	0.179	0.179
	t_4	0.145	0.145	0.145	0.145
	S	28.55	28.55	28.55	28.55
	C_s	1.194	1.194	1.194	1.194
用式(9.26)	l_2	15.9	15.6	15.3	15.0
	t_3	0.199	0.204	0.209	0.214
	t_4	0.186	0.170	0.153	0.135
	S	29.54	29.03	28.51	28.00
	C_s	1.202	1.232	1.263	1.295

注：表中为 Γ 分布计算结果，S 为标准差。

　　另一个问题是，由于水文资料的随机性和处理方法上的概化性，不论用何种方法得到的结果，都会有不同程度的不确定性，所以计算得到的结果，只能作为估计的初值，然后需在时间(不同时段)和空间(邻近或相似地区)上作综合平衡分析以及进行合理调整。

　　现举一例加以说明。取某站 $n=56$ 年降水量(mm)资料，其中对 1 天、3 天、7 天、15 天、30 天、120 天和年的 7 个历时进行统计参数计算。用线性矩法计算各系列的均值、C_v 和 C_s/C_v，结果见表 9.6。可以看到 C_v 和 C_s/C_v 的结果参差不齐，规律性较差。特别是历时为 120 天和年时，其 $C_s/C_v<2$，对 Γ 分布来说，此时尾部会出现负值；如果其附近较短历时的 $C_s/C_v>2$，很可能会在频率曲线尾部出现两根曲线相交，长历时的值会小于短历时的值。现用目估适线法进行调整，经验公式分别采用常用的 $p=i/(n+1)$ 和线性矩法中的 $p=(i-0.35)/n$ 进行拟合，结果同列于表 9.6 中。从中可见，统计参数的变化趋势有了一定的规律性。由于经验频率公式的不同，对大多数的历时而言，两者的结果有差异。

9.5　结语

　　本文讨论了线性矩法的几个特点和应用上的问题，几点认识如下：

　　(1) 线性矩可以经 PWM 的无偏处置后通过线性组合而计算得到，也可以直接按线性矩的定义式(9.11)硬算求得，两者的结果是相同的，但前者的计算较为简便。

表 9.6　某站不同时段降水量系列统计参数表

方　法	参　数	历　时						
		1 天	3 天	7 天	15 天	30 天	120 天	年
线　性 矩　法	均　值	97.8	139.7	171.8	226.4	309.8	629.1	933.8
	C_v	0.319	0.358	0.373	0.364	0.389	0.291	0.233
	C_s/C_v	2.9	2.9	3.3	2.6	2.9	0.89	0.81
适线法 $\left(p=\dfrac{i}{n+1}\right)$	C_v	0.36	0.37	0.38	0.38	0.38	0.35	0.28
	C_s/C_v	3.5	3.5	3.5	3.0	3.0	2.5	2.5
适线法 $\left(p=\dfrac{i-0.35}{n}\right)$	C_v	0.32	0.36	0.37	0.38	0.38	0.32	0.25
	C_s/C_v	3.0	3.0	3.0	3.0	3.0	2.5	2.5

（2）因为计算 PWM 时各个系列之间具有较高的相关性，经线性组合后，会引起有效数位数的损失。其次由于这种系列间的高相关性，使计算所得的矩或参数只有微小差异（即完全相关与高相关系数之间的差异），故其灵敏度较差，很可能影响计算结果的精度。

（3）本文介绍了用 t_2、t_3 直接计算 C_v、C_s 的近似公式，以简化计算过程。线性矩法是先计算 C_s 值，然后据此值再推算 C_v 值，如果 C_s 如有误差，则会影响 C_v 的精度，这与常规矩或一般的目估适线法是不同的。

（4）线性矩法中应用的经验频率公式（不同于常用的数学期望公式），对中小 C_s 值的适线效果较好。如果用其相应的经验频率作为概率权重，在 X 系列加减某一常数时，所得结果会因常数不同而异。

（5）在频率计算时，不管用何种估计方法计算统计参数，所得结果只能是一种初值，最终结果必须通过时间（长短时段）和空间（邻近或相似地区）上综合平衡和合理性分析后才能定论，切勿仅用简单的"资料加统计"加以确定。

（6）更细致地了解各种估计方法，剖析方法的优缺点，并客观地加以分析，是有利于水文频率计算工作的。特别是水文频率计算要外延，有时甚至外延很远（如只有 50 年资料，而要外延至百年、千年甚至万年一遇的设计值），故需特别慎重。

参　考　文　献

[1]　Greenwood. J. A. , J. M. Landwehr, et al. Probability weighted moments: Definition and relation to parameters of distribution expressive in inverse form[J]. Water Resources Research, 1979, 15(5):1049~1054

[2]　Hosking. J. R. M. . L-moments: Analysis and estimation of distributions using linear combination of order statistics[J]. J. R. Stat. Soc. , Ser. B, 1990, 52(2):105~124

[3]　金光炎. 矩、概率权重矩与线性矩的关系分析[J]. 水文，2005，25(5)：1～6

[4]　Landwehr. J. M. , et al. Probability weightedmoments compared with some traditional techniques in estimating Gumbel parameters and quantiles[J]. Water Resources Research，1979，15(5)：1055～1064

[5]　Wang. Q. J.. Direct sample estimators of L moments[J]. Water Resources Research，1996，32(12)：3617～3619

[6]　Landwehr. J. M. , et al. Estimation of parameters and quantiles of Wakeby distributions，1. Known lower bounds[J]. Water Resources Research，1979，15(6)：1361～1372

[7]　Hosking. J. R. M. et al. A comparison of unbiased and plotting-position estimators of L moments[J]. Water Resources Research，1995，31(5)：2019～2025

（原载：水文，2007，27(6)：16～21）

10 水文频率计算参数的优化估计与简捷运算

摘 要 针对《水利水电工程设计洪水计算规范》中采用的最小二乘和最小一乘准则初估频率计算参数的计算过程进行改进,即利用 Excel 上单变量求解和规划求解的功能,对参数进行自动优选求解,具体、快捷、易于操作。这种计算过程称为"数学优选",需通过合理性分析后的"综合优选"才能确定最终取用值。实际应用时,应采用比较简便的方法。

关键词 水文频率计算 参数估计 数学优选 综合优选

水文频率计算中,选定频率分布模型和经验频率公式之后,就是统计参数的"初估"。这些参数包括均值 $\bar{x}$、标准差 S(或离差系数 C_v)和偏态系数 C_s 等,其估计方法较多,本文针对《水利水电工程设计洪水计算规范》(以下简称《规范》$^{[1,2]}$)中所述的适线准则——最小二乘和最小一乘准则,提出比较具体、快捷和易于操作的参数估计方法。

现取常用的 Γ 分布(皮尔逊 III 型分布)模型和数学期望经验频率公式为例,用计算机上 Excel 的功能,将应用这些准则的参数估计方法叙述于下。

10.1 优化估计法概述

所谓参数的优化估计,就是使目标函数 F 为最小时对参数的求解,设 X 为所研究的水文系列,即求解式(10.1)成立时分布中的各个参数值:

$$F = \sum |x_i - x_p|^k = \min \tag{10.1}$$

式中,x_i 为实测系列;x_p 为对应于频率 p_i(简写为 p)时估计而得的系列;k 为离差绝对值的幂次,$k = 2$ 时为最小二乘准则,$k = 1$ 时为最小一乘准则;$\sum$ 为 $i = 1 \sim n$ 的累加(下同)。

经验频率采用以下公式:

$$p = p_i = \frac{i}{n+1} \tag{10.2}$$

需要说明的是,所谓"优化",其含义为这种求算值是在一定准则之下,经数学上最优处理得到的参数解。显然,采用的准则不同,其解也不相同,故优化的概念是相对的。应当指出,这里所述的数学上的优化——"数学优化",只能得到参数估计的初值,尚需经过合理性分析后的"综合优化",才能实际得到最终能采用的值。由此可见,初估过程是愈简便愈好。

10.2　Γ分布摘列

本文以 Γ 分布为例。将该分布的有关部分摘列如下[3]：

Γ分布的密度函数(设 $\beta > 0$,即 $C_s > 0$) 为：

$$f(x) = \frac{\beta^\alpha}{\Gamma(\alpha)} (x - a_0)^{\alpha-1} e^{-\beta(x-a_0)} \tag{10.3}$$

式中,三个参数 α、β 和 a_0,亦可用三个常用统计参数 $\bar{x}$,S(或 C_v) 和 C_s 来表示,它们之间的关系为：

$$\alpha = \frac{4}{C_s^2}, \beta = \frac{2}{SC_s}, a_0 = \bar{x}\left(1 - \frac{2C_v}{C_s}\right) \tag{10.4}$$

同样,可以用 α、β 和 a_0 来表示 $\bar{x}$,S(或 C_v) 和 C_s,例如 $C_s = 2/\sqrt{\alpha}$ 等,其余从略。

水文计算中,惯用式(10.5)表达频率 p,即

$$p = P(X \geqslant x_p) = \int_{x_p}^{\infty} f(x)\mathrm{d}x \tag{10.5}$$

有时,为了计算的需要,设

$$q = P(X < x_p) = 1 - p \tag{10.6}$$

相对于 p 的设计值为 x_p,其计算公式为：

$$x_p = \bar{x} + S\phi_p \tag{10.7}$$

式中,ϕ_p 为离均系数,是 p 和 C_s 的函数,可表达为：

$$\phi_p = \frac{C_s}{2}t_p - \frac{2}{C_s} \tag{10.8}$$

式中,t_p 按式(10.9)求算：

$$p = \frac{1}{\Gamma(\alpha)} \int_{t_p}^{\infty} t^{\alpha-1} e^{-t}\mathrm{d}t \tag{10.9}$$

这是式(10.3)中 $\beta = 1$ 和 $a_0 = 0$ 的情况,故在 t_p 的计算中可使 $\beta = 1$。当 ϕ_p 与 x_i 对应时,将其记为 ϕ_i。式(10.9)中 t_p 的值,除 $\alpha = 1$ 外,解算比较麻烦,现可直接利用 Excel 上的函数 GAMMAINV$(q,\alpha,1)$ 来推求,即

$$t_p = \mathrm{GAMMAINV}(1-p, \alpha, 1) \tag{10.10}$$

这可在"插入"→"函数"→"统计"中找到,类似操作见后述。

10.3　用最小二乘准则求算

Γ分布中三个参数的估计分两种情况。一是 $\bar{x}$ 固定为矩法计算值,只估计 S 和

C_s 值，称为两参数优选；另一种为三个参数均估计，称为三参数优选。为避免符号混淆，将待求参数的估计值分别以 x_0、S_0 和 C_{s0} 表示。

1）两参数优选

由式（10.7）知，当 $\overline{x}$ 为固定值时，有

$$x_i = \overline{x} + S_0\phi_i \tag{10.11}$$

其中只需估计 S_0 和 C_{s0}。当 C_{s0} 指定时，有[4]

$$s_0 = \left(\sum x_i\phi_i - n\overline{x}\,\overline{\phi}\right) / \sum \phi_i^2 \tag{10.12}$$

式中，$\overline{\phi}$ 为 ϕ 系列的均值，即 $\overline{\phi} = \sum \phi_i / n$。

在 Excel 上制作表 10.1，求算的步骤如下：

（1）把待求参数的符号列于第 1 行，将这几个待求参数的计算值列于第 2 行的相应位置上，先虚位以待，计算后会自动补上。由于 $x_0 = \overline{x}$ 固定为 100.0，可先写定。

（2）将序次 i、水文系列 x_i 和相应经验频率 p 的符号列在工作区第 4 行的单元格上，在其下填入相应的序次与系列（本例中 $n = 9$ 为系列的项数），再分别将欲求项中间过程的符号写在第 4 行 D 至 I 列的单元格中。

（3）先设一个 C_{s0} 的初始值，填在 C2 格中。按式（10.10）计算 t_p，即 GAMMAINV$(1-p, 4/C_s^2, 1)$，其中 $4/C_s^2 = \alpha$。

（4）按式（10.8）计算 ϕ_i 值，并求其均值 $\overline{\phi}$（见 E15 格），再计算与其有关的项 $x_i\phi_i$ 和 ϕ_i^2 以及它们的总和（分别见 F14、G14 格）。

（5）按式（10.12）计算 s_0 值，列入 B2 格中，再按式（10.7）计算 x_p 值，即 H 列的 $x_p = \overline{x} + S_0\phi_p$。

表 10.1　用最小二乘准则的两参数优选计算表

序号	A	B	C	D	E	F	G	H	I
1	x_0	S_0	C_{s0}	F					
2	100.0	25.570	1.034	62.124					
3									
4	i	x_i	p	t_p	ϕ_i	$x_i\phi_i$	ϕ_i^2	x_p	$(x-x_p)^2$
5	1	138.5	0.1	6.336	1.341	185.684	1.797	134.3	17.798
6	2	121.1	0.2	5.200	0.753	91.246	0.568	119.3	3.362
7	3	109.2	0.3	4.469	0.376	41.011	0.141	109.6	0.162
8	4	102.3	0.4	3.900	0.082	8.366	0.007	102.1	0.044
9	5	98.8	0.5	3.415	-0.169	-16.728	0.029	95.7	9.793
10	6	89.4	0.6	2.971	-0.398	-35.623	0.159	89.8	0.169

序号	A	B	C	D	E	F	G	H	I
11	7	83.9	0.7	2.542	−0.620	−52.039	0.385	84.1	0.058
12	8	83.4	0.8	2.097	−0.851	−70.933	0.723	78.3	26.498
13	9	73.4	0.9	1.574	−1.121	−82.268	1.256	71.3	4.241
14	总和	900.0			−0.608	68.716	5.065		62.124
15	均值	100.0			−0.0675				

（6）计算 $(x_i-x_p)^2$ 值，将其总和 $F=\sum(x_i-x_p)^2$ 列于 I14 格中。

至此完成了 C_{s0} 初始值条件下的计算过程，并有了相应的 F 值。

一般此时的 F 不等于最小值 F_{min}，需多次设 C_{s0} 值重复上述步骤进行试算，直至达到 $F=F_{min}$ 时为止。其实，不必如此，这里介绍 Excel 上一次完成方法如下：

① 点击"菜单"栏中的"工具"，弹出子菜单，于其中找到"单变量求解"，点击之，弹出对话框，如图 10.1。

② 在图 10.1 中，取目标格为表 10.1 上的 I14 格（最终得到 F 值的格）；设定一个估计的目标值（要比 F_{min} 略小），现取 62.0；可变单元格为 C2（使 C_{s0} 为优选的可变值），点击"确定"，自动求解得到 $C_{s0}=1.034$，$S_0=25.570$，$F_{min}=62.124$，如图 10.2 和表 10.1。

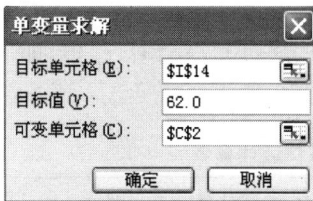

图 10.1　表 10.1 中数据的求解图示　　　图 10.2　对应于图 10.1 的求解图示

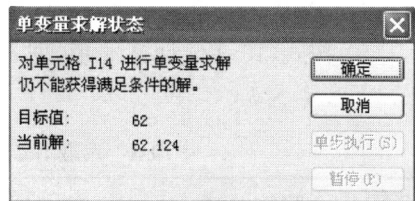

注意：如果估计的目标值取得高于 F_{min}，则图 10.2 中的当前解即为所设的目标值，那不是最终解；如果目标值取得过低，可能得到解，也可能得不到解（即图 10.2 中所说的"仍不能获得满足的解"），此时应调高目标值。

2）三参数优选

三参数优选与上例的计算过程基本相同，在此仅对不同之处加以说明，主要步骤如下：

（1）与表 10.1 相同，此时仅需列出 A 至 E 及 H、I 共 7 列（即省去 F、G 两列），分别写入或算出各单元格中的值。

（2）设定初始 C_{s0}，有：

$$x_p=x_0+S_0\phi_i \tag{10.13}$$

这是一个直线方程,其截距(INTERCEPT)为 x_0,斜率(SLOPE)为 S_0,ϕ_i 为自变数,x_p 为倚变数,故可直接用两变数线性回归方法求解。

(3) 选定 A2 作为截距 x_0,求算结果的单元格。点击菜单栏中的"插入",在子菜单中找到"函数"→"统计"→"INTERCEPT",弹出对话框,如图 10.3。

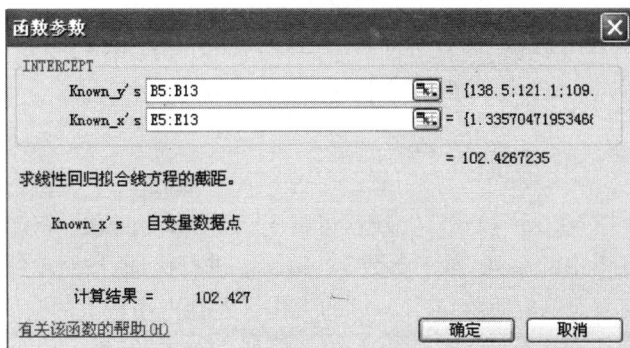

图 10.3 计算线性回归方程截距的图示

(4) 在图 10.3 的相应位置上,输入因变量 y 系列(即 x_i 系列)及自变量 x 系列(即 ϕ_i 系列)的数组,本例中分别为 B5:B13 及 E5:E13。点击"确定",截距 x_0 的结果自动写入 A2 格中。

(5) 选定 B2 作为斜率 S_0 求算结果的单元格。用上述过程,点击"SLOPE",弹出对话框(图略),输入 x_i 和 ϕ_i 系列的数组,点击"确定",其斜率的结果自动写入 C2 格中。

(6) 进行"单变量求解"(过程与上例同,在此从略),得最终结果为 $x_0 = 102.4$,$s_0 = 26.7$,$C_{s0} = 1.431$,$F_{\min} = 24.229$。

用最小二乘准则优选二参数或三参数,均为一维优选,即只针对 C_{s0} 进行计算,其他几个参数可自动一并得到,极为简捷,不必用《规范》中那种复杂的导演和高斯 — 牛顿迭代法去重新编程求算。

10.4 用最小一乘准则求算

从上可见,用最小二乘准则求算参数,可由计算机自动试算完成,也就是可以一次计算得到结果。用最小一乘准则,也是一维(对 C_{s0})优选,但需多次试算才能完成。

参考文献[5]针对最小一乘准则的条件,介绍了用线性规划中单纯形算法来求解多变数线性回归方程所含的参数。现利用 Excel 上"规划求解"的功能,来进行求算。

这种方法的原理是(以系列中某一项为例),当指定某个 C_{s0} 时,有 $x_{pi} = x_0 + s_0\phi_i$,离差 $\Delta_i = x_i - x_{pi}(i = 1,2\cdots n)$。起始时,这个 Δ_i 值是正、是负、还是零并不知道,因而可设 $\Delta_i = d_i - e_i$(其中 $d_i \geqslant 0$ 和 $e_i \geqslant 0$ 称为松弛变量)。这样,应有

$$x_i = x_0 + S_0\phi_i + d_i - e_i = x_i' \tag{10.14}$$

式中,x_i 为原系列的值,x_i' 为计算而得的值,两者应相等。同时,目标函数为:

$$F = \sum (d_i + e_i) = \min \tag{10.15}$$

约束条件为:

$$x_i = x_i'; \ d_i \geqslant 0, e_i \geqslant 0 \tag{10.16}$$

联列求解式(10.15)和式(10.16),可得 x_0、S_0 和 d_i、e_i 值的解$(i = 1,2,\cdots,n)$。

仍取表 10.1 中的系列,对三参数 x_0、S_0、C_{s0} 进行优选。按照单纯形算法,列表时 d_i 和 e_i 均表示为单位矩阵,在 Excel 的工作区上会占用较大的空间,特别是 n 较大时,不便于操作和运算。为节省篇幅,将简缩列表方式,见表 10.2。计算步骤与上例相似,操作过程叙述如下:

(1)依次在第一行的 A 至 D 列和第 4 行 A 至 F 列中填入有关符号,并在相应列中写入有关数据及计算值。假定初始的 C_{s0} 写入 C2 格,x_0 和 S_0 列为待求的值,先虚位以待。

(2)F 列为 $x_p = x_0 + S_0\phi_i$ 的计算值。

(3)G 列为参数符号 x_0、S_0 和松弛变量 d_i、e_i;H 列为即将计算的"可变单元格",其值由自动计算完成。H23 格为"总和"栏,需计算。

(4)计算 I 列的 $x' = x_p + d_i - e_i$。

(5)点击菜单栏中的"工具",再点击子菜单中的"规划求解",弹出对话框,如图 10.4。

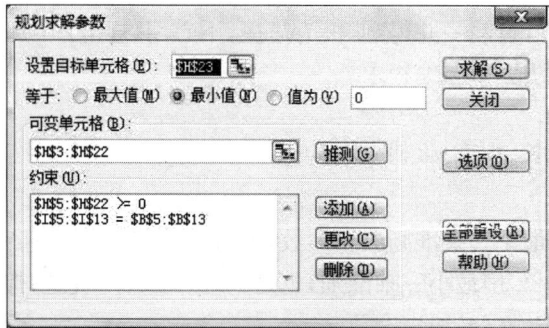

图 10.4　"规划求解参数"对话框

(6)依次设置对话框中各项:① 设目标单元格为 H23,即目标函数的单元格;② 指定为目标函数求最小值,即选中对应项;③ 在可变单元格中填入数组$(x_0$、s_0、

表 10.2　用最小一乘准则的参数优选计算表

序号	A	B	C	D	E	F	G	H	I
1	x_0	S_0	C_{s0}	F					
2	101.8	27.462	1.428	9.543			x_0	101.8	
3							S_0	27.46	
4	i	x	p	t	Φ	x_p	C_{s0}	1.422	x'
5	1	138.5	0.1	3.829	1.336	138.5	d_1	0	138.5
6	2	121.1	0.2	2.941	0.701	121.1	d_2	0	121.1
7	3	109.2	0.3	2.391	0.308	110.3	d_3	0	109.2
8	4	102.3	0.4	1.978	0.013	102.2	d_4	0.119	102.3
9	5	98.8	0.5	1.638	-0.230	95.5	d_5	3.288	98.8
10	6	89.4	0.6	1.340	-0.442	89.7	d_6	0.0	89.4
11	7	83.9	0.7	1.065	-0.639	84.3	d_7	0.0	83.9
12	8	83.4	0.8	0.797	-0.830	79.0	d_8	4.384	83.4
13	9	73.4	0.9	0.511	-1.035	73.4	d_9	0	73.4
14	总和	900.0					e_1	0	
15	均值	100.0					e_2	0	
16							e_3	1.075	
17							e_4	0	
18							e_5	0	
19							e_6	0.268	
20							e_7	0.376	
21							e_8	0	
22							e_9	0	
23							F	9.543	

d_i、e_i），即 H3：H22；④ 点击"添加"，加入约束条件 $x_i = x_i'$，$d_i \geqslant 0$，$e_i \geqslant 0$，I5：I13 = B5：B13，H5：H 22≥0。

（7）点击"求解"，即得求解的值，此乃初设 C_{s0} 和相应的 S_0 时的结果，一般，此时的 $F \neq F_{\min}$。

（8）再数次设 C_{s0} 值，找到 $F = F_{\min} = 9.564$ 时的 C_{s0} 及相应的 x_0、s_0 值，最终结果为 $C_{s0} = 1.429$ 及 $x_0 = 101.8$、$S_0 = 27.462$、$C_{v0} = S_0 / x_0 = 0.270$。

说明几点：① 计算前，要先设定计算结果的精度，这可在图 4 上点击"选项"，设定,一般为 10^{-5} 或 10^{-6},如果精度过高,会延长计算时间。② 检查 d_i 和 e_i 的零项个数,两者之和为 $2n$,一般两者零项的个数之和应大于或等于 $n+2$,表示所得回归方程画出的直线至少通过两个实测点[4]。

　　两参数优选是三参数优选的特例,即在假定 C_{s0} 的条件下,只优选 s_0,计算方法与上相同,不同之处仅是 $x_0 = 100.0$(矩法计算值)为指定值,可先写定,不必优选,不加入可变单元格中,见表 10.2 中的 H3 格。计算结果为 $C_{s0} = 1.014$ 及 $S_0 = 24.884$、$C_{v0} = 0.249$、$F = 15.659$。

10.5　结语

　　(1)《规范》中所列述的用最小二乘和最小一乘准则初估频率计算参数的计算过程,前者比较繁复,后者过于简单,且需编辑程序。本文提出利用 Excel 的功能,进行一维优选(只对 C_{s0}),比较快捷,且易于操作。

　　(2)采用最小二乘准则,只需用"单变量求解"的功能,可一次性自动优选得到结果;采用最小一乘准则,可用"规划求解"的功能,数次自动优选得到结果。

　　(3)由于这种计算是初估,只是实现优选的第一步——"数学优选",尚需通过合理性分析的"综合优选"才能确定最终取用值,故初估的计算愈简便愈好。显然,用最小二乘准则比用最小一乘准则更为方便而快捷。

参 考 文 献

[1]　SL 44 - 93. 水利水电工程设计洪水计算规范[S]

[2]　SL 44 - 2006. 水利水电工程设计洪水计算规范[S]

[3]　金光炎. 水文水资源随机分析[M]. 北京:中国科学技术出版社,1993

[4]　金光炎. 水文频率分析中的优化适线技术[J]. 见:全国水文计算进展和展望学术讨论会论文选集[M]. 南京:河海大学出版社,1998,81~86

[5]方开泰,金辉等. 实用回归分析[M]. 北京:科学出版社,1988

(原载:江淮水利科技,2008(1):41~43)

11 极大似然法估计 Γ 分布参数的注记

摘　要　叙述了用极大似然法求算 Γ 分布参数的三种解法,虽然求解过程有些不同,但其结果是一样的。文中示例说明了 $C_s < 2$ 时有解,但求算结果的灵敏性较差;阐明了在 $C_s > 2$ 的情况中,若 K_0 只取小数后有限位数,似乎有解,但不是最终结果,实际上是得不到有限值的解。

关键词　水文频率计算　极大似然法　Γ 分布　统计参数

水文频率计算中,用极大似然原理估计 Γ 分布的参数有三种等价的方法,现分别进行叙述,并做出剖析。

11.1　概述

取 X 系列。Γ 分布的密度函数(以 $\beta > 0$ 或 $C_s > 0$ 为例) 为:

$$f(x) = \frac{\beta^\alpha}{\Gamma(\alpha)} (x - a_0)^{\alpha-1} e^{-\beta(x-a_0)} \tag{11.1}$$

式中,α、β、a_0 为参数,其与常用统计参数 —— 均值 $\bar{x}$、标准差 S(或离差系数 $C_v = S/\bar{x}$)、偏态系数 C_s 的关系(用矩法推导结果) 如下:

$$\left.\begin{aligned}
\alpha &= \frac{4}{C_s^2} \\
\beta &= \frac{2}{SC_s} = \frac{2}{\bar{x} C_v C_s} \\
a_0 &= \bar{x} - \frac{2S}{C_s} = \bar{x}\left(1 - \frac{2C_v}{C_s}\right)
\end{aligned}\right\} \tag{11.2}$$

同样,亦可反过来表示,即

$$\left.\begin{aligned}
C_s &= \frac{2}{\sqrt{\alpha}} \\
S &= \frac{\sqrt{\alpha}}{\beta} \\
\bar{x} &= a_0 + \frac{\alpha}{\beta}
\end{aligned}\right\} \tag{11.3}$$

通常,X 系列用模比系数 K 来表示更为方便:

$$K_i = \frac{x_i}{\bar{x}} \quad (i = 1, 2, \cdots, n) \tag{11.4}$$

式中，n 为系列的项数。

用极大似然法估计统计参数，是使似然函数 L 为最大，即取

$$L = f(x_1)f(x_2)\cdots f(x_n) = \max \tag{11.5}$$

从而求得参数。为计算方便，取下列等价的对数似然函数来求解：

$$\ln L = n\alpha\ln\beta - n\ln\Gamma(\alpha) + (\alpha-1)\sum\ln(x_i-a_0) - \beta\sum(x_i-a_0) = \max \tag{11.6}$$

式中，$\sum$ 为 $i = 1 \sim n$ 累加（下同）。

求解式(11.6)能用不同的方法，但其结果应该相同。实际计算时，可取较为简单者，现分别叙述之。

11.2　求解参数的方法

1) 求解第一法

（1）求解过程

欲求解式(11.6)，可用 $\ln L$ 分别对 α、β、a_0 求偏导数，并使之等于零，计算结果整理如下[1]：

$$\beta = \frac{\alpha}{\overline{x} - a_0} \tag{11.7}$$

$$\frac{\Gamma'(\alpha)}{\Gamma(\alpha)} - \ln\alpha = A(\alpha) = \frac{1}{n}\sum\ln(x_i-a_0) - \ln(\overline{x}-a_0) \tag{11.8}$$

$$\frac{\alpha}{\alpha-1} = B(\alpha) = \frac{\overline{x}-a_0}{n}\sum\frac{1}{x_i-a_0} \tag{11.9}$$

式中，$\overline{x}$ 为矩法计算值 $\sum x_i/n$，又式(11.7)也与矩法推导式(11.3)的第三式相同；$A(\alpha)$ 和 $B(\alpha)$ 是设定的函数，为方便书写，将其分别简写为 A 和 B。讨论过程中，有时用模比系数 $K_i = x_i\sqrt{x}$ 更为明晰方便。

由上可见，用极大似然法推求参数有两个限制：一为分布的起点值 a_0 必须小于系列的最小值 x_n，即 $a_0 < x_n$ 或 $K_0 < K_n$，这可从式(11.8)看到；另从式(11.9)可见，因 $B(\alpha)$ 大于零，故必须有 $\alpha > 1$ 或 $C_s < 2$。这两个限制不会因求解方法不同而异。如果违背了这两个限制，在 $C_s > 2$ 时也有解，这是不可能的，此时需仔细检查计算过程看是否出现了不合适或不完整之处。

联解式(11.8)和式(11.9)，可得 a_0 和 α 值，但不能用简单的办法求解。可先设某一 a_0 的初始值(用 K_0 更方便，因 K_0 在零值附近，容易设定，或使 $a_0 = K_0\overline{x}$)，分别用实际系列算得 A 和 B，相应地得到 α_A 和 α_B(下角表示用 A 或 B 算得 α 值)。显然，从式(11.9)可直接求得：

$$\alpha_B = \frac{B}{B-1} \tag{11.10}$$

但式(11.8)为超越函数,不能直接求算,可预先制成 $\Gamma'(\alpha)/\Gamma(\alpha) - \ln\alpha$ 与 A 的关系表(例见参考文献[1,2])来查得 α_A,近似计算见后述。一般,此时的 $\alpha_A \neq \alpha_B$,需经多次设 K_0(或 a_0)值进行试算,直至得到 $\alpha_A = \alpha_B = \alpha$ 的共解时为止。这个最终结果 K_0 与 α 即是联解的值,从而推求得 $C_s = 2/\sqrt{\alpha}$,由于

$$\frac{C_s}{C_v} = \frac{2}{1-K_0} \tag{11.11}$$

C_v 值可由此求得。

这个方法是由三个一阶矩组成,即算术平均数(均值)、对数平均数和倒数平均数。由于它们都是一阶的,故计算结果的灵敏度较差。另从式(11.9)可知,X 系列中的小值,对 α 的结果影响最大,故此法对暴雨、洪水项目的分析计算不大合适。

(2) α 与 A 关系的近似计算

由于 α 与 A 为超越函数的关系,虽可查表,但总感不便,现介绍近似关系如下。

式(11.8)中的 $\Gamma'(\alpha)/\Gamma(\alpha)$ 称为 psi 函数,记为 $\Psi(\alpha)$,其近似式为[2,4]:

$$\Psi(\alpha) = \ln\alpha - \frac{1}{2\alpha} - \frac{1}{12\alpha^2} + \frac{1}{120\alpha^4} - \frac{1}{252\alpha^6} \pm \cdots \tag{11.12}$$

或

$$A = A(\alpha) = \Psi(\alpha) - \ln\alpha = -\left(\frac{1}{2\alpha} + \frac{1}{12\alpha^2} - \frac{1}{120\alpha^4} + \frac{1}{252\alpha^6} \mp \cdots\right) \tag{11.13}$$

当 α 较大时,可取级数的头两项,得到近似解:

$$\alpha = \alpha_1 = -\frac{1}{4A}\left(1 + \sqrt{1 - \frac{4A}{3}}\right) \tag{11.14}$$

采用式(11.14),当 $0 > A > -0.10$ 时,α 或 C_s 的有效位数可(至少)精确至小数点后第 4 位。当 $-0.10 > A > -0.60$ 时,可用式(11.15)校正:

$$\alpha = \alpha_1 - \Delta\alpha \tag{11.15}$$

式中,

$$\Delta\alpha = \frac{0.000\,54 + 0.010\,44A}{1 + 1.410\,2A + 1.216\,0A^2} \tag{11.16}$$

此时,α 或 C_s 的有效位数亦可(至少)精确至小数点后第 4 位。对水文计算而言,不致有较大的误差。

(3) 示例

计算系列见表 1,其中 $n = 19$。分别设 $K_0 = 0.1$、0.2、0.3,计算 A 和 B 值,用近似式求算 α_A,用式(11.10)求算 α_B,再计算 $\alpha_A - \alpha_B$ 值,见表 11.2。

表 11.1　计算系列表（一）

序 次	X	序 次	X	序 次	X
1	196.4	8	106.0	15	55.9
2	167.9	9	96.9	16	53.4
3	140.9	10	82.2	17	51.0
4	127.7	11	80.2	18	42.4
5	120.1	12	78.5	19	30.3
6	112.0	13	72.9	总和	1 782.2
7	107.9	14	59.6	均值	93.8

表 11.2　不同 K_0 时 $\alpha_A - \alpha_B$ 的试算结果

K_0	0.1	0.2	0.3
A	−0.137 74	−0.188 93	−0.314 59
α_A	3.788 70	2.802 05	1.737 85
B	1.345 01	1.553 23	2.968 08
α_B	3.898 48	2.807 58	1.508 11
$\alpha_A - \alpha_B$	−0.109 78	−0.005 53	0.229 74

从表 11.2 知，$\alpha_A = \alpha_B$ 时的 K_0 值约略大于 0.2，可继续试算，得到最终结果 $K_0 = 0.204$，$\alpha = 2.763$，$C_s = 1.203$ 及 $C_v = 0.479$。在试算过程中，可以发现其结果不大敏感，后有叙述。

2）求解第二法

（1）求解过程

该法是联立求解式（11.6）和式（11.8）[3]。将式（11.7）代入式（11.6），整理之，有

$$\frac{\ln L}{n} = (\alpha - 1)\left[\frac{\Gamma'(\alpha)}{\Gamma(\alpha)} - \ln \alpha\right] + \alpha(\ln \alpha - 1) - \ln \Gamma(\alpha) - \ln \bar{x} - \ln(1 - K_0)$$

$$(11.17)$$

因 $\ln \bar{x}$ 为常数，将其移至等号左端，不影响求极大值。再令

$$L'(\alpha, K_0) = \frac{\ln L}{n} + \ln \bar{x} = (\alpha - 1)A(\alpha) + \alpha(\ln \alpha - 1) - \ln \Gamma(\alpha) - \ln(1 - K_0)$$

$$(11.18)$$

假定不同的 K_0 值，试算 $L'(\alpha, K_0) = \max$ 时的 K_0，可得求解结果。为便于计算，设

$$C(\alpha) = (\alpha - 1)A(\alpha) + \alpha(\ln \alpha - 1) - \ln \Gamma(\alpha) \qquad (11.19)$$

则式（11.18）变为：

$$L'(\alpha, K_0) = C(\alpha) - \ln(1 - K_0) \tag{11.20}$$

$A(\alpha)$ 与 $C(\alpha)$ 的关系可直接计算或制表查用。下面举两例,分别为 $C_s < 2$ 及 $C_s > 2$ 的情况。

(2) 示例一

仍取表 1 的资料系列。设不同的 K_0 值,由式(11.8)右端计算 $A(\alpha)$,并求出 α 值。再由式(11.18)计算 $L'(\alpha, K_0)$,通过数次试算,可得 $L'(\alpha, K_0) = \max$ 时的 K_0 和 α。计算过程见表 11.3。

表 11.3　不同 K_0 时 $L'(\alpha, K_0)$ 的试算过程

K_0	0.1	0.2	0.3
A	$-0.137\,74$	$-0.188\,93$	$-0.314\,59$
α	3.788\,70	2.802\,05	1.737\,85
C_s	1.027\,51	1.194\,79	1.517\,13
$L'(\alpha, K_0)$	$-0.553\,62$	$-0.550\,70$	$-0.565\,53$

从表 11.3 可知,$L'(\alpha, K_0)$ 在 $K_0 = 0.2$ 时较其他两个为大,其最大值应位于 $K_0 = 0.2$ 附近。经数次试算,可得 $K_0 = 0.204$ 时,$L'(\alpha, K_0)$ 的最大值为 $-0.550\,69$,于是有 $\alpha = 2.763, C_s = 1.203$ 及 $C_v = 0.479$,与第一法的结果相同。从表 11.3 还可看到,不同 K_0 值时,$L'(\alpha, K_0)$ 值相差较小,说明结果的灵敏性较差。

再将计算过程点绘于图 11.1,可以发现在 $L'(\alpha, K_0) = L'$ 的最大值(位于 M 点)附近曲线较平,说明其灵敏度较差。

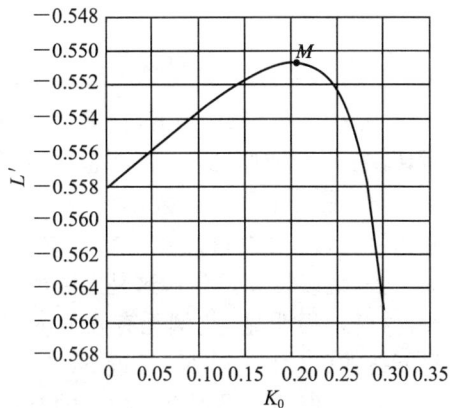

图 11.1　求解第二法示例一的图

(3) 示例二

资料系列如表 11.4 所列,其最小项 $X_n = 49.9$ 或 $K_n = 0.561\,936\,9\cdots$(为无限小数)。设不同的 K_0 值,计算过程见表 11.5。

表 11.4　计算系列表(二)

序　次	X	序　次	X	序　次	X
1	292.0	8	68.8	15	50.5
2	200.2	9	63.0	16	50.2
3	152.5	10	58.7	17	50.1

序　次	X	序　次	X	序　次	X
4	122.6	11	55.7	18	50.0
5	102.1	12	53.5	19	49.9
6	87.5	13	52.0	总和	1687.2
7	76.8	14	51.1	均值	88.8

表 11.5　不同 K_0 时 $L'(\alpha, K_0)$ 的计算结果

K_0	A	α	C_s	$L'(\alpha, K_0)$
0.3	−0.331 73	1.654 84	1.554 72	−0.577 44
0.4	−0.472 15	1.199 41	1.826 19	−0.479 44
0.5	−0.794 55	0.753 02	2.304 77	−0.277 25
0.56	−1.705 80	0.387 71	3.212 01	0.281 64
0.561	−1.803 64	0.369 54	3.290 03	0.344 73
0.56 19	−2.046 97	0.331 44	3.473 98	0.505 01
0.561 93	−2.137 99	0.319 27	3.539 57	0.566 49
0.561 93…	不断减小	不断减小	不断加大	不断加大

从表 11.5 可见，当 K_0 向 K_n 值逐渐推进时，C_s 在不断增加，$L'(\alpha, K_0)$ 也在不断增长。由于 K_n 是一个无限小数，理论上说，如果计算精度允许，可以将计算尾数一位一位地增加下去，继续计算。当然，这是无穷的，没有必要这样做。很明显，此例无有限值的解，最终只能按式(11.11)得 K_0 逼近 K_n 时的 C_s/C_v = 4.566，但不能得到 C_s 与 C_v 的有限值。这说明了当 $C_s > 2$ 时的解算情况。应特别注意的是，如果 K_0 只取到 K_n 的有限位数，可以有解，但这不是解的最终结果。

同样，将计算过程点绘于图 11.2，其中的实线为试算结果线，此时不能像图 1 那样得到有限值的 $L'(\alpha, K_0) = L'$ 的最大值，其上端的趋势将趋于无穷大，即无解。

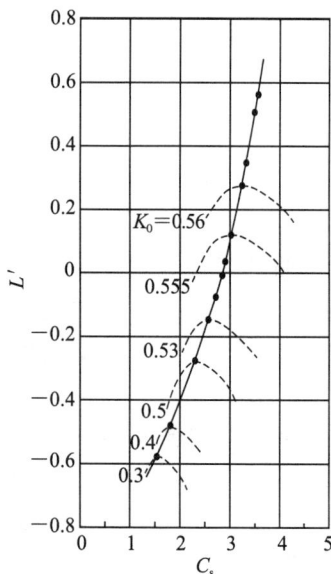

图 11.2　求解第二(三)法示例二的图

3) 求解第三法

(1) 求解过程

该法是直接对两个参数进行优化搜索(二维搜索)。不失一般性，现取 K_0 和 C_s

两个参数逐步计算,并试算至$L'(\alpha, K_0) = \max$为止。计算公式取式(11.18),其中$A(\alpha)$为式(11.8)右端的计算值。由于求算过程与上相似,故简略之。

(2) 示例一

仍取表 1 资料(即$C_s < 2$的情况),对不同的K_0和C_s绘制$L'(\alpha, K_0) = L'$的等值线。现取$L'(\alpha, K_0) = -0.555$、-0.56、-0.57和-0.58四条,分别试算出对应于这些$L'(\alpha, K_0)$的多对(C_s, K_0)值,然后将其连线,即得类似梭形的等值线,如图11.3。其中$L'(\alpha, K_0)$为-0.57和-0.58时的梭形线左尾较长,为省篇幅,未将其全部画上。最终结果同前,即$K_0 = 0.204$,$C_s = 1.203$,$L'(\alpha, K_0)$的最大值为-0.55069(位于M点)。现来观察$L'(\alpha, K_0) = -0.555$

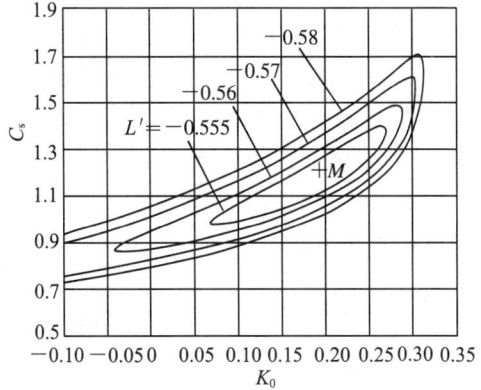

图 11.3　求解第三法示例一的图

的那条线,其与最大值的相对误差不足0.8%,但它所包围的范围颇大,如K_0约从0.07至0.27,C_s约从0.96至1.40;在这个梭形范围内的点均有$L'(\alpha, K_0) > -0.555$,从中可见其结果的不灵敏性。

(3) 示例二

仍取表 11.4 的资料(即$C_s > 2$的情况),为能与求解方法二的结果比较,取与图 11.2 相同的坐标。设不同的K_0值,计算C_s与$L'(\alpha, K_0)$的关系,例如当$K_0 = 0.3$时,结果如图 11.2 的虚线所示,它表现为类似抛物线形的曲线,其最大值点正好是实线所通过的点。依次设不同的K_0,得到图 11.2 上的一组虚线,其最大值的点均为实线所通过。这就是求解方法二中示例二的结果,实际上它是不同K_0时$L'(\alpha, K_0)$最大值点的连线(实线)。这也说明了本例无有限值的解。

11.3　结语

本文叙述了用极大似然法的三种求解方法来估计Γ分布的参数,说明了求解的两个限制条件,并取$C_s < 2$和$C_s > 2$两种情况分别进行计算,得到以下几点认识。

(1) 三种求解方法是等价的,其结果完全相同,因为解是唯一的。在计算时,取求解第一法比较简单些,如表 11.2 所列,只要看$\alpha_A - \alpha_B$的符号($\alpha_A - \alpha_B$变号的位置),就可知道解的单向方位。

(2) 对于 $C_s < 2$ 的情况,极大似然法有解,这是该法有解的区域,但其解的灵敏度不佳。

(3) 对于 $C_s > 2$ 的情况,得不到有限值的解,这是极大似然法对于 Γ 分布密度函数左侧趋于无穷大的反应。由于这种情况的 K_0 在愈接近于 K_n 值时,α 值不断减小(C_s 值不断加大),导致得不到有限值的解。一般 K_n 为无限小数,当 K_0 与 K_n 愈来愈接近时,$K_n - K_0$ 愈来愈小,此时式(11.8)的 $\ln(x_n - a_0) = \ln \overline{x} + \ln(K_n - K_0)$ 或 $A(\alpha)$ 也愈来愈小,导致 C_s 愈来愈大。如果 K_0 取有限位数来计算,虽可得到一个解,但这不是最终结果。

对于极大似然法求算 Γ 分布参数的其他问题,已在文献[1]有较多的说明,这里不再复述了。

参 考 文 献

[1] 金光炎. 水文统计原理与方法[M]. 北京:中国工业出版社,1964
[2] 金光炎等. 工程数据统计分析[M]. 南京:东南大学出版社,2002
[3] 华东水利学院主编. 水文学的概率统计基础[M]. 北京:水利出版社,1981
[4] 《数学手册》编写组. 数学手册[M].北京:北京人民教育出版社,1979

(原载:水资源研究,2008,29(2):14~16)

12　水文频率计算参数估计技术述评

摘　要　叙述了水文频率计算中常用的各种方法,并作了简要的评述。综述了常规矩法的偏小性、目估适线法的任意性、计算结果的偏向性、分析成果的灵敏性和估计方法的通用性等问题,进行了简要的讨论。文中认为,由于水文资料含有一定的误差、系列较短,尤其是需要外延,故必须对计算结果进行合理性分析,然后才能取用。

关键词　水文频率计算　统计参数　Γ分布　估计方法

目前,水文频率计算中多采用三参数的频率分布模型(频率曲线线型),这三个参数是依据已有的水文系列(包括实测系列和调查系列)进行估计。一般,待估计的三个参数,只要给予三个适当的条件,用一定的方法就可解得。

习惯上,分布中的三个参数,常用等价的三个统计参数来表示,此即均值 $\bar{x}$、离差系数 C_v(或标准差 S) 和偏态系数 C_s。从而可用下列公式来计算不同频率 p 时的设计值 x_p:

$$x_p = \bar{x}(1 + C_v\Phi) \tag{12.1}$$

或

$$x_p = K\bar{x} \tag{12.2}$$

式中,Φ 为 Φ_p 的简写,离均系数,是 p 与 C_s 的函数;K 为 K_p 的简写,模比系数。

本文列举了几种常见的参数估计方法,并对所选条件和计算结果作出评述,其中假定频率分布模型已选定。

12.1　各种估计方法

对于三参数分布模型,给予三个条件,原则上可以求解,从而得到三个参数的估计值,并可换算成常用的统计参数 $\bar{x}$、C_v 和 C_s。现将各种方法叙述于下。

1) 常规矩法

常规矩是多年来一直沿用的统计矩,为了与下述的线性矩相区别,故将其称为常规矩。三个统计参数与其关系为:

$$\bar{x} = \frac{1}{n}\sum x_i \tag{12.3}$$

$$C_v = \sqrt{\frac{\sum(x_i - \bar{x})^2}{n-1}} \tag{12.4}$$

$$C_{s} = \frac{n}{(n-1)(n-2)} \frac{\sum (x_i - \bar{x})^3}{s^3} \tag{12.5}$$

此法比较简单,只需直接计算前三阶矩,即可算得这几个参数。推求参数过程与分布模型无关。通常认为：$\bar{x}$ 为一阶矩,比较稳定；C_v 虽含二阶矩,再经开方,不会因变量有误差而较多地加大误差；C_s 中含有变量的三次幂,如果变量有误差,三次方后的误差更大,尤其是对于较短的资料系列,需慎用。

2）目估适线法

这种方法是我国最常用的方法,有下列几种。

（1）纯目估适线法

开始时,先设定三个参数 $\bar{x}$、C_v、C_s 的初值（也可用有关规范中列举的方法[1]或其他方法计算所得的初值）,在概率格纸上绘出频率曲线,逐步调整其中的一个、二个或三个参数,直至频率曲线与经验频率点拟合较好为止。一般,$\bar{x}$ 比较稳定,可令其不变,只调整 C_v 与 C_s 值。

（2）三点适线法

在绘有经验频率点的概率格纸上,通过点群中心,轻轻绘出希望初步得到的频率曲线,在该曲线上检读 3 个点（通常取与中值对称的点,如 $p_1 = 5\%$、$p_2 = 50\%$ 和 $p_3 = 95\%$ 等）,即 (x_1, p_1)、(x_2, p_2) 和 (x_3, p_3)。按照一定的计算公式[2],推算出 $\bar{x}$、C_v 和 C_s。然后,再绘出新的曲线,视拟合情况,继续适当调整,直至满意为止。此法能减少试算的次数。

（3）绘线读点求矩法

同三点适线法开始时相似,在初步勾绘的频率曲线上,按选定的经验频率公式检读 n 个点,得到相应的值：$x_1, x_2, \cdots, x_n$。然后用这些值按常规矩法计算三个参数的初值：$\bar{x}_{\text{计}}$、$C_{v\text{计}}$ 和 $C_{s\text{计}}$。由于求矩差的影响,一般其初值偏小,设偏小值分别为 $\Delta\bar{x}$、ΔC_v 和 ΔC_s,将它们分别加到初值中,得到纠偏后的 $\bar{x}$、C_v 和 C_s,此即计算结果。

一般认为,上述三种方法的任意性较大,不同工作者会得到不同的结果,这可以通过合理性分析来解决,详见后述。它们均与分布无关,亦可用于能排序的不连续系列（或有断缺资料的系列,其中有的项仅能定性而不能定量）。

3）优化适线法

所谓优化适线法,就是按一定的适线准则来求解分布参数的方法。取目标函数 F 为：

$$F = \sum |x_i - x|^k = \min \tag{12.6}$$

式中,x_i 为水文系列中各项的值,$i = 1, 2, \cdots, n$；x 为频率曲线上与 x_i 同一频率 p 时的值；$\sum$ 为 i 自 $1 \sim n$ 的累加,n 为系列的项数；k 为幂次,常取 1 或 2。

(1) 当 $k = 2$ 时,为最小二乘准则,使

$$\frac{\partial F}{\partial \bar{x}} = 0, \frac{\partial F}{\partial C_v} = 0, \frac{\partial F}{\partial C_s} = 0 \tag{12.7}$$

联立求解上列三式,可得三个参数的解。如果应用 Excel 上"单变量求解"的功能,计算比较简单[3]。此法是先解得 C_s,然后再计算 $\bar{x}$ 和 C_v。一般认为,此法比较照顾系列中的大值部位。

(2) 当 $k = 1$ 时,为最小一乘准则。可用 Excel 上"规划求解"的功能来计算,一般可同时得到三个参数的解。通常认为,这种方法对系列中各值"一视同仁",无偏向性。

4) 线性矩法

线性矩是概率权重矩的线性组合。1979 年,Greenwood 提出了概率权重矩的定义[4],常用的是前三阶矩,即

$$M_{1,0,0} = \frac{1}{n} \sum x_i = \bar{x} \tag{12.8}$$

$$M_{1,0,1} = \frac{1}{n} \sum x_i p_i \tag{12.9}$$

$$M_{1,0,2} = \frac{1}{n} \sum x_i p_i^2 \tag{12.10}$$

式中,p_i、p_i^2 为权重,用式(12.11)、式(12.12)计算(本文中系列各项按自大而小排列,公式作了相应改动):

$$p_i = \frac{n-i}{n-1} \tag{12.11}$$

$$p_i^2 = \frac{(n-i)(n-i-1)}{(n-1)(n-2)} \tag{12.12}$$

1989 ~ 1990 年,Hosking 将排序系列进行一定的线性组合,成为线性矩[5]。前三阶线性矩与概率权重矩的关系为:

$$l_1 = M_{1,0,0} = \bar{x} \tag{12.13}$$

$$l_2 = 2 M_{1,0,1} - M_{1,0,0} \tag{12.14}$$

$$l_3 = 6 M_{1,0,1} - 6 M_{1,0,0} + M_{1,0,0} \tag{12.15}$$

从上可见,概率权重矩的一阶矩与常规矩的一阶矩(均值)相同,其二阶、三阶矩中的变数均为一次幂,不同于常规矩中的二次、三次幂。

使用线性矩法,必须先设定分布模型,例如取 Γ 分布(皮尔逊 Ⅲ 型分布)。然后,将式(12.13)至式(12.15)的三个线性矩与该模型相结合,推导出三个参数与线性矩之间的关系并计算之,从而得到解,详见参考文献[6,7]。

5) 权函数法

权函数法先由马秀峰提出[8],是在求矩的公式中将变数一次和二次幂的项均

乘以一个权函数 $\Phi(x)$，并使此函数为标准化的正态密度函数，对 Γ 分布进行计算。$\overline{x}$ 和 C_v 取常规矩的计算公式，C_s 用含权函数（作为权重）的矩来计算。通常，称此法为单权函数法。

之后，刘光文做了改进[9]，引入了两个权函数 $\Phi(x)$ 和 $\Psi(x)$，其计算式为：

$$\Phi(x) = \frac{K}{\overline{x} \sqrt{2\pi}} \exp\left[-\frac{K^2 (x-\overline{x})^2}{\overline{x}^2}\right] \tag{12.16}$$

$$\Psi(x) = \exp\left[-\frac{h(x-\overline{x})}{\overline{x}}\right] \tag{12.17}$$

式中，$h = C_v$；$K \doteqdot 1/C_v^2$。

同样，将两个权函数分别置于有关的求矩公式中，可计算得到 C_v 和 C_s 值，$\overline{x}$ 仍取常规矩的均值。此法因而称为双权函数法。

6）模糊极值法

1997年，谢崇宝等提出了估计 Γ 分布参数 C_v 和 C_s（$\overline{x}$ 仍为常规矩的均值）的模糊极值法[10]。该法是以隶属度 $\mu(x)$ 作为计算矩的权重，表达式为：

$$\mu(x_i) = \exp\left[-\frac{(x_i - x_i^0)^2}{2S_i^2}\right] \tag{12.18}$$

式中，x_i^0 为同一频率 p 时与 x_i 对应的值；S 为标准差。

设目标函数为：

$$F_0 = \sum \mu(x_i) = \max \tag{12.19}$$

$$F_1 = \sum |x_i - x_i^0| \mu(x_i) = \min \tag{12.20}$$

$$F_2 = \sum (x_i - x_i^0)^2 \mu(x_i) = \min \tag{12.21}$$

对上列方程优化搜索时，为计算简便，均值取为常规矩的计算值，只求算 C_v 和 C_s。

7）极大似然法

取系列中各变数值 $x_i (i = 1, 2, \cdots, n)$ 的密度函数为 $f(x_i)$，得到似然函数 L，并取最大，即

$$L = f(x_1) f(x_2) \cdots f(x_n) = \max \tag{12.22}$$

将式（12.22）求解的方法称为极大似然法。用此法必须先设定密度函数的形式，现以 Γ 分布为例，进行说明。

求解式（12.22），可得到以算术平均数（均值）、对数平均数和倒数平均数表示的求解参数的算式。然而由于倒数平均数受到系列中小值部位的变数影响较大，致计算结果偏小，与暴雨、洪水频率计算应以大值为主的导向相背；其次，此法仅能用于 $C_s \leqslant 2C_v$ 的情况，应用范围狭窄；第三，其结果的灵敏性较差。这样，此法的通用性不佳，应用受限。

12.2　问题讨论

综上所述,对于含有三个参数的频率分布模型,只需给予三个指定的条件,原则上均可求解。这类条件是相当广泛和众多的,只要数学处理上能够有解,不论其效果如何,都是一种计算方法。从前面提到的各种方法来看,都有一定的理论和实用上的依据,也各有各的优缺点,如能深入了解它们的特性和存在的问题,仔细分析和比较,对应用和研究是有利的。下面提出几个问题,作进一步评述和讨论。

1) 关于常规矩的偏小问题

常规矩是数理统计学中最基本的概念之一,长期沿用至今。对于有些学科,有可能得到较长的系列,用以计算头几阶矩,不致有较大的误差。但水文系列,通常较短,计算 $\bar{x}$ 和 C_v 一般误差不大,而对 C_s 来说,因受变数三次幂的影响,会导致较大的误差。

用常规矩估计参数,似有一个公认的看法,认为它会得到偏小的结果,探究其原因,主要有以下两个:① 通过大量的与适线法的结果比较,发现此法所得结果偏小;② 与统计试验法的结果比较[11],也存在偏小的一面。因而,单纯地应用常规矩,必须慎重,尤其是对于较短的系列。

2) 关于目估适线法的任意性问题

目估适线法是我国最常用的方法。初看起来,这种方法有一定的"任意性"和"主观性",对于同一系列,不同工作者会得到不同的结果。因而,常常会出现一种意愿,希望寻求一种能"一锤定音"的方法来替代,这完全可以理解。

水文频率分析中,不但要对单站、单一时段的系列进行计算,而且还要对多站、多个时段的系列进行计算,这里就有一个相互平衡、适当调整的过程,即需要对计算所得的参数和设计值进行合理性分析。实践表明,用"算多少是多少"的方法所得到的参数,会有参差不齐的结果。例如,对不同时段的系列,在同一张概率格纸上绘制频率曲线,常会出现曲线相交或间隔不规则的不合理情况。

这样,目估适线法在参数的综合平衡中可以起到较好的作用。这种方法较为灵活,能比较适当地在时间(长短时段)和空间(相似地区)上调整参数,得到一种有规律性的趋势和结果。这种所谓的任意性,应当是建立在有丰富经验基础上的灵活调整,因为当操作者做了大量这类工作之后,会积聚很多经验,发现参数在时空上有一定的分布规律。所以靠众多专家的经验,可把盲目的任意性变为有经验的灵活性,将主观性化为一定程度上的客观性,基本上能获得具有统计规律和实用性的结果。

另外,在实际工作中,还会遇到断缺资料的情况,如有的资料仅能定性而不能定量,在概率格纸上不能绘出点,而只能用一个范围(在频率方向或量值方向)来表示。比较典型的例子是洪水系列,其中有的洪水由调查而得,仅能知其排序的位置或范围,无法估计其量值(或只知量值范围)。这样,就不易用数学处理的方法来计算参数,而用目估适线法是可以进行的。

3) 关于结果的偏向性问题

仔细考察有些方法的结构,可以发现其中会有一些比较明显或较为隐蔽的影响结果的因素。例如,最小二乘适线法是偏于照顾大值部位,从而得到偏大的结果;最小一乘适线法对系列中各值是平等的,对频率曲线的外延可能有偏低的趋向;权函数法中,有一个权函数为正态密度函数,此函数在系列中值处为最大,故计算时就会侧重于中值附近部位;模糊极值法中也以正态密度函数的形式计算隶属度,并作为目标函数的权重,同样有照顾中值附近部位的情况。

4) 关于结果的灵敏性问题

当采用某一方法时,必须注意由其中某些环节所引起的、对计算结果灵敏性影响的问题。例如,用线性矩法来计算 Γ 分布的参数,先用资料系列算得 w 值,由此来查算 C_s。据文献[6],w 的变化范围为 $1/2$ 至 $2/3$,而相应的 C_s 值为 0 至 ∞。w 仅变化 $1/6$,而 C_s 却遍布于正值的全程。这样,用 w 来查算 C_s 显得特别灵敏,如果 w 有少许误差,就会引起 C_s 较大的误差。反过来,用 C_s 来查算 w,就会感到特别不灵敏了。另外,如用极大似然法来求解 Γ 分布的参数,由于它使用了三个一阶矩,也很不灵敏。在有的情况中,当要判别所得结果时,往往需要结果的有效位数超过水文资料的原始有效位数,例如资料的有效位数仅三位,计算值要超过三位才能判别,这就没有什么意义了。

5) 关于方法的通用性问题

一个方法应该应用范围较广,不能局限于小范围内。例如,极大似然法用于 Γ 分布上,仅限于 $C_s \leqslant 2C_v$ 的区域,但水文计算中还有不少 $C_s > 2C_v$ 的情况,此时就无法应用了。

对于线性矩法,目前能从数学方法推演出来的分布已有一些,但对有的分布,因其密度函数或分布函数比较复杂,未完成导演,例如,对数 Γ 分布和指数 Γ 分布(前者为美国,后者为俄罗斯等国主要采用的线型)等。

12.3　结语

本文简要地叙述了目前在水文频率计算中常见的参数估计方法,并扼要地作了评述；对可能出现的问题，做了进一步的说明。下面是几点主要的认识。

（1）在目前的技术水平和认识水平条件下，为了水文实用上的需要，目估适线法虽然存在一些问题，但若能仔细分析，依靠专家和工作者们的经验和集体智慧，仍不失为一种可以应用的方法，并非权宜之计。

（2）如果为了某种研究上的需要，必须要有"一锤定音"式的结果，或不能如目估适线法那样试算后才来定值，可以选择比较容易操作且问题较少的方法，如采用最小二乘法或最小一乘法。

（3）在选用方法时，对上述影响结果的偏向性、灵敏性和通用性问题，应予注意。

（4）在目前的条件下，由于水文资料含有一定的误差（如测验误差等），且系列较短，故用任何一种方法所得的参数（或相应的结果）只是一种初值，尚需在时空上（包括点、线、面上）经过综合平衡和合理性分析后才能得到最终结果。因此，选择的方法应愈简单愈好，操作快捷、计算方便者优先。

（5）充分了解所采用方法的特点，剖析其优缺点，做好合理性分析，避免误导、误用，至关重要。

参 考 文 献

[1]　SL 44～2006.水利水电工程设计洪水计算规范[S]

[2]　金光炎.水文统计原理与方法[M].北京：中国工业出版社，1964

[3]　金光炎，柏菊.水文频率计算参数的优化估计与简捷运算[J].江淮水利科技，2008(1)：41～43

[4]　Greenwood J. A, Landwehr J M, et al. Probability weighted moments. Definition and relation to parameters of distribution expressive in inverse form [J]. Water Resources Research，1979,15(5):1049～1054

[5]　Hosking J. R. M.. L-moments：Analysis and estimation of distributions using linear combination of order statistics [J]. J. R. Stat. Soc. , Ser. B, 1990, 52(2):105～124

[6]　金光炎.矩、概率权重矩与线性矩的关系分析[J].水文，1990(4)：1～15

[7]　金光炎.线性矩法的特点评析和应用问题[J].水文，2007,27(6)：16～21

[8]　马秀峰.计算水文频率参数的权函数法[J].水文，1984(3)：1～8

[9]　刘光文.皮尔逊Ⅲ型分布参数估计[J].水文，1990(4)：1～15

[10]　谢崇宝，袁宏源等.P-Ⅲ型理论频率曲线参数估计——模糊极值法[J].水文，1997(3)：1～7

[11]　丛树铮，谭维炎等.水文频率计算中参数估计方法的统计试验研究[J].水利学报，1980(3)

（原载：防汛抗旱与水文，2008(2)：5～8）

13 期望概率与设计标准

摘　要　介绍了期望概率的概念和计算方法,不同的方法会得到不同的结果。剖析了期望概率计算过程和所得结果的随机性和不确定性。纯粹按统计试验法的计算值与现行设计标准下所取用的结果在本质上有区别。用数学方法来解释和确定期望概率尚有疑点,值得关注。

关键词　水文频率计算　期望概率　设计标准

20 世纪 80 年代初,美国的《确定洪水频率指南》[1]中,提出了"期望概率"这一名词,并认为所采用的设计标准有偏低之虞,因而引发了众多的关注。所谓期望概率,如果从概率统计的理论上来解释,比较费时和难以理解,现结合实际,分析所采用的方法,作一简单介绍。

13.1　期望概率的概念

对防洪工程而言,按一定的方法可计算得到指定设计标准的水文设计值,例如频率 $p = 1\%$ 或重现期为 100 年一遇时的洪水流量等。这个洪水流量对应的频率 p 是一个随机变量,服从于一定的分布,此分布的数学期望值或均值为 $\overline{p}$,即期望概率。如果 $p = \overline{p}$,则所取频率无偏;如果 $p < \overline{p}$ 或 $p > \overline{p}$,则所取频率达不到设计标准或所取标准过高。从参考文献[1]中知,在正态分布条件下,有 $p < \overline{p}$,因而采用 p 作为标准,就不够安全。该文献中列出了正态分布条件下计算期望概率的经验公式为:

$$\overline{p} = p(1 + A/n^b) \tag{13.1}$$

式中,n 为计算系列的项数;A 和 b 为参数(见表 13.1)。例如当 $n = 50$,$p = 1\%$ 时,有 $\overline{p} = 1.278\%$,这就是说,若取 100 年一遇的标准,从期望概率的角度来考虑,其重现期仅为 $T = 1/0.012\,78 = 78$ 年,标准低了,似应调整。只有当 $n \to \infty$ 时,p 与 $\overline{p}$ 两者才相等。

表 13.1　式(13.1)中参数 A 和 b 的值

频率 $p(\%)$	A	b
0.01	1 600	1.72
0.1	280	1.55
1	26	1.16

续表 13.1

频率 $p(\%)$	A	b
5	6	1.04
10	3	1.04
30	0.46	0.925

上述的说明和例子,困扰了人们的思路:明明所取设计标准为 100 年一遇,通过期望概率一算,却变成了 78 年一遇,这产生了一些忧虑和疑惑。担忧的是设计标准低了,对工程而言是不安全的;疑惑的是,经过综合论证得到的设计值为什么会偏小呢?现在我们所掌握的资料系列固然不足够长,有抽样误差,但这是另一个问题,因为抽样误差有正有负,不可能始终偏向一边。在规划设计中,为安全起见,考虑加安全系数是一种常规的做法,但这同期望频率会得到偏小的结果而作调整的意义并不一样。

另外,还有一个较大的问题,即在实际工作中,频率与重现期的概念是等价的,如果用计算期望概率的同一套资料再来计算期望重现期(即把频率换为重现期进行相同的计算),那么所得到的结果往往与期望频率的结果相反。为什么会出现这样大的矛盾,是一个大的疑点。

期望概率这一名词首先在参考文献[1]中提出,对于相同的概念,参考文献[2]中已有叙述,有关的分析计算可见参考文献[3～5]。下面将进一步对这一问题做出分析。

期望概率的计算,需要求算与二维联合分布有关的问题,但其结构比较复杂,难于用解析法来计算,因此只能应用统计试验法来推求其近似值[2]。目前,在水文频率计算中常采用 Γ 分布(皮尔逊Ⅲ型分布)及配合经验频率点的适线法。本文先对经验频率的计算进行讨论,然后再叙述期望概率的计算。

13.2　均匀分布与经验频率的期望公式

从 $(0,1)$ 均匀分布中随机抽样的随机数(对应于频率 p),其各项 p_m 的(数学)期望值或均值 $\overline{p_m}$ 为:

$$\overline{p_m} = \frac{m}{n+1} \tag{13.2}$$

式中,$m = 1,2,\cdots;n$ 为系列的项数。

我们亦可用统计试验法来近似校验式(13.2)。利用舍选抽样法得到大量从 $(0,1)$ 均匀分布中抽取的随机数,可以得到 $\overline{p_m}$ 的近似值。现取系列的头三项($m = 1,2,3$)进行计算,将 500 个系列作为一组求平均数,再以 10 组结果的均值作为最终结果,见表 13.2。

表 13.2　随机数的计算结果(以 % 计)

项　目	$n = 20$			$n = 50$			$n = 100$		
	$m = 1$	$m = 2$	$m = 3$	$m = 1$	$m = 2$	$m = 3$	$m = 1$	$m = 2$	$m = 3$
1	4.975	9.775	14.395	2.058	4.018	5.977	1.002	2.032	2.999
2	4.558	9.441	14.499	1.952	3.892	5.816	1.063	2.046	2.965
3	5.014	9.463	14.301	1.892	3.876	5.844	1.031	2.119	3.101
4	4.182	9.037	13.378	2.180	4.004	5.900	0.970	1.908	2.777
5	4.902	9.681	14.267	2.069	4.101	5.945	1.022	1.947	2.924
6	4.507	9.514	14.305	1.948	3.955	5.778	1.005	1.937	2.961
7	4.743	9.615	13.900	1.992	3.751	5.553	0.971	1.948	2.935
8	4.848	9.418	14.279	1.901	3.806	5.594	0.907	1.846	2.815
9	4.904	9.701	14.616	1.944	3.775	5.662	0.994	2.012	2.990
10	4.774	9.337	14.401	2.040	4.039	6.005	0.925	1.957	2.948
最小值	4.182	9.037	13.378	1.892	3.751	5.553	0.907	1.846	2.777
最大值	5.014	9.775	14.616	2.180	4.101	6.005	1.063	2.119	3.101
均　值	4.741	9.498	14.234	1.998	3.922	5.807	0.989	1.975	2.942
确　值	4.762	9.524	14.286	1.961	3.922	5.882	0.990	1.980	2.970

从表 13.2 可见,各组的均值有一定的变幅,经 10 组平均后,就非常接近于用式(13.2)计算的确值。这就是用大量均匀分布随机数(作为频率)的校验结果。如果我们认为已有的样本系列符合式(13.2)的条件,则用它来作适线的依据是没有问题的。当然,单一样本有随机性,其相应的结果有不确定性,但这应该从另一角度来考虑解决,例如增加安全系数以保证工程的安全等。如果从其他方面来证明式(13.2)一定是偏不安全的,应有坚实和可信的论证。

13.3　期望概率计算方法之一

期望概率的计算有不同的方法。这里以 Γ 分布为例,先介绍参考文献[2]中所述的方法,步骤如下。

(1)假定一组总体参数(即指定一组均值 $\bar{x}$、离差系数 C_v 和偏态系数 C_s),再设样本容量为 n,用一定的算法生成服从 Γ 分布的 k 组样本$(x_1, x_2, \cdots, x_n)_i$,其中 $i = 1, 2, \cdots, k$。

(2)对每组样本用适线法算出参数 $\bar{x}$、C_v 和 C_s,用这组参数绘制频率曲线,求出

对应于不同频率 $p_1,p_2,\cdots$ 的设计值 $x_{p_1},x_{p_2},\cdots$，再在总体频率曲线上查得对应于这些设计值的频率 $p_1',p_2',\cdots$。然后将所得结果进行平均，此即欲求的期望概率，即

$$\left.\begin{array}{l} \overline{p}_1 = \dfrac{1}{k}\sum_{i=1}^{k} p_{1i}' \\[2mm] \overline{p}_2 = \dfrac{1}{k}\sum_{i=1}^{k} p_{2i}' \\[2mm] \cdots \end{array}\right\} \tag{13.3}$$

现在取三种主要情况分别叙述之。

1）理想情况

为了便于理解，不失一般性，先介绍一种特别理想的情况。如图 13.1（只绘出曲线的上段，下同），将指定的总体频率曲线（总体线）绘于概率格纸上，欲求对应于 A 点（p_1,x_{p_1}）的期望概率，则 p_1（$m=1$ 时的频率）按式（13.2）计算为 $1/(n+1)$。

用统计试验法生成随机数作为频率。设生成点 B 的坐标为（p_1',x'_{p_1}），此即生成系列 $m=1$ 时的点。按适线法，与 p_1' 对应的 x'_{p_1}，其频率亦为 $1/(n+1)$，与 p_1 相等（因它是一个 n 项系列中的第 1 位），将它点绘于 C 点处，即将 B 点平移至 C 点。依照参考文献 [2] 中的方法，将 C 点再回归至总体线上的相应点，即 B 点，所得频率仍为 p_1'。重复上述步骤，假如生成系列中其他各点均被一条光滑而规则的频率曲线（生成线）通过，则

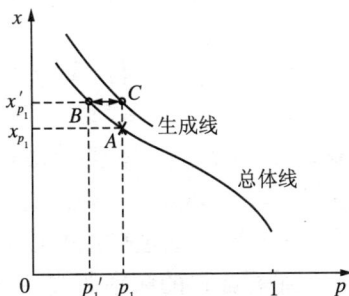

图 13.1　理想情况期望概率计算示意图

所有点的频率都回归到总体线上原有的位置。我们说这是一种"绕了一个圈子，最终回到了原地"的做法。如果生成的系列很多，按照第 1 节中所述，其期望概率有如表 1 的结果，那么得到的期望概率应为无偏。

虽然，这种情况非常特殊和十分理想，实际分析时不可能碰到，但这很容易理解，还可给下面两种情况作比照。

2）生成系列点群有微小参差的情况

设生成系列有少许的参差散布，如图 13.2，用一定的适线准则，通过点群中心配出一条频率线（生成线）。仍如上例的步骤进行，将生成的 B 点平移至 C 点，由于生成线与点略有偏离，故对应于 $\overline{p}_1$ 的点位在 C'，回归至 C'' 点，查得 p_1''。重复上述步骤，生成多个系列，将各系列的 p_1'' 取均值，此即欲求的期望频率。可以设想，如果点的分布与所配频率曲线参差程度较小，因曲线通过点群中心，即点在曲线两侧分

布均衡,那么期望概率的结果应十分近似于由式
(13.2)计算的值。可以说,这是一种"绕了一个圈
子,回到原处附近,并相差甚微"的情况。

这里有一个比较重要的问题是用什么准则来
适线,如果适出的线不能通过点群中心,那就会与
式(13.2)的计算值相差较远,得到偏大或偏小的
结果。一般认为用最小二乘准则较好。

3)生成系列点群有较大参差的情况

实际生成系列时,点的散布情况有多种多样:
有分布比较规则的,点线配合较好;有分布略有参
差的,点线配合尚可;有分布太零乱的,特别是有

图 13.2　点群有参差情况期望概率计算示意图

特大值点(1个或多个)时,如果不作处理,点线配合就较差了。对于最后一种情
况,虽然在计算上按一定准则适线总能得到结果,但其计算过程不可能——查看,
这种结果难免会有更大的不确定性。

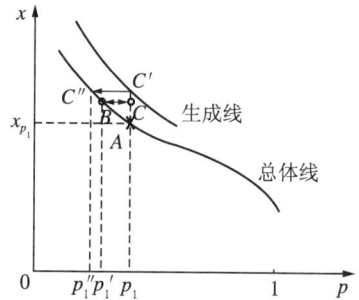

13.4　期望概率计算方法之二

这种方法的前半部分与上法相仿。如图 13.3,指定 p_1 时得到相应的 x_{p1},然后
随机抽样,得 p'_1,对应于 B 点。将其移至对应于 p_1
的 C 点,如此类推,通过点群中心绘出生成线。生成
线是这次抽样而得的频率曲线,找到原设计值 x_{p1}
在生成线上所对应的频率 p''_1。将多次生成的频率
曲线上对应的 p''_1 平均之,得到期望概率。

现举一例。设总体的参数 $\bar{x}=1000$,$C_v=1$,C_s
$=2$,取 $n=49$,共 50 组。表 13.3 中列出了最小二
乘法的适线结果(矩法结果只作比较用),其中含
原(总体)频率对应的期望概率在 50 组中的最小
值、最大值和均值(作为近似的期望值),从中可大
致看出以下几点:

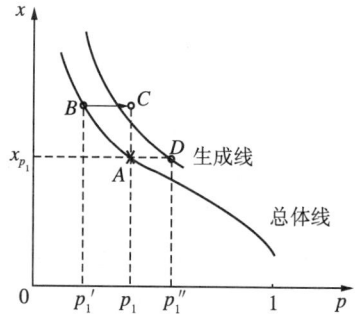

图 13.3　计算方法之二的期望概率计算示意图

(1)不同方法的计算结果是不同的;

(2)期望概率有一定的变化幅度,虽然 $k=50$ 组,组数不多,但其变化范围较
大(如果 k 值更大,一般其变幅还要大),影响了均值的代表性;

(3)由于本例的 $n=49$,故在原频率 $p\geqslant2\%$ 时,除矩法外,最小二乘法的适线
结果与原频率相差不大,但外延部分相差较大。

表 13.3　计算方法之二的期望概率(%)计算结果

方　法	参　数	原频率(%)					
		0.01	0.1	1	2	5	10
最小二乘(3)	最小值	<0.01	0.007	0.309	0.711	2.153	5.007
	最大值	0.628	1.591	4.266	5.85	9.084	13.569
	均　值	0.074	0.269	1.312	2.283	5.029	9.502
最小二乘(2)	最小值	<0.01	0.008	0.296	0.698	2.175	5.157
	最大值	0.726	1.736	4.409	5.954	9.071	14.412
	均　值	0.085	0.297	1.397	2.404	5.236	9.830
矩法	最小值	<0.01	<0.01	0.055	0.199	1.036	3.460
	最大值	0.228	0.811	3.029	4.580	8.073	13.411
	均　值	0.019	0.095	0.691	1.391	3.783	8.393

说明：(3)表示三个参数优选适线；(2)表示二个参数优选适线，其中 $\bar{x}$ 为矩法计算值。

从此例的计算过程中，还可发现以下几点：① 生成系列中特大值对期望概率的计算值有较大的影响。因为有了特大值(例中不作处理)，适线时频率曲线向上翘，曲线向右移，致使期望概率增大。实际上，这种情况出现较多，从而使期望概率偏大。例如，设原频率为 1%，在生成时若出现了一个计算值为 10%，那么需有 9 个系列相应的概率均为零，才能平衡过来，即 $(0.1+9\times0)/10=0.01$，其影响就可想而知了。② 在适线时，要求所配频率曲线通过点群中心，特别是对于系列的头几点，因为这对外延有重大影响。最小二乘适线虽然接近于目估适线，但在实例中仍有一部分与目估适线有差异，导致了结果的误差，增加了不确定性的程度。③ 生成系列的组数 k 要非常大。从表 13.1 中可以看到，虽然取了 $k=50$，但仍然有较大的随机性，由 1 个组($k=1$)来做结论，难免有片面性。

这个方法是以原频率 p 对应的设计值 x_p 为主。因为实际工作中采用的是此值。从统计试验法生成的多个系列中，求出对应于此 x_p 的频率，再求其平均值，得到期望概率，更符合随机抽样的原理。由于抽样的系列组数必须很大，计算工作量也是很大的。

13.5　对现行适线法的几点看法

目前，我国在水文频率计算中普遍采用适线法。可以用各种方法估计三个参数的初值，然后用目估适线法调整，并在时间上(长短时段)和空间上(相邻或相似地区)对计算值综合平衡，在各方面进行合理性分析，最终确定取用值，必要时为了安全，可再加上一个保证修正值。这样定出的设计值一般不至于偏小，是否还要考虑期望概率的因素,值得商榷。

其次,在实际工作中,所采用的经验频率是比较符合当时实际出现的情况,例如用式(13.2)的经验频率公式,如果有100年资料,把老大项约作为100年一遇,一般合乎直观的情理。至于它有随机性,为了安全,考虑增加一个安全系数,也合乎常理。如今,再出来了一个期望概率,的确困扰我们的思路,需要认真对待。

期望概率的计算,不论用哪种方法,在数学上是绕了弯子的,不免有单纯的"统计加资料"之嫌。况且,期望概率用理论式难以求解,用统计试验法又需要足够多的系列,需非常大的计算工作量,虽然可由计算机来完成,但能否在多组次试验中获得比较一致的结果,难以肯定。

13.6　结语

本文对期望概率的计算方法作了阐述,并剖析了一些问题,提出以下几点认识。

(1) 用统计试验法计算期望概率,需要大量的生成资料,不同方法会得到不同的结果。

(2) 对生成系列适线时,在计算机上操作不可能使用目估适线法,而只能用一定准则的适线法,但不同方法之间的结果是不一样的,特别是外延部分。

(3) 目前,我们常用的频率计算方法可以用各种方法得到分布参数和设计值的初值,但尚需用目估适线法调整,并取用合理性分析后结果(包括增加安全值在内),如果再要考虑期望概率的因素,似无必要。

(4) 期望概率的计算方法、计算过程和计算结果随机性较大,还伴有一些不确定的因素,纯粹用数学方法来计算,疑点较多,值得深思。

(5) 频率和重现期的概念是等价的,但期望概率和期望重现期的计算结果截然相反,是否可据此认为期望概率是有偏的,应校正的是期望概率,而不是所采用的设计标准。

参 考 文 献

[1]　Interagency Advisory Committee on Water Data, etc. Guidelines for Determining Flood Frequency (s). Bulletin No. 178 of the Hydrololy Subcommitte. Revised Sep. 1981, editorial corrections Mar. 1982

[2]　从树铮,张维然. 关于水库的设计标准问题[J]. 华东水利学院学报,1978(1):1～14

[3]　从树铮,王俊德. 长江三峡工程设计洪水的期望概率研究[J]. 河海大学学报,1988,16(3):1～10

［4］　长江水利委员会. 三峡工程水文研究［M］. 武汉：湖北科学技术出版社,1997
［5］　刘治中,王俊德. P-Ⅲ分布期望概率计算［J］. 河海大学学报,1989,17(4):59～64
［6］　华东水利学院主编. 水文学的概率统计基础［M］.北京：水利出版社,1981
［7］　金光炎. 水文水资源随机分析［M］.北京：中国科学技术出版社,1993

（原载：水资源研究,2008,29(4)：1～3）

14　防洪标准与风险机遇

摘　要　叙述了在指定防洪标准和使用年限条件下,从水文角度计算工程可能遭遇的风险率或侥幸率。工程遇险,除水文因素外,还有工程质量等原因,评价时,应多方面综合考虑。在水文频率计算过程中,受计算方法的影响,可能会对设计值产生偏向性的结果,从而影响风险率的量值。

关键词　防洪标准　水文频率计算　风险率

各类水利水电工程的防洪标准,在国家或行业制订的标准中都有规定[1,2]。这类标准是按工程所在的地点、不同的防洪对象和规定的等级来划分的,常用频率(p)或重现期(T)来表示。防洪标准分为设计标准和校核标准。例如,对于山区水库,其库容为 1 亿 m³ 左右(属于大中型水库)的设计标准为 $T=100$ 年(百年一遇)或 $p=1\%$;校核标准(坝体为混凝土坝)为 $T=1\ 000$ 年(千年一遇)或 $p=0.1\%$等。

14.1　频率与重现期的概念

一定防洪标准的洪水(或暴雨)设计值,通常是以频率分析方法获得的。设与 p 对应的设计值为 x_p,也即该工程每年会遇到"等于或超过"此 x_p 值的频率(可能性或概率)为 p。对于不熟悉概率统计学的人们来说,不容易理解或明白频率的意思,为了通俗化起见,将重现期作为频率的等价替代词,重现期为频率的倒数,如当 $p=1\%$ 时,$T=1/p=100$ 年(百年一遇)。

然而,如果不把重现期的意义进一步说清楚,还会使人误解,认为百年一遇的洪水,肯定会在这一百年内出现一次,实际上不是这样,因为频率含有可能性的意思。正确的理解是:这百年一遇的洪水,应为在一个很长的时间内,大约平均每百年出现一次。例如,在 1 万年之内,约出现 100 次。对具体的某一百年来说,这百年一遇的洪水,也许一次都不出现,也许出现一次或更多次;但对长时期而言,仍然是平均大约每百年出现一次。

14.2　防洪标准与风险率

已如上述,对于百年一遇的洪水,在这百年之内可能出现,也可能不出现,现来计算它们的概率。

设频率为 p 时的设计洪水为 x_p，一年中可能出现值 X 等于或超过 x_p（下面称其为遇险事件）的概率为：

$$P = P(X \geqslant x_p) = p \tag{14.1}$$

不超过 x_p 的概率为：

$$Q = P(X < x_p) = q \tag{14.2}$$

其中：$p + q = 1$。

将某工程的使用年限定为 N 年，按独立事件的概率相乘定理来计算，则在这 N 年内均不出现的概率为：

$$P_L = q^N = (1-p)^N \tag{14.3}$$

在 N 年内出现一次或多次的概率为：

$$P_R = 1 - (1-p)^N \tag{14.4}$$

将 P_L 和 P_R 分别定名为侥幸率和风险率。例如，设 $N=100$ 年，取 $p=1\%$，代入式(14.3)及式(14.4)，得到侥幸率 $P_L=36.6\%$ 和风险率 $P_R=63.4\%$。再考虑取校核标准 $p=0.1\%$，同样计算可得侥幸率 $P_L=90.5\%$ 和风险率 $P_R=9.5\%$。这样，有了校核标准，风险率大为降低，但仍有 9.5% 的可能性发生遇险事件，不能过多地抱有侥幸心理，麻痹对待。

顺便说一个反算问题，将式(14.4)换算为：

$$p = 1 - (1-P_R)^{1/N} \tag{14.5}$$

这就是用 P_R 来推算 p 的公式。如上例，若想把风险率 P_R 降至 50%，则得设计频率 $p=0.691\%$，重现期 $T=144.8$(约 150)年；欲使 $P_R=25\%$，得 $p=0.287\%$，$T=348.1$(约 350)年。此例说明，若要降低风险率，则要提高设计标准，可作为选择设计标准的参考。

14.3　分期实施工程的风险率

标准[1]中有这样的条款：由于某些原因，防洪工程一时难以实现规定的防洪标准时，经批准，可分期达到。这种分期时限也可参照风险率来选择。

设第一期工程的设计标准为 p_1，每年不超过的概率为 $P_L=1-p_1$。再设连续 n 年不遭遇超标准设计洪水，其风险率为：

$$P_{R_1} = 1 - (1-p_1)^{n-1} \tag{14.6}$$

例如，当 $n=10$ 时，取 $p_1=2\%$（五十年一遇），得到 $P_{R_1}=1-(0.98)^9=16.6\%$；取 $p_1=5\%$（二十年一遇），得 $P_{R_1}=1-(0.95)^9=37.0\%$。这样，可以视风险率的大小来确定第二期的开工时间。

14.4 洪水超标与工程失事

当工程遭遇超过防洪标准的洪水时,是否一定会垮坝、失事,要视工程的实况而定。对于某一水库来说,垮坝原因众多,除水文因素之外,尚有坝体类型与结构、建坝材料、地基处理和施工质量等原因。因此,工程失事的影响因素较多,不能一概而论,需要进行综合分析,详细检查,全面评述。

下面列举淮河流域发生过的两场大洪水。

据参考文献[3,4]所述,1969 年 7 月 14 日,安徽省淮南山区发生了大暴雨,佛子岭水库于 13 时 42 分出现最高库水位达 130.64 m,超过坝顶 1.08 m,洪水漫顶长达 25 小时;同日 14 时 30 分,其上游的磨子潭水库,也出现了最高库水位为 204.49 m,洪水漫顶 4 小时 48 分。佛子岭水库(坝体为混凝土连拱坝)和磨子潭水库(坝体为双支墩混凝土肋墩坝)当时都遭遇了特大洪水的侵袭,库水位超过了校核标准,漫顶时间较长,发生严重险情,但因混凝土坝的抗垮能力较强,均未垮坝。

1975 年 8 月,河南省西南部山区发生了罕见的特大暴雨,造成了洪汝河上两座大型水库——石漫滩水库和板桥水库于 8 日凌晨失事,洪水位超过坝顶分别为 0.30 m 和 0.35 m[3]。据用降雨量推算[5],当时石漫滩水库的最大入库流量为 6 280 m³/s,约合 200 年一遇;板桥水库的最大入库流量为 13 000 m³/s,约合 600 年一遇。由于这两座水库均为土坝,抗垮的能力较差,双双失事。据参考文献[6]所述,板桥水库于 1953 年建成蓄水后,发现大坝有严重裂隙,采用灌浆处理;1955 年又将裂缝开挖(最深达 29.5 m)、回填。由此可见,坝体质量对抗御洪水是一个很重要的因素。

14.5 频率计算与无形风险

上述的从水文角度来考虑的风险率,是在已知条件下用概率计算方法得到的,有一个量化的数值,不妨称它为"有形"的风险。另外,还有一种'无形'的风险,这是在确定洪水(或暴雨)设计值的计算过程中引入的。通常,这种设计值是用水文频率计算方法获得,它对风险率的影响有一定的偏向性,但不易演算,仅能意会。对此,也许一时考虑不到,也许就被忽略了。

水文频率计算过程中会碰到下列几个有关的问题。

1) 经验频率公式的选择

目前,在绘制频率曲线时,采用的是适线法,这需先选择一个经验频率公式。

按照规范[7]，应用数学期望公式：

$$P = \frac{i}{n+1} \qquad\qquad (14.7)$$

式中，p（或 p_i）为经验频率；n 为水文系列的项数；i 为系列中各值自大而小排列的序次（$i=1,2,\cdots,n$）。

将式（14.7）与已有的众多经验频率公式作对照，把经验点（p,x_i）同绘于一张概率格纸上，比较同一 x_i 时头几个点（洪水或大水部位）的分布状况，可以发现用式（14.7）计算出的点均偏向右边，适线时总要尽可能照顾头部的点，使频率曲线的上部也偏向右侧，从而比其他公式所得结果为大。

　　2）频率曲线线型的选用

按照规范[7]，水文频率曲线线型采用 Γ 分布（皮尔逊Ⅲ分布），这型曲线的头部趋于无穷大，将其绘于概率格纸上，显得向上翘。大家知道，水文值从物理概念上来说，再大也应有一个极限，不可能为无限。由于目前的技术水平还不能确切来估计这一限值，故频率计算中将其'近似地'作为无穷大来处理。显然，上端有限频率曲线的上部，会逐渐趋平；现取上端无限的曲线，那么在这一部位的设计值会比实际情况大一些。

　　3）历史洪水的加入

一般，洪水系列中含有一定个数的历史洪水（或特大洪水），将其加入频率计算后，在概率格纸上常表现为脱离实测系列点群的"高挂"情况，致使在适线时，为了要照顾这些特大值点，曲线会向上翘一些，使 C_v（离差系数）和 C_s（偏态系数）加大，导致设计值的增加。

从上可见，在计算的各个环节上都包含了有利于工程安全的因素，保险系数增大，由此得到的洪水设计值，会有偏大的可能，其相应的重现期很可能大于原定的标准，实际上，这是削减了风险率。在原定防洪标准下，设计值略偏大，使工程偏于安全方面，此乃常理，无可非议；然而究竟应偏到何等程度，倒是一个值得深究的问题。

可以认为，实际风险率是由有形和无形两者组成，虽则后者不能用数字来表达，但适当考虑，似更合适。

14.6　结　语

本文主要采用概率统计方法，在工程使用年限和防洪标准指定条件下，计算可能遭遇到的风险率和侥幸率，几点认识如下。

（1）防洪标准常用重现期来表示，重现期是频率通俗化的等价代名词，正确理解重现期的实际意义、避免误解，至关重要。

（2）用概率计算法能得到风险率和侥幸率的数字化量值，是一种从水文角度来表达工程遭遇风险的概率指标。除此之外，还有工程规划、设计、施工等有关的因素，它们对工程安全的影响也是非常关键的。因此，在调查工程失事的原因时，应多方面综合考虑。

（3）仔细推敲水文频率计算方法中的有关内容，检查计算过程中各个环节所产生的结果有否偏向的因素，也是一个很重要的问题。

在防洪标准即将修订之际，提出一些浅见，供作参考。

参 考 文 献

[1] GB 50201 - 94.防洪标准[S]

[2] SL 252 - 2000.水利水电工程等级划分及洪水标准[S]

[3] 骆承政,乐嘉祥.中国大洪水[M].北京:中国书店,1996

[4] 安徽省地方志编纂委员会.安徽省志·水利志[M].北京:方志出版社,1999

[5] 水利部水文局,水利部淮河水利委员会.2003 年淮河暴雨洪水[M].北京:中国水利水电出版社,2006

[6] 水利部淮河水利委员会《淮河志》编纂委员会.淮河志(第六卷)——淮河水利管理志[M].北京:科学出版社,2007

[7] SL 44 - 2006.水利水电工程设计洪水计算规范[S]

（原载:治淮,2009(1):17～19）

15 水文频率计算成果的合理性分析

摘　要　强调了水文频率计算中对统计参数和设计值进行综合平衡和合理性分析的重要性。文中主要取降水量资料为例,发现用数学方法计算的 C_v 和 C_s/C_v 有不同程度的不规则性趋势,须经适当调整后才能取用。对目前采用的适线法的思路和方法作了说明,并指出在同一张概率格纸上绘制不同历时水文系列频率曲线的必要性——这样可更清楚地看到曲线有否相交和其他不合理的情况。本文只对时间上的合理性分析做了叙述,尚需在空间上做出分析,才能使计算结果更为完善。

关键词　水文频率计算　统计参数　水文设计值　参数估计　合理性分析

各类水利水电工程以及海港、交通等建筑的规划设计,均需指定设计标准的水文设计值。这种设计值,通常可用频率计算法获得。由于设计值涉及工程的安全、投资和工程量等,其值的确定必须特别慎重,如有关规范[1]中规定对设计值的计算成果"应进行多方面分析,检查论证其合理性"和"应采用多种方法,对计算成果应综合分析,合理选定";有的规范[2]强调对这类成果须遵循"多种途径,综合分析,合理选用"的准则。总而言之,对水文设计值以及有关的统计参数,并不是简单地将资料系列加上统计计算即可,也不是算出来多少就取多少就成。由于资料有误差(如测验误差等)和出现上的随机性,不同计算方法会得到不同的结果;特别是资料系列相对较短,常常需要外延,例如仅有 50 年资料,却要延长至百年一遇,甚至更长重现期,可能会产生较大的误差。这就是说,其中会涉及到多种不确定性因素,因而如有关规范中所规定的,须对设计值和统计参数进行综合平衡和合理性分析,这至关重要。

本文主要取降水量资料为例,采用几种统计参数估计方法,对不同历时系列的计算结果进行比较和综合平衡分析,做到结果的相对合理性。

15.1　统计参数估计方法概述

水文频率计算中,先要估计水文系列的统计参数(或简称参数),如均值 $\bar{x}$、离差系数 C_v(或标准差 S)和偏态系数 C_s 等。然后选取某种频率分布模型——频率曲线线型,计算各种频率或重现期时的设计值。

已如上述,水文资料含有误差和出现上的随机性,若将其与相应经验频率结合,点绘于概率格纸上,常会呈现参差不齐的分布趋势。另一方面,频率分布模型一般是规定的,如我国常用的为 Γ 分布——皮尔逊 III 型分布,在点线拟合时,采用不同的方法,结果是不一样的,尤其在外延时更为明显。因而,若期望减少误差和降低不确定性的影响,得到比较合适的结果,对成果进行合理性分析,是必须进行的工作和需要特别重视的问题。

1) 常规矩法和线性矩法

在频率分布模型和经验频率指定后,接着是估计参数。当前,较常用的估计统计参数有公式可依的有两大系统:一为很多年以来沿用的常规矩,它是以变数 X 的 r 次幂($r=1,2,3$ 等)来计算的;另一为近期提出的线性矩,它仅取变数 X 的一次幂,用一定的概率作为权重所得的概率权重矩,再经线性组合而成。

通常认为,常规矩中若 X 有误差,则经高次幂后,其误差更大,故不宜单独应用。在水文计算中,仅取到三次幂(得到三阶矩),但变数的立方值及由其计算得到的偏态系数 C_s,常会含有较大的误差,故不能轻易取用。至于二阶矩,虽经平方计算,误差会增大些,但一般是用标准差 S 或离差系数 C_v,即将二阶矩开方,误差又会缩小点,故有直接或略经调整后采用的。线性矩中,变量 X 均为一次幂,误差是小一些,但因其灵敏度较差,应用上也有些问题。尤其是,线性矩是概率权重矩的线性组合,其中有负项,常会由此引起有效数位数的损失。关于线性矩的有关问题,请见参考文献[3,4],这里不再叙述。

上面两种矩法中,均值 $\bar{x}$ 是相同的,它比较稳定,故在水文计算中,常以计算值为主,一般不作变动。如我国在历次水资源评价中,规定均值取计算值。这种做法,一则是避免均值改变而引起水资源量的加大或减少;二则是在进行适线时,将其固定,有利于简化适线过程。如在用目估适线法时,固定均值后只调整 C_v 和 C_s 两个值,较之三个参数都要调整,易于操作一些;三则,如果允许改变,就又增加了不确定因素,如究竟改变多少才算合适。因此,固定均值有其优点。

因为资料、方法等方面的不确定性,由计算而得的参数值只能作为估计的初值,尚需经时间(不同历时)和空间(邻近或相似地区)上的综合平衡分析,或对点(单站)、线(河流上下游,如水位或流量)、面(地区)上的结果进行合理性分析后,才能取用。

2) 适线法

除了上述两种矩法外,适线法也是常用的方法。所谓适线法就是将资料系列的经验频率点绘于概率格纸上,然后将指定分布曲线与这些点进行拟合,从而得到欲求的统计参数。

前已所述,统计参数中,均值比较稳定,C_v 受变量误差的影响较小。实践表明,用不同方法计算的 C_v 值,比较接近,在综合或取用时问题不大。但 C_s 则不然,它作为估计参数和设计值的一个关键性参数,需要用经验频率的方法来进行试定。一般,经验频率计算采用数学期望公式,例如有 n 年资料,其老大项的重现期可直观地或经验地估计为 n 年一遇(或十分接近于 n 年一遇)等等。这样,就出现了在概率格纸上进行适线的思路和方法。

适线法顾名思义,就是要使所配的曲线通过点群的中心,做到点线拟合良好,不出现有明显不合适的地方。这种方法实际上是一种相关计算,即令下列目标函数 F 为最小时配出曲线并求得参数:

$$F = \sum \mid x_i - x_p \mid^k = \min \tag{15.1}$$

式中,x_i 为水文系列,与所取经验频率 p_i 对应;x_p 为 p_i 时频率曲线上的值;$\sum$ 为 i 自 $1 \sim n$ 累加(n 为系列的项数);k 为幂次,$k = 1$ 时为最小一乘法,$k = 2$ 时为最小二乘法。

由于较难确定两种方法($k=1$ 和 2)取哪一种更好以及一些选择标准的问题[5],使得所得的 C_v 和 C_s 常常是不同的,加上各种不确定性因素的影响,故其结果只能作为分析计算的初估值。还有一种是目估适线法,通常是(例如)将均值 $\bar{x}$ 固定为矩法计算的值,把用一定方法得到的 C_v 值作为初试值,然后试算 C_s 值,并视拟合情况微调之,经过多次反复调整,直至目估认为比较满意为止。这里,想说明几个问题。

(1) 我国自 20 世纪 50 年代初以来,对 C_s 值的估计多是取 C_s/C_v 的比值来进行试算调整的,并取此比值为整数(如 2、3、4 等)或以 0.5 为一级(如 2.5、3.5 等)。这样分级主要是考虑 C_s 值本身的不确定性较大,分级太细,意义不大;再则是有了规定的分级,适线就比较容易操作一些,还有利于时间和空间上的比较和平衡。实践表明,C_v 和 C_s/C_v 随水文值历时的增长,在一段时期内,有渐变或基本不变的趋势,呈现出一定的统计规律性,故在综合时应将交错跳跃的或不规则的变化情况加以调整。

(2) 目估适线法存在一定的"任意性"或"主观性",对于同一组资料,不同的工作者会得到不同的结果,所以很想寻求一种能"一锤定音"的计算方法,期望是算多少就是多少,以避免因人而异,这种意愿是可以理解的。例如,当概率权重矩法(线性矩法)出现之后,的确有不少人对它抱有很大的希望;又如对最小二乘法适线,可以设置一些约束条件(如使不同历时的频率曲线在概率格纸上不相交或相互间保持一定的距离等),但这相当于又增加了人为条件,亦会因人而异,实际上,由此而得到的参数,仍会有不规则变化的情况出现。因此,在目前资料不够长和有关的技术条件下,目估适线法在参数的综合平衡中仍在起着不可缺少的作用。因为这种方法比较灵活,能比较适当地在时空上调整参数的规律性趋势。这种任意性,应当是建立在有丰富经验基础上的灵活调整,因为当工作者做了大量工作之后,他们会积聚很多经验,会发现参数在时空上的变化规律。这里含有专家系统的内容靠众多专家的经验,可把盲目的任意性变为一种有经验基础的灵活性,将主观性化为一定程度上的客观性,基本上能获得有统计规律性的成果。

(3) 在实际工作或研究分析中,会遇到有断缺的资料系列,最典型的例子是洪水系列,它由实测系列和特大值系列(调查考证系列)组成,把这两类系列统一考虑时,通称为不连序系列。将它们同绘于概率格纸上,常呈现出断开的情况。特别是在有的特大值系列中含有一些定性资料,如只知道其排序而空位(或只能估计其排序的范围),或是无法估计其量值(或只知量值范围),这样就不易用数学公式类的方法进行参数计算。还有一种情况是实测系列中有特大值,需将它抽至特大值系列中而在实测系列中空位。对于这类资料,目估适线法就显示出优越性了。

当然,这不是说目估适线法是一种很理想的方法,它要反复调整,过程比较繁复,还有一定的不确定性。但要解决实际问题,集体的智慧和丰富的经验是不可缺少的。频率计算中,正需要靠这种力量进行参数和设计值的综合平衡和合理性分析,以提供比较合适的和可应用的成果。在目前的认识水平和技术条件下,采用目估适线法还不能算作是权宜之计。因此,在有关的规范[2]中,仍将其作为一种主要的方法。

15.2　实例研究

现取淮河流域某站降水量系列为例,以年最大值法取样,在 1 天至年的范围内选取 12 个历时(见表 15.1,实际工作时,可以少取,这里取密一点,是为了能更好看出其变化趋势),频率曲线取 Γ 分布模型。

资料系列自 1950 至 2005 年共 56 年,分别对上述 12 个历时的降水量系列按矩法、线性矩法、最小二乘适线法和目估适线法进行分析计算,结果见表 15.1。其中的最小二乘法和目估适线法均分别采用两种经验频率公式,一种为常用的数学期望公式:

$$p = \frac{i}{n+1} \tag{15.2}$$

另一种为线性矩法中应用的公式:

$$p = \frac{i - 0.35}{n} \tag{15.3}$$

式中,p 为经验频率;n 为系列的项数;$i = 1, 2, \cdots, n$ 为变量自大而小排位的序次。

表 15.1　某站不同历时降水量系列统计参数计算结果表

历时	均　值	常　规 矩　法	线　性 矩　法	最小二乘 (1)法	最小二乘 (2)法	目估适线 (1)法	目估适线 (2)法
1 天	97.8	0.315(2.7)	0.319(2.9)	0.337(3.2)	0.321(3.2)	0.35(3.5)	0.33(3.0)
2 天	121.5	0.328(2.6)	0.328(2.2)	0.347(3.7)	0.332(2.8)	0.36(3.5)	0.36(3.0)
3 天	139.7	0.355(2.7)	0.358(2.9)	0.379(3.1)	0.361(3.0)	0.38(3.5)	0.37(3.0)
5 天	155.5	0.366(3.0)	0.372(3.6)	0.393(3.6)	0.374(3.5)	0.38(3.5)	0.37(3.0)
7 天	171.8	0.370(2.9)	0.373(3.3)	0.397(3.4)	0.378(3.3)	0.37(3.5)	0.37(3.0)
10 天	194.9	0.361(3.0)	0.363(3.4)	0.388(3.4)	0.369(3.4)	0.38(3.0)	0.38(3.0)
15 天	226.4	0.361(2.3)	0.364(2.6)	0.385(2.7)	0.369(3.4)	0.38(3.0)	0.38(3.0)
30 天	309.8	0.386(2.6)	0.389(2.9)	0.414(3.0)	0.395(2.9)	0.38(3.0)	0.38(3.0)
60 天	436.6	0.338(1.7)	0.345(2.0)	0.358(2.1)	0.342(2.2)	0.36(2.5)	0.34(2.5)
90 天	540.2	0.315(1.2)	0.316(1.0)	0.316(1.6)	0.331(1.4)	0.35(2.5)	0.33(2.5)
120 天	629.1	0.294(1.5)	0.291(0.9)	0.308(1.6)	0.294(1.7)	0.34(2.5)	0.32(2.5)
年	933.8	0.235(1.7)	0.233(0.8)	0.245(1.6)	0.234(1.9)	0.28(2.5)	0.25(2.5)

说明:各方法的每格中第一个数字为 C_v 值,括弧内数字为 C_s/C_v 值;方法中,(1) 为按 $p=i/(n+1)$ 计算,(2) 为按 $p=(i-0.35)/n$ 计算。

　　表 15.1 中,各种方法同一历时的均值都取矩法计算的值,它随着历时的增长而加大。对于 C_v 和 C_s/C_v 值,前三种方法——常规矩法、线性矩法和最小二乘法均按计算值列入,C_v 值除个别外尚有较规则的变化趋向,而 C_s/C_v 值却出现参差不齐的情况;最后一种方法——目估适线法的结果,是经过了综合平衡和适当调整。在此,说明几个问题。

　　(1) 通常,C_v 值有两种变化趋势。第一种是 C_v 值开始(1 天)时为最大值,然后随着历时的增长而逐渐减少,呈现出缓慢衰减的趋势。这种情况一般出现在干旱少雨的地区,头一天下了大雨,而以后各天的雨量相对不大了。另一种有的年份头一天下了大雨,后续几天雨量虽未超过头 1 天,但雨量较大;而另一些年份,后续几天无雨或雨量不大,这样就形成了 2 天的 C_v 大于 1 天的 C_v。当历时增大到一定时候,这种影响逐渐减弱,从而 C_v 值缓慢减小,如表 15.1 中所示的那样,其中 30 天的 C_v 值有点突出,这很可能是由于样本的随机性引起的。

　　(2) 对于 C_s/C_v 值,用计算方法得到的结果有交错跳跃的情况,故需适当调整。从很多的分析计算中(这里指用 Γ 分布模型及经验频率数学期望公式所得的结果)发现降水量系列的 C_s/C_v 值一般有下列可参考的数据:1 天~7 天,$C_s/C_v=$ 3~4,平均取 3.5;7 天~30 天,$C_s/C_v=2.5~3.5$,平均取 3.0,这同参考文献[6] 中结果相符;至于从 30 d 到年,通常取 $C_s/C_v=2~3$。对多数的水文系列而言,其下限值不可能为负值,故应有 $C_s/C_v≥2$。这是有条件的,如果取别的分布(如对数正态分布,有 $C_s/C_v \geqslant 3 + C_v^2$,即在 $C_s/C_v \geqslant 3$ 时,才不会出现负的下限值;而克—门分布,不论 C_s/C_v 为何值,其下限均固定为零)和另一类经验频率公式,其值是不会一样的。

(3) 表 15.1 中用计算法得到的 C_s/C_v 值,对大历时的情况,得到了 $C_s/C_v < 2$;用线性矩法甚至出现几个 $C_s/C_v \leqslant 1$ 的情况。如果采取"算多少是多少"的方法将其作为最终结果,势必在频率曲线尾部出现负值,而且还会在概率格纸上有几根频率曲线相交,这当然是不允许的(见图 15.1),分析说明见后述。

(4) 用目估适线法得到的结果,C_v 在表 15.1 中只取了两位数,所以在有些历时上其值是相同的,这在水文计算中是足够了。如果要取到第三位数,当然可以去做,但这只是使其从数字上看起来变化趋势更"明显"或更"好看"一些,并无多大的必要。因为加了第三位数,不但增加适线的工作量,而其与取两位数的差异甚微,对成果影响很小。

(5) 本例中,最小历时取为 1 天。在有的规划中,还要求有更短的历时,如10 min、15 min、20 min、…、60 min 等。这类短历时常在城市排水规划中应用,其取样方法一般不是用年最大值法,而是用超定量法,即一年中可以取多个值(以适应取一年多遇的情况),其系列长度大于观测年数。此种系列的统计计算,与年最大值法取样时有点不同。这是另一类问题,在此不作叙述。

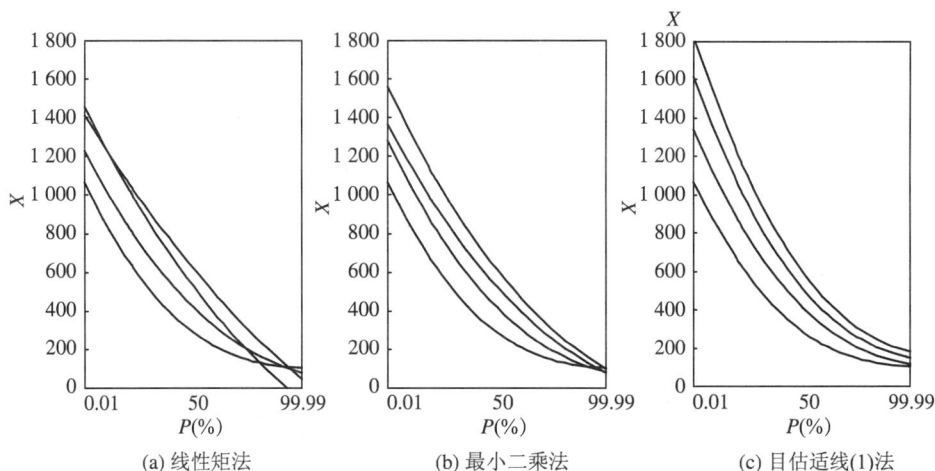

图 15.1　某站不同历时降水量频率曲线图
(图中自下而上分别为 30 天、60 天、90 天和 120 天的曲线)

现来察看图 15.1 中所出现的情况,其中四条频率曲线的历时自下而上分别为30 天、60 天、90 天和 120 天,这里对相邻历时的间隔取相同的值,以期更易看清曲线之间间隔的合理与否。

图 15.1(a)为用线性矩法得到的曲线,它们的头尾均有相交,形似蜘蛛网,即在有些频率处其长历时的设计值反而小于短历时的值,这当然是不可行的。

图 15.1 为(b)用最小二乘(1)法得到的曲线,它们的尾部(约在 $P>90\%$ 时)相交,且曲线之间的间隔不够合理,因为中间两条线相距较小,而自下而上的曲线分布间距应由较稀到较密为好。也就是说,由计算得到的设计值也应有合适的间隔,即与各曲线均值间分布的间隔有一定的对应性。

图 15.1(c)为用目估适线法进行反复调整的结果,说明仅对参数进行调整是不够的,还须注意在同一张图上各条曲线之间的间距是否合适。由此可见,将不同历时的频率曲线绘于同一张概率格纸上是非常必要的和决不可少的,不应嫌绘图之烦而舍弃,否则很可能看不到不合理之处。

15.3 结语

本文讨论了不同历时水文系列统计参数的变化趋势,指出了对其进行综合平衡和合理性分析的重要性,并示例加以说明。几点认识如下:

(1)由于水文系列出现上的随机性,且资料含有误差和系列不够长等,单纯用数学方法计算得到的参数,随着历时的增长会呈现出不规则的变化趋势,故需进行综合平衡分析。

(2)在分析时,应注意水文系列各项的组成情况,以帮助确定 C_v 值的变化趋向,即随着历时的增长,C_v 值的变化趋势是单调递减型的还是由低到高、再由高到低似抛物型的。

(3)对于 C_s/C_v 值,由于不确定性的影响因素较多,故更显现出参差不齐的情况。为了便于平衡和比较,取一些固定值(如以整数或取 0.5 为一级)是有益的。因为在适线时,C_v 和 C_s 的取值对适线有互补的作用,如 C_v 取大些、C_s 取小些和 C_v 取小些、C_s 取大些,在有资料范围内常会得到十分相近的结果。故历史上的上述思路,具有一定的道理。当然,如果有些地区经过充分研究,C_s/C_v 取其他值更好时,也可以选取。

(4)综合平衡时,在同一概率格纸上绘制不同历时水文系列的频率曲线,可以检查它们之间有否相交、间距是否合适等。这是对统计参数和设计值同时检验的最好方法。虽然这样做工作量加大了,但这是合理性分析非常重要的一环,必不可少。况且,现在计算机技术已经普及,操作上并不困难了。

(5)文中讨论的主要是针对不同历时的降水量系列,同样可类推至洪水或径流系列的分析上。例如,2天或 3天的洪量系列,如果在洪水流量过程线上,不同年份既有单峰又有双峰者,其 C_v 值也会大于 1天的值等等。有关合理性分析的其他情况,参考文献[7]中叙述较多,可参阅之。

　　(6)本文中仅论述了统计参数和由其得到的设计值在同一站点时间(不同历时)上的综合平衡分析,实际工作中,还必须对它们进行面上(相似或邻近地区)或线上(河流上下游)的合理性分析,以使最终结果更为完善。因此,建立这类问题的专家系统更显重要。

　　总之,如果我们已有了好的模型和方法,输入到模型中去的资料和参数应是可靠的,工作者的经验也是很重要的,三者不可缺一。实际操作中,要避免单纯的"资料加统计"的做法,对成果的各个环节进行合理性分析十分重要。水文频率计算的理论与方法有待发展和提高,需要有更进一步的理论联系实际、概念简明、便于操作、自主创新、能解决实际问题的新技术,以更好地为推动水文学科的进步与发展做出贡献。

参　考　文　献

[1] SL 278 - 2002.水利水电工程水文计算规范[S]

[2] SL 44 - 2006.水利水电工程设计洪水计算规范[S]

[3] 金光炎.矩、概率权重矩与线性矩的关系分析[J].水文,2005,25(5):1~6

[4] 金光炎.线性矩法的特点评析和应用问题[J].水文,2007,27(6):16~21

[5] 丛树铮,谭维炎等.水文频率计算中参数估计方法的统计试验研究[J].水利学报,1980,
(3):1~15

[6] 王家祁,姚惠明等.暴雨和降雨偏态系数分析[J].水科学进展,2006,17(3):365~370

[7] 王国安,李文家.水文设计成果合理性评价[M].郑州:黄河出版社,2002

(原载:水文,2009,29(2):10~14)

16 城市暴雨强度公式的参数估计问题

摘　要　叙述了暴雨强度公式中所含参数的各种估计技术,并用实例说明了操作方法。不同方法得到的参数,在指定精度时会有一定的变化幅度,导致参数间有相互补偿的作用,即使是同一组资料,亦可有多个参数组的解,形成了参数值不相同的种种公式。建议有组织地对参数进行地区综合,探讨其地区分布规律,以方便应用。

关键词　城市排水　设计暴雨　暴雨强度公式　参数估计

城市排水设计中,需要确定城市设计暴雨,即用暴雨强度来推算排水流量。通常,暴雨资料是用超定量法取样,并选用下列暴雨强度公式:

$$i = \frac{S}{(t+b)^n} \tag{16.1}$$

式中,i 为暴雨强度(mm/min);t 为暴雨历时(min);n,b 为参数;S 为雨力,对固定的重现期为常量,计算公式为:

$$S = A(1 + C\lg T) \tag{16.2}$$

式中,T 为重现期(年);A,C 为参数;lg 为常用对数。

式(16.1)中待定的参数为 b,n 和 S,而 S 中又含有参数 A 和 C,对它们的估计有不同的方法,现结合实例分别叙述。本文是在各历时暴雨强度频率计算已完成的情况下进行分析计算的。

16.1　参数估计概述

《给水排水设计手册》[1]中,刊载了我国许多城市的暴雨强度公式,对其中的参数变化幅度作了综合,并规定了参数的数字位数,如:

(1) $b = 0 \sim 50$,出现较多的在 10 上下,试算时取整数;

(2) $n = 0.3 \sim 1.1$,出现较多的在 $0.6 \sim 0.9$,取到小数点后第 3 位;

(3) S 取到小数点后第 3 位,亦即 A 也取到小数点后第 3 位;

(4) C 不宜大于 1.5,取到小数点后第 3 位。

对于历时 t,按参考文献[1,2]中的规定,取 5 min、10 min、15 min、20 min、30 min、45 min、60 min、90 min 和 120 min,共计 9 个时段。实例资料见表 16.1。

表 16.1　暴雨强度 i 的实例资料表

k	t (min)	T(年)						
		1	2	5	10	20	50	100
1	5	1.78	2.20	2.84	3.28.	3.75	4.37	4.84
2	10	1.44	1.80	2.29	2.67	3.05	3.56	3.95
3	15	1.23	1.55	1.96	2.29	2.61	3.05	3.38
4	20	1.09	1.36	1.73	2.01	2.31	2.70	2.99
5	30	0.90	1.12	1.43	1.67	1.90	2.22	2.46
6	45	0.73	0.90	1.16	1.35	1.54	1.79	1.99
7	60	0.62	0.77	0.99	1.15	1.31	1.54	1.70
8	90	0.48	0.61	0.80	0.93	1.06	1.22	1.35
9	120	0.40	0.52	0.67	0.79	0.90	1.04	1.14

16.2　参数 b、n 和 S 的估计

参数估计中,b 的确定比较费时,一旦确定后,其他几个参数的估计就比较简单了。

1) 取对数估计法

对式(16.1)的两端取对数,得

$$\lg i = \lg S - n\lg(t+b) \qquad (16.3)$$

这是一个以 $\lg i$ 为因变数和以 $\lg(t+b)$ 为自变数的直线方程,当 b 确定后,用回归计算法(最小二乘法)即可算得 $\lg S$(从而算出 S)和 n。对 b 的估计有两种方法,介绍如下。

(1) 图解法

在双对数纸上对某个重现期 T 点绘 $i\sim t$ 关系,如图 16.1。一般,此关系的图形为曲线,要在 t 上加一常数 b,才能成为直线。取不同的 b 值进行试算,直至 $\lg i$ 和 $\lg(t+b)$ 的关系成直线为止。

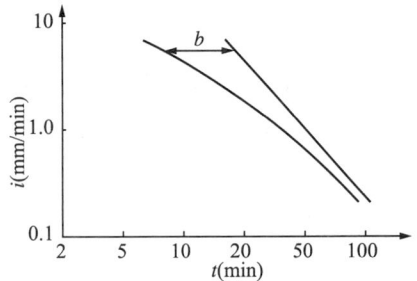

图 16.1　$i\sim t$ 关系图

先对某个重现期 T,据参考文献[1],设 b 为整数,取几个 b 值分别进行试算,反复数次,直至试出 b 值。之后,再对其他几个 T 值进行相同的运算,并综合得到 b 值。b 值试定后,用回归分析法,从式(16.3)求得 n 和 S(由 $\lg S$ 算得)。这种方法,要多次目估试算,比较费时。

（2）回归分析计算法

对某个重现期 T，设定几个 b 值，可在 Excel 上计算 $\lg i$ 和 $\lg(t+b)$ 的相关系数 r（为负相关），取 $|r|=\max$ 时对应的 b 值即为此阶段的结果。

一般，在双对数纸上 $i\sim t$ 关系曲线的弯度不大（如图 1），仅为微微的弯曲，即使 $b=0$ 时的相关系数 $|r_0|$ 也比较高。例如对表 16.1 的资料，各个 T 时的 $|r|$ 值均在 0.99 以上，甚至还有高达 0.999 或 0.999 9 的，原则上要求取 $|r|$ 最接近于 1 时的 b 值。但因资料含有误差，计算得到的相关系数会有一定的变幅，故 b 值实际上也会有一个较大的变化范围。现对表 16.1 的资料，计算各个 T 时 $|r|>0.999$ 的 b 值，其变化幅度见表 16.2，其中 b_m 为 $|r|$ 最大时的 b 值。

表 16.2　　$|r|>0.999$ 时的 b 值

T（年）	1	2	5	10	20	50	100
b_m	10	9	7	7	7	8	8
b 的变幅	6～16	5～13	5～10	5～10	5～10	5～11	5～12
$|r_0|$	0.999 2	0.999 2	0.999 4	0.999 4	0.999 4	0.999 3	0.999 3

由表 16.2 可见，各个 T 时的 b 值有不同的变化幅度，其重叠范围为 $b=6\sim10$。从下面的计算将可看到，取 $b=6$、7 或 8 时，所得暴雨强度 i 的计算结果比较接近，此时相应的 n 和 S 值，见表 16.3。

表 16.3　　不同 b 值时参数的计算结果

T（年）	$b=6$		$b=7$		$b=8$	
	n	S	n	S	n	S
1	0.611	7.878	0.630	8.630	0.648	9.438
2	0.599	9.458	0.621	10.339	0.636	11.284
5	0.591	11.822	0.610	12.907	0.628	14.068
10	0.588	13.595	0.606	14.834	0.624	16.161
20	0.589	15.610	0.608	17.037	0.626	18.565
50	0.593	18.447	0.612	20.149	0.630	21.972
100	0.596	20.630	0.615	22.545	0.633	24.598
平均	0.595		0.614		0.632	

从表 16.3 可知，同一 b 时的 n 值较为接近，一般可取其平均值。但 n 是一个比较敏感的参数，即使只有微小的差别，也会影响后续参数 A 和 C 的估计结果，下面有进一步的叙述。

2）直接优选法

上面是将式(16.1)取对数后计算的，也可以直接用最小二乘法来求算。设目标函数 F 为

$$F = \sum \left(i - \frac{S}{(t+b)^n} \right)^2 = \min \qquad (16.4)$$

式中，$\sum$ 为 k 自 1 至 9 的累加号（k 为历时的序号，见表16.1），$i = i_k, t = t_k$，下同。

欲解式(16.4)，可使：

$$\frac{\partial F}{\partial S} = 0, \quad \frac{\partial F}{\partial b} = 0, \quad \frac{\partial F}{\partial n} = 0 \qquad (16.5)$$

对式(16.5)求解，得 S 值的计算式（分别以 S_1、S_2、S_3 表示）：

$$S_1 = \sum \frac{i}{(t+b)^n} \Big/ \sum \frac{1}{(t+b)^{2n}} \qquad (16.6)$$

$$S_2 = \sum \frac{i}{(t+b)^{n+1}} \Big/ \sum \frac{1}{(t+b)^{2n+1}} \qquad (16.7)$$

$$S_3 = \sum \frac{i\ln(t+b)}{(t+b)^n} \Big/ \sum \frac{\ln(t+b)}{(t+b)^{2n}} \qquad (16.8)$$

对于同一重现期，共解时有 $S_1 = S_2 = S_3 = S$，故可任取两式求解。现取式(16.9)进行试算：

$$\left.\begin{array}{l} S_1 - S_2 = 0 \\ S_1 - S_3 = 0 \end{array}\right\} \qquad (16.9)$$

求解式(16.9)可利用 Excel 上"单变量求解"的功能。先按一定的顺序设定几个 b 值，分别搜索 n，即用式(16.9)的第一式求得 $n = n_1$，用第二式求得 $n = n_2$。从而找到 $n_1 - n_2$ 变号处的 b 与 n 值，此即结果；然后再由式(16.6)（其他两式亦可）算得 S 值。现将计算结果列于表16.4，从中可见 n 值相差不大，b 的平均值为7.89（近似取8.0）。

表 16.4　优选法的参数计算结果

T	b	n	S
1	8.5	0.654	9.745
2	8.5	0.645	11.801
5	7.0	0.610	12.919
10	7.5	0.617	15.594
20	7.5	0.618	17.869
50	8.0	0.631	22.054
100	8.2	0.637	25.055
平　均	8.0（近似）	0.630	

用这种方法试算，虽然利用了 Excel 的功能，也相当费时。例如，表16.1中的资料是3位有效数字，而在试算时 S_1 和 S_2 的差值却要到第5位或更多位才能判别

出来。如此得到的结果,其精度与原资料只有 3 位有效数字是不匹配的,因而由此得到的值存在一定的不确定性。

16.3 参数 A 和 C 估计

有了 S 值之后,按式(16.2)回归计算,可获得 A 和 C 的值。由表 16.3 和表 16.4 中 S 与 T 的关系,使 S 与 $\lg T$ 进行相关,得到 A 和 AC(从而得到 C)。现将计算结果列于表 16.5(其中 b 只取主要的 3 个值)。

表 16.5　A 和 C 计算结果表

参　数	取对数法 $b=6$	取对数法 $b=7$	取对数法 $b=8$	优选法 $b=8$
n	0.595	0.614	0.632	0.630
A	7.579	8.289	9.025	8.848
C	0.839	0.837	0.835	0.857

从表 16.5 可见,不同的计算会有不同的结果,哪个结果更合适要由 i 的计算值 $i_{计}$ 与表 16.1 中资料值 $i_{资}$ 的拟合结果而定,见下述。

16.4 结果汇总

按表 16.5 所列的参数,分别计算拟合的差值:

$$\Delta = i_{计} - i_{资} \tag{16.10}$$

将此差值列于表 16.6,可见各法的差值都不大。

表 16.6　拟合差值表

t (min)	b	T(年)						
		1	2	5	10	20	50	100
5	①	−0.04	−0.08	−0.05	−0.07	−0.06	−0.04	−0.03
	②	0.02	0.02	0.03	0.04	0.04	0.05	0.05
	③	0	−0.03	0.01	0.01	0.03	0.05	0.08
	④	0.02	−0.01	0.03	0.01	0.03	0.05	0.07
10	①	−0.02	−0.02	−0.02	−0.01	0.01	−0.03	−0.05
	②	0	0	0	0	0	0.01	0.01
	③	−0.01	−0.02	−0.01	0	0.02	0.05	0.07
	④	0.01	0	0	0.01	0.02	0.04	0.06

续表 16.6

t (min)	b	T(年)						
		1	2	5	10	20	50	100
15	①	−0.01	0	0	0.01	0.02	0.05	0.06
	②	0	0	0	0	0	−0.01	−0.01
	③	−0.01	−0.01	−0.01	0.01	0.01	0.04	0.06
	④	0	0.01	0	0.01	0.01	0.03	0.05
20	①	0	−0.01	0	0	0.03	0.05	0.07
	②	0	0.01	0.01	−0.01	−0.01	−0.01	−0.01
	③	−0.01	−0.01	−0.01	−0.01	0.02	0.04	0.06
	④	0.01	0	0	0	0.02	0.04	0.05
30	①	0	−0.01	0	0.02	0.02	0.04	0.05
	②	0	0	−0.01	−0.01	−0.01	−0.01	−0.01
	③	−0.01	−0.01	0	0.01	0.01	0.03	0.04
	④	0.01	−0.01	0.01	0	0.01	0.02	0.03
45	①	0	−0.01	0	0.01	0	0.02	0.03
	②	0	0	0	0	0	0	0
	③	0	0.02	0	0	0	0.01	0.03
	④	0	−0.01	0	0	0.01	0.01	0.02
60	①	0.01	−0.01	0	0	0	0.02	0.02
	②	0	0	0	0	0	0	0
	③	−0.01	−0.01	0	0	0	0.02	0.03
	④	0	−0.01	0.01	0	0	0.02	0.02
90	①	−0.02	−0.02	0	0.01	0.01	0	0.01
	②	−0.02	−0.02	0	0.01	0	0.01	0.01
	③	−0.02	−0.01	0.01	0.02	0.02	0.02	0.02
	④	−0.01	−0.01	0.01	0.02	0.02	0.01	0.01
120	①	−0.03	−0.01	−0.01	0.01	0.01	0.01	0
	②	0	0	0	0	0.01	0.01	0.01
	③	−0.02	−0.01	0	0.02	0.02	0.02	0.02
	④	−0.02	0	0	0.02	0.02	0.01	0.01

注：① 取对数法 $b=6$；② 取对数法 $b=7$；③ 取对数法 $b=8$；④ 优选法 $b=8$。

从此例可见，b 值在一定范围内都能使 i 值拟合较好，不仅在为整数时，取 6～8 之间的任何值也是如此，如参考文献[1]中有不少公式的 b 值取至小数后多位。同样，可以联想到其他两个参数 n 和 S 也会有一定的范围，取其范围内的值亦能得到较好的拟合。就是说，4 个参数在一定范围内进行合适的调整，可得到相近的结果,这表明了它们之间有相互补偿的作用。因此,用同一组资料可以推导出含不同参数组的公式。如果把拟合精度放宽,不同的参数组更多,从而出现同一城市有多个公式。拟合得好不好,可以看差值 Δ 的均方差 $\delta = \sqrt{\dfrac{\sum \Delta^2}{N}}$ 的大小。因为历时有 9 个、重现期有 7 项,故 Δ 值共有 $N = 9 \times 7 = 63$ 个,结果如表 16.7(其中 $\overline{\Delta}$ 为的 Δ 的均值)。从中可见,对数法 $b = 7$ 时有较小的均方差,一般可采用此结果。

表 16.7　拟合差值的均值和均方差

参　数	取对数法 $b=6$	取对数法 $b=7$	取对数法 $b=8$	优选法 $b=8$
$\overline{\Delta}$	0.001 54	0.003 36	0.010 36	0.011 97
δ	0.028 5	0.013 2	0.025 6	0.021 4

16.5　讨论

暴雨强度公式中含有 4 个待定的参数 b、n、A 和 C,从参考文献[1]中所列举的遍及全国各地的 200 多个公式来看,不同编制单位、不同估计方法、不同资料年限所得的参数几乎都不一样。这是由于在参数估计时,参数的计算值会有一定的变化幅度(例如表 16.2 中 b 的估值),在此幅度内取值,每个 b 值都会使其他几个参数的估计得到不同的组合。下面列出几个问题。

(1) 4 个参数中,首先估计的是 b 值,在一定精度的条件下,它会有一定的变幅。如本文之例,b 值可取 6~8 之间的任何值。不同的 b 值,可得不同的参数值。可以设想,对邻近城市或相似地区而言,如果 b 值能取一个比较固定的数值,会有助于参数的地区综合。

(2) n 值是 4 个参数中最敏感的参数,例如下面是由不同单位编制(用下角标 1 和 2 来表示)的牡丹江暴雨强度公式[1]:

$$i_1 = \frac{15.3(1 + 0.92 \lg T)}{(t + 10)^{0.93}} \tag{16.11}$$

$$i_2 = \frac{13.5(1 + 0.9 \lg T)}{(t + 10)^{0.9}} \tag{16.12}$$

初看起来,这两个公式的参数比较接近,b 值相同,C 值仅差少许,对最终结果不会有多大影响。然而,n 值分别为 0.93 和 0.90,虽只有 0.03 的些微之差,但所得的值(设 $t = 20$ min)分别为 $(t+10)^{0.93} = 23.65$ 和 $(t+10)^{0.9} = 21.35$,相对于 n 值之差就相当大。不过将其与 A 值联系起来,得到 15.3/23.65 = 0.647 及 13.5/

21.35＝0.632,两数又比较接近了。可以设想,如果取相同的 n 值(这是有可能的),A 值就不会有大的差异,从而有利于参数的地区综合。

(3) 取江苏省沿长江南岸五大城市的暴雨强度公式[1]来看(资料见表 16.8),除个别外,其参数有一定的相近性。这 5 个公式是由同一单位编制,如果能进一步协调平衡,完全有可能找出参数的分布规律,因为它们的位置及气候、地理等条件十分相似。表 16.8 中,$q_{20,1}$ 表示 $t＝20$ min 和 $T＝1$ 年的流量模数,$q_{20,100}$ 表示 $t＝20$ min 和 $T＝100$ 年的流量模数,且:

$$q＝166.7i \qquad\qquad (16.13)$$

式中,i 的单位为 mm/min;q 的单位为 L/(s·hm²);166.7 为单位换算系数。

表 16.8　五大城市暴雨强度公式资料表

城　市	A	C	b	n	$q_{20,1}$	$q_{20,100}$	资料年数(起迄年份)
苏州	17.324	0.794	18.8	0.81	149	386	21(1959~1979)
无锡	63.474	0.828	46.4	0.99	166	441	18(1960~1979)
常州	22.364	0.742	15.8	0.88	160	397	26(1954~1979)
镇江	14.509	0.787	10.5	0.78	168	433	28(1951~1979)
南京	17.936	0.671	13.3	0.80	180	422	40(1929~1977)

(4) n 的转折点问题。本文资料是按超定量法选取的,有的文献[3,4,5]是用年最大法取样,并认为 n 的转折点在 $t＝60$ min 及 1 440 min 处,参考文献[1,2]中将 $t＝5$~120 min 作为一个整体,如果 t 在 60 min 处有转折点,那么对参数的估计是否有影响,是需要进一步探讨的。

16.6　结语

本文叙述了常用暴雨强度公式中所含参数的几种估计方法,并讨论了几个有关的问题,有如下几点认识。

(1) 实际工作中,可以采用取对数法中的相关系数判别法来估计参数,并注意参数值有一定的变化幅度,而这种变化幅度会影响下一步对其他参数估计的计算值。

(2) 参数 b、n、S 有相互补偿的作用,不同参数组均可得到拟合较好的结果。对同一组资料,不同工作者会得到不同参数的公式。因此,对相邻城市(或相似地区)进行参数综合和暴雨强度计算结果的协调平衡应该可行,且很有必要。

(3) 建议有关单位组织力量进行参数的综合分析,拟定参数的地区性分布规律,使公式有比较统一的参数,同时也有利于无资料或无公式地区的应用。

本文是在频率计算工作已完成的条件下写成的,前期工作如资料的选取(资料的年数要长,要有代表性,要可靠)、各时段暴雨量频率曲线的绘制和频率计算结果的合理性分析等,十分重要,这些都是编制好暴雨强度公式的必要条件。

参 考 文 献

[1] 北京市市政工程设计研究总院主编. 给水排水设计手册,第 5 册,城镇排水(第二版)[M]. 北京:中国建筑工业出版社,2004

[2] GBJ 14 - 87(1997 年版). 室外排水设计规范[S]

[3] 北京水利科学研究院水文研究所. 设计暴雨量的计算方法. 见:水文计算经验汇编. 北京:水 利出版社,1958

[4] 朱元甡,金光炎. 城市水文学[M]. 北京:中国科学技术出版社,1991

[5] 王家祁. 中国暴雨[M]. 北京:中国水利水电出版社,2002

(原载:防汛抗旱与水文,2009(1):4~8)

17　暴雨强度公式的参数多解问题

摘　要　叙述了暴雨强度公式中参数的估计方法。以某市的暴雨资料为例,对公式中的参数进行了详细的分析,从中发现参数可有多组解,这是异参同效性的反映。文中认为,求算参数是一种资料对公式的拟合,可以用数学方法来计算,但资料的可靠性和频率分析的合理性,比拟合解算更为重要。

关键词　暴雨强度公式　参数估计　异参同效

研制暴雨强度公式,需要根据频率分析的结果,估计其中的参数,也就是将指定的暴雨历时和重现期(或频率)与暴雨强度量进行拟合,从而得到拟合度较好的一组参数,并建立暴雨强度公式。

17.1　概述

暴雨强度是指暴雨量与相应历时之比,即

$$i = H/t \qquad (17.1)$$

式中,H 为暴雨量(mm);i 为暴雨强度(mm/min);t 为暴雨历时(min)。

一般,暴雨强度公式采用下列形式:

$$i = \frac{S}{(t+b)^n} \qquad \text{或} \qquad i = \frac{A(1+Clg\,T)}{(t+b)^n} \qquad (17.2)$$

式中,T 为重现期(年);S 为雨力,$S = A(1+Clg\,T)$;b、n、A 和 C 为待估参数。

现以某市的暴雨资料为例,对式(17.2)中的参数进行估计,建立暴雨强度公式,并讨论其中出现的异参同效(不同参数组得到相同效果)等问题。

取已分析好的、用频率分析法得到的、对应于各暴雨历时和各指定重现期的暴雨资料系列(见表 17.1),据此来估计公式中的四个参数——b、n、A 和 C。按照《给水排水设计手册·城镇排水》[1]中所列,取暴雨历时 $t=5$ min、10 min、15 min、20 min、30 min、45 min、60 min、90 min、120 min;不失一般性,取重现期 $T=2$ 年、3 年、5 年、10 年、20 年、50 年、100 年;再参照其中的规定,取 b 为整数,n、S、A 和 C 取到小数 3 位。

表 17.1　某市暴雨强度资料系列表

T (年)	t(min)								
	5	10	15	20	30	45	60	90	120
2	2.063	1.626	1.354	1.214	0.976	0.755	0.634	0.486	0.415
3	2.280	1.797	1.497	1.342	1.092	0.857	0.719	0.548	0.465
5	2.553	2.012	1.676	1.503	1.239	0.984	0.826	0.627	0.528
10	2.923	2.304	1.919	1.721	1.438	1.157	0.971	0.734	0.612
20	3.294	2.596	2.162	1.939	1.637	1.330	1.116	0.841	0.697
50	3.783	2.982	2.484	2.227	1.901	1.559	1.308	0.983	0.809
100	4.154	3.273	2.727	2.445	2.100	1.732	1.453	1.090	0.894

17.2　参数估计

1) b 和 n 的估计

由式(17.2)得：

$$\lg i = \lg S - n\lg(t+b) \tag{17.3}$$

式中,雨力 S 为常数。

对指定的重现期 T,此时,适当选择 b 值,式(17.3)可在双对数纸上呈直线关系,从而得到 n 值。b 值需要试算,有不同的方法[2]。例如,将 $i \sim t$ 的关系点绘在双对数纸上,假定一个 b 值,用目视法看 $\lg i - \lg(t+b)$ 是否成为直线。经过数次试算,可以得到成为直线时的 b 值。因为这种方法比较原始,需要反复试算,费工费时,且不易掌握,在此仅作为一种说明而已。本文采用相关系数法,见下述。

据参考文献[1]介绍,目前已研制的公式中,b 值多数在 10 上下。由于在计算机上试算比较快捷,现在 $b = 0 \sim 20$ 之间每隔 1 取一个值,以 $b = 0(1)20$ 表示。取不同的 b 值,对各重现期 T 时的 $\lg i - \lg(t+b)$ 系列计算相关系数 r(因计算得到的 r 为负值,故设其为绝对值,即令 $r = |r|$),其中 t 为 9 个指定的历时。经计算,得到一张相关系数表(略列)。本例中,r 均在 0.990 以上,但在相关图上看,r 大约要在 $0.996 \sim 0.997$ 时才呈直线。现将对应于 $r \geqslant 0.998$ 的 b 值范围列于表 17.2,其中 r_m 为 r 的最大值,b_m 为对应于 r_m 的 b 值。

表 17.2　$r \geqslant 0.998$ 时 b 的值范围

T(年)	2	3	5	10	20	50	100
b	3~16	4~17	4~17	5~17	5~17	7~14	8~13
r_m	0.999 74	0.999 77	0.999 68	0.999 33	0.998 98	0.998 47	0.998 14
b_m	8	8	9	9	10	10	10

从表 17.2 可见,7 个重现期的 b 值共同范围为 8～13,而其最大值 b_m 的范围仅为 8～10。如此看来,b 可以取多个值,计算结果几乎会是一样的。至于 b 值的最后选取,需在后续计算中经过误差评定和合理性分析后才能确定。

为了便于分析比较,取 $b=6(1)14$ 进行计算,即比上述的 $b=8～13$ 前后各延伸 1 或 2 个值。接着,分别对各个 b 值取不同重现期 T 时的 $\lg i$ 与 $\lg(t+b)$ 系列,用回归分析法(最小二乘法)计算式(17.3)中的 n,见表 17.3。

表 17.3　n 值的计算结果表

T（年）	b 值								
	6	7	8	9	10	11	12	13	14
2	0.665	0.686	0.706	0.726	0.745	0.764	0.783	0.801	0.819
3	0.655	0.675	0.695	0.714	0.733	0.752	0.770	0.788	0.806
5	0.644	0.665	0.684	0.703	0.722	0.740	0.759	0.776	0.794
10	0.633	0.653	0.672	0.691	0.709	0.728	0.745	0.763	0.780
20	0.625	0.644	0.663	0.682	0.700	0.718	0.736	0.753	0.770
50	0.616	0.636	0.654	0.673	0.691	0.709	0.726	0.743	0.760
100	0.611	0.631	0.649	0.668	0.685	0.703	0.720	0.737	0.754
平均值	0.636	0.656	0.675	0.694	0.712	0.731	0.748	0.766	0.783

从表 17.3 可见,对一定的 b 值,n 随 T 而变,由于相差不是很大,为后续分析方便起见,将其平均值作为取用结果。

2)S 的估计

至此,对于指定的重现期 T,已有了 b 和 n 的计算值,接着是估计 S 值。取某一历时 t,将相应的暴雨强度值代入式(17.3),得到 $\lg S$,从而算出 S 值。同样计算,可以得到如表 17.4 所列的 S 值表(由于每一个 b 值都会有一张这种表,为节省篇幅,在此仅取 $b=8$ 作为示例)。

表 17.4　S 值的计算结果表（$b=8$）

t（min）	重现期 T（年）						
	2	3	5	10	20	50	100
5	11.652	12.876	14.418	16.511	18.603	21.370	23.462
10	11.438	12.640	14.154	16.208	18.262	20.977	23.031
15	11.243	12.424	13.912	15.931	17.950	20.619	22.639
20	11.514	12.723	14.247	16.314	18.382	21.115	23.183
30	11.369	12.726	14.436	16.756	19.076	22.143	24.463
45	11.084	12.543	14.293	16.876	19.397	22.752	25.231

t (min)	重现期 T(年)						
	2	3	5	10	20	50	100
60	10.936	12.401	14.247	16.752	19.256	22.567	25.072
90	10.723	12.107	13.851	16.217	18.583	21.711	24.077
120	10.988	12.299	13.952	16.194	18.436	21.400	23.642
平均值	11.216	12.527	14.168	16.418	18.661	21.628	23.867

从表 17.4 可见(包括未列出的情况),对一定的 T,与各历时 t 对应的 S 值十分接近(对 b 值的情况一样),可取其平均值。

3)A 和 C 估计

雨力 S 的计算公式为:

$$S=A(1+C\lg T)=A+C'\lg T \tag{17.4}$$

式中,$C'=AC$。由表 17.4 中 S(平均值)与 T 的系列,用回归分析法(最小二乘法)计算得 A 和 C',并由此得到 $C=C'/A$。

4)参数汇总

对于不同的 b 值,将已得到的参数结果列于表 17.5 中。从中可以见到一个情况,如果 C 值取小数点后 3 位,它们几乎是相同的。为此,本文中均取 $C=0.830$。这是一种巧合还是确定的结果,有待多站资料进行分析验证。

表 17.5 参数结果汇总表

b	n	A	C
6	0.636	7.441	0.830^{5+}
7	0.656	8.177	0.830^{5-}
8	0.675	8.970	0.830^4
9	0.694	9.840	0.830^3
10	0.712	10.783	0.830^2
11	0.731	11.788	0.830^1
12	0.748	12.878	0.830^0
13	0.766	14.062	0.830^0
14	0.783	15.334	0.830^{0-}

注:C 值栏中右上角所列的数字是小数点后第 4 位数,作为参考值。

至此,不同 b 值时暴雨强度公式中的所有参数都已经得到,公式可以建立,最终取哪一个,有待进行误差分析等工作后确定。

17.3　误差分析

设暴雨强度的实测值为 i,由公式计算得到的值为 i_0,误差 d 为:

$$d = i - i_0 \tag{17.5}$$

误差分析的目的是检查所建公式与实测值的拟合程度,参考文献[1]中是采用均方误 s_1,计算式为:

$$s_1 = \frac{\sqrt{\sum d_j^2}}{m} \tag{17.6}$$

或用均方误 s_1 与暴雨强度均值 $\bar{i}$ 之比 s_2 来计算,即

$$s_2 = s_1 / \bar{i} \tag{17.7}$$

式中,d_j 为由式(17.5)计算而得,$j=1,2,\cdots,m$;m 为指定历时的个数,$m=9$;$\sum$ 为 j 由 $1 \sim m$ 的累加号简写。

作为示例,现只列出 $b=8$ 和 $T=2$ 时的计算表,见表 17.6。

表 17.6　$b=8$ 和 $T=2$ 时的误差计算表

项目	t(min)								
	5	10	15	20	30	45	60	90	120
i	2.063	1.626	1.354	1.214	0.976	0.760	0.634	0.486	0.415
i_0	2.024	1.593	1.350	1.183	0.962	0.769	0.650	0.508	0.424
d	0.039	0.032	0.004	0.032	0.014	−0.009	−0.016	−0.022	−0.008
d^2	0.0015	0.0010	0.0000	0.0010	0.0002	0.0001	0.0003	0.0005	0.0001
δ(%)	1.9	2.0	0.3	2.6	1.4	−1.1	−2.5	−4.5	−2.0

由表 17.6 算得 $\sum d^2 = 0.047$,$s_1 = 0.026$,$s_2 = 0.026/1.36 = 0.019$,符合参考文献[1]中所述的 $s_1 < 0.05$ mm 和 $s_2 < 0.05$ 的要求。

考虑到当 T 一定时,不同 t 时暴雨强度的数量级相差较大,用 s_1 或 s_2 都难以真实反映误差的综合情况,故本文对各个 d 值进行考察,取 d 与对应 i 之比的相对误差($\delta = d/i$),并按 $|\delta| \leqslant 5\%$ 作为合格限。现将误差分析结果综合列于表 17.7 中。

表 17.7　相对误差 $|\delta|$(以%表示)的统计表

t(min)	b 值								
	6	7	8	9	10	11	12	13	14
5					1(5.3)	1(5.9)	2(6.3)	2(6.9)	3(7.4)
10									
15			1(5.4)	2(5.8)	2(6.0)	2(6.3)	3(6.8)	3(6.9)	3(7.1)

续表 17.7

t(min)	b值								
	6	7	8	9	10	11	12	13	14
20								1(5.1)	1(5.5)
30									
45	2(6.1)	2(5.9)	1(5.4)	1(5.0)					
60	1(5.1)	1(5.1)							
90	1(5.1)								
120									

注：① 表中空白处为 $|\delta|\leqslant 5\%$；② 括弧前的数字为 $|\delta|>5\%$ 的出现个数；③ 括弧内的数字为 $|\delta|$ 的最大值。

从表 17.7 可见，虽然 $|\delta|>5\%$ 有出现，但个数不多。总的看来 $b=8$ 时较好，此时超限的个数仅 2 个，比其他情况为少；且 $|\delta|$ 的最大值为 5.4%，离限不远，可以作为初选的公式。

应当加以说明的是，以上分析仅是凭数字上的计算而得，如果把相对误差的要求放宽一点，则 $b=7$、8、9、10 均可取，甚至除了 b 的整数值之外的任何数（非整数）亦可取。换句话说，虽然不同的参数组得到不同的暴雨强度公式，但其误差分析的效果是十分相同的。这就是在模型参数估计中出现的"异参同效"问题，即不同的参数组能得到相同的效果。

17.4　讨论

在暴雨强度公式的研制过程中，发现有几个可以讨论的问题，叙述于下。

1）参数的强相关性

式(17.2)含 4 个参数，除 C 值外，其他 3 个参数相互间具有强的相关性。因为 b 值在双对数纸上试算，对数坐标为非均匀分隔——自左至右为由稀到密的分隔，故在 t 上加同一个 b 值时，b 在线段上部的距离大，而在线段下部的距离小，如图 17.1。直线的坡度为 n 值，它随着 b 的增大而加大，因而 n 与 b 为正变关系。取表 17.5 的资料，算得 n 与 b 的相关系数为 $r=0.999\,74$，可见其相关性是很强的，几乎达到完全相关的程度。

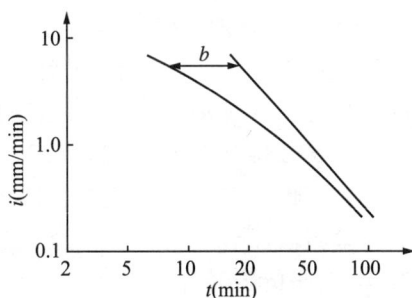

图 17.1　$\lg i$ - $\lg t$ 的相关图

对指定的 T 和 t，如果 b 加大（n 增加），则 $(t+b)^n$ 亦随之增大，那么 S（从而影响 A）也要加大才行，因为此时 i 为定值。在已建立的有些公式[1]中，可发现有这种情况。例如[1]：天津（$b=25.334$，$n=1.012$，$A=49.586$），枣庄（$b=22.387$，$n=1.069$，$A=65.512$），无锡（$b=46.4$，$n=0.99$，$A=63.474$），西安（$b=30.177$，$n=1.078$，$A=37.603$），宁波（$b=35.267$，$n=1.128$，$A=114.368$）等，它们比大多数的 $b=0\sim20$ 和 $n=0.6\sim0.9$ 要大。

再据表 17.5 中资料，得到 b 与 A 的相关系数 $r=0.99615$（相关性也很强），故 b 与 A 也是正变关系，即 A 随着 b 的增加而加大。

2）异参同效性

如上例，经误差分析知，式（17.2）中的 b 值取 $7\sim10$ 均可；如果将误差要求的条件再放宽一些，那么 b 取值范围还可更广，由此可得到多个参数组的解。这就是异参同效性的表现。

在水文统计模型的求解中，异参同效的情况是很多的。例如，在两变数相关计算中，回归方程为 $y=a+bx$，对参数 a 和 b 的估计，当用最小二乘法时，不同目标函数会得到多组解。对于三变数的情况，如水文频率分析中对均值、离差系数 C_v、偏差系数 C_s 的估计，同样可以得到多组解。本文中是对四参数的估计，当然异参同效问题更为突出。

参数有多组解时有一个合理选择的问题。这就需要凭工作者的知识和经验，根据当地的具体情况，进行合理性分析而定。暴雨强度公式在地区上应有规律性，综合多站的公式，找出它们的分布规律，应该是可能的，如果能在这方面多做些研究，乃是十分有益的事。

3）参数估计的更细化问题

从前面的计算中可见，对已有的参数是取用了平均值，如表 17.3 中的 n 值和表 17.4 中的 S 值。注意到，（例如）当 $b=6$ 时，$n=0.665\sim0.611$，看起来相差不大（仅为 0.054），但 n 的微小差异对计算结果会有较大的影响，也就是说 n 对计算结果具有较高的灵敏度，因为它在指数上。例如，100 与 $100^{1.01}$（等于 104.7）相比，n 仅差 1%，而结果却相差 4.7%，这种灵敏度不可忽视。

鉴于此，在有些已建立的公式中，对有的参数或重现期做了更细化的拟合计算。举例来看[1]：将 n 和 b 作为 T 的函数，如上海公式中有 $n=0.82+0.01\lg T$ 和 $b=10+\lg T$；有的对 $\lg T$ 中的 T 加一常数 d，即成 $\lg(T+d)$，如承德公式的 $\lg(T-0.121)$ 等。其他还有一些不同的形式，在此就不一一叙述了。

参数的细化，无疑会使资料与公式拟合得更好，但估计的工作量加大了，并又多了几个参数的估计，使异参同效问题更为突出，分析更为复杂。这样做是否值得，应予慎思。

　　曾经有人认为,用不着花费很多功夫来建立暴雨强度公式,只要具有符合需要的暴雨强度资料(如表 17.1 的资料),直接查用就可以了。况且,城市排水标准不高,频率计算很少外延,这种方法省工又方便。如此想法看似有一定的道理,对于单个城市来讲,也许是可行的。然而,单一城市的公式可能会有片面性,特别是对于资料系列较短或资料条件较差的区域,最好能与邻近城市(或条件相似的城市)的公式作比较,看看有没有偏大或偏小的可能。要比较,用两张资料表是不太方便的,将公式中的参数作对比,更能获得实际的效果;尤其是目前大多采用计算机来计算,有公式显得更为方便。

　　在此想讨论一件重要的事,那就是所建公式的真实精度问题。上述例子是在基础资料(如表 17.1)已提供的条件下进行的;经过了一系列的拟合工作,又通过误差评定,得到了拟合程度的概念,亦即反映了基础资料与所建公式的"拟合精度"。这些都是由数学方法来完成的,属于"计算技巧"或"拟合艺术"方面的问题。然而,基础资料本身的精度比拟合精度更为重要,表现为以下两个方面。

　　(1)原始资料的可靠性和代表性。原始资料的检读与摘取,要仔细、无遗漏和无超过允许误差的数据;资料的系列要有足够的长度和代表性,如丰水、平水、枯水年型的资料要有合适的分布等。这些都是关键性的,如果原始资料有缺陷,即使后续工作做得再好,也是无法弥补的。

　　(2)绘制频率曲线的合理性。9 个历时有 9 条频率曲线,不但每条曲线要拟合得好,而且还要把它们画在同一张概率格纸上,不出现矛盾,如曲线之间不得相交、相互之间有合适的间隔等,此即频率曲线组的综合平衡和协调工作,需十分仔细。这也是非常重要的。

　　因此,所建公式的真实精度主要取决于前述两点。当然,把拟合工作做得更好,会使公式的实用性更强。

17.5　结语

　　本文以某市的暴雨资料为例,叙述了暴雨强度公式中所含参数的估计方法,有以下几点认识。

　　(1)暴雨强度公式的参数估计,是一种计算技巧或拟合艺术,可用数学方法完成。所建公式的精度主要取决于资料的可靠性和频率分析结果的合理性。

　　(2)从暴雨强度公式的参数估计中获知,参数的解存在明显的异参同效性,即多个参数组都能符合误差分析的要求,取何者为好,尚需多方面考虑和合理性分析来定。

　　(3)在同一地区或条件相似的区域,由各站资料建立的暴雨强度公式应有可比性,即在地区分布上应有规律性。这就是说,不仅要建立各站的公式,而且各公式要在地区上协调,做到合理和实用。

　　(4)异参同效的现象是在各类模型的参数估计中都会碰到的,有待进一步探讨。参数有一定的取用范围,会给参数的地区综合和协调带来比较灵活的处置,认真对待很有必要。

参 考 文 献

[1] 北京市市政工程设计总院主编. 给水排水设计手册(第 5 册):城镇排水(第二版)[M]. 北京:中国建筑工业出版社,2004
[2] 金光炎. 城市暴雨强度公式的参数估计问题[J]. 防汛抗旱与水文,2009(1):4~8

　　　　　　　　　　　　　　　　(原载:水资源研究,2010,31(2))

18 研制城市暴雨强度公式的实践与体会

摘　要　叙述了研制城市暴雨强度公式的基本方法和应注意的问题,并以黄山市屯溪站暴雨资料为例,根据资料系列的实际情况进行频率分析计算。按照超定量系列的分布趋势,分两段设计标准(重现期为 2~100 年和 1~0.25 年)进行拟合适线,对各历时的频率曲线组做了平衡协调等。文中强调建立暴雨强度公式的重点在于合适绘制频率曲线和进行合理性分析工作,公式的拟合只是计算技巧问题。

关键词　城市暴雨强度公式　暴雨频率计算　超定量法　黄山市

城市排水工程的规划与设计,需要有符合规定设计标准的排水流量。这个流量可以根据相应标准的暴雨量 H 或暴雨强度 i 来推算。

城市设计暴雨的设计值,同暴雨历时 t 和设计标准(以设计重现期 T 或设计频率 P 来表示)有关。为便于应用,常将这些关系组合建立暴雨强度公式。一般,取下列形式:

$$i = \frac{S}{(t+b)^n} \quad \text{或} \quad i = \frac{A(1+C\lg T)}{(t+b)^n} \tag{18.1}$$

式中,i 为暴雨强度(mm/min);S 为雨力,$S = A(1+C\lg T)$;T 为重现期(年);t 为历时(min);A、C、b、n 为待定参数。

因为暴雨量 $H = it$(mm),故

$$H = \frac{S}{(t+b)^{n-1}} \quad \text{或} \quad H = \frac{A(1+C\lg T)}{(t+b)^{n-1}} \tag{18.2}$$

在分析计算时,可任选式(18.1)或式(18.2),视具体情况采用之。由于 H 为已摘录好的数据(通常取至小数后一位);i 由 H 计算而得,带有无限小数,故在计算过程中用 H 系列进行分析会比较方便一些。并且,H 系列与 i 系列的离差系数 C_v 和偏差系数 C_s 是完全相同的。

我国的市政、城建部门和高等院校等单位,已研制了各地的暴雨强度公式共有 200 多个,刊载在《给水排水设计手册·城镇排水》卷[1]上。我国的水文部门也做了不少的类似工作,散布于各类文献(如参考文献[2,3]等)中。

本文叙述在研制暴雨强度公式过程中会遇到的问题,如基础资料的收集、暴雨频率计算、暴雨强度公式的研制以及年最大值法与一年多次取样法的关系等,并以黄山市屯溪站暴雨资料为例,谈谈工作中的一些经验和体会。

18.1　基础资料的收集

1) 基础资料的内容和重要性

研制暴雨强度公式,需要有历年的暴雨量或暴雨强度资料,构成为分析用的系列。这是最为重要的基础资料,其收集、摘取和记录是十分重要的,决定着后续各项工作的精度,一定要认真、细致地进行。暴雨资料要符合下列要求:

(1) 暴雨资料系列必须是可靠的。因为用不可靠的、精度很差的资料来进行计算,则无论以后的模型如何精细、计算方法如何考究、用心如何良苦,都不可能得到反映真实情况和正确的暴雨强度公式。

(2) 资料数量要足够、要有代表性。暴雨量系列中需具有不同暴雨类型的资料,系列要尽可能长。因为只有少数几年的或缺少代表性的资料,会影响到暴雨强度公式的精度。

(3) 资料系列必须符合一致性的原则。整个系列要在条件一致的情况下获得。例如,量雨器位置的变动、雨量站地点的迁移等,如果有影响,应仔细检查,分别对待。

(4) 频率计算要求资料有独立性。例如相隔时间不长的两场降雨有可能是同一气候条件下形成的降雨,这是不独立的,不应作为独立的数据等。

这里想说明两点:a. 在连年序的系列中,若有少数几年缺测,应尽量调查分析这几年的暴雨量级,如果有特大或较大者,分析时应有所考虑;b. 如果在连年序的系列外有特大或较大暴雨,并有记录者,可视具体情况进行处理,不可简单并入连年序的系列中。

2) 暴雨资料的取样

(1) 设计标准与样本系列

城市设计暴雨的设计标准,一般用重现期 T(年)来表示。例如,重要的城市 T 取 10~20 年一遇或更高;中小城市 $T=3$~5 年,小城镇 $T=0.5$ 年(一年两遇),更小的城镇 $T=0.333$~0.25 年(一年三遇至一年四遇)。

为了适应一年多遇的情况,城市设计暴雨所需的系列,与通常的年最大值法取样(一年只取一个最大值)不同,即一年中要取多个最大和次大的雨量值,其相应的方法称为一年多次取样法。

目前,一年多次取样法有两种:一为年固定个数法,即每年均取 6~8 个值[1];另一为超定量法,即设置一定的暴雨门槛值,凡超过此门槛值的暴雨量都取出,得到的是超定量系列。一般,这两种方法的取样系列几乎是相同的,只是前者的操作过程比较简单,但在应用时会有较多的数据被删去;后者需预设未知的门槛值,其值要在操作过程中数次试取后才能确定。

（2）暴雨资料的基本系列

设有 n 年资料，如果需用到 $T=0.25$ 年的设计暴雨值，则至少要取出 $N=4n$ 个值，即平均每年取 4 个。一般，设每年平均取 k 个，则是 $N=kn$ 个。为了与下面的式（18.9）对应，现采用式（18.3）：

$$N=kn+（k-1）\qquad（18.3）$$

城市暴雨的设计历时，通常取 5 min、10 min、15 min、20 min、30 min、45 min、60 min、90 min 和 120 min[1,4]共 9 个历时，每个历时均有一个暴雨量系列，备频率计算之用。

对每一个历时，其暴雨量系列（按自大而小的次序排列）为：

$$H_1,H_2,\cdots,H_n,H_{n+1},\cdots,H_N\qquad（18.4）$$

当每年平均只取一个（$k=1$）时，这就是"超大值法"取样，得到的是式（18.4）中前 n 个数据，即 $N=n$，称为超大值系列，是超定量系列的特例。式（18.4）中，H_{n+1} 及以后的各项系列，是为计算一年一遇和一年多遇用的。

这些资料要从自记记录上读取，摘读工作比较费时，务必不遗漏应取的暴雨量。这是研制暴雨强度公式的第一关，需要慎重对待。

18.2 暴雨频率计算

1）频率计算的基本内容

有了各历时的超定量系列，接着是频率计算，基本内容如下：

（1）次频率与年频率

对于超定量系列，经验频率计算公式为：

$$P_{E次}=\frac{j}{N+1}\qquad（j=1,2,\cdots,N）\qquad（18.5）$$

与其对应的重现期为：

$$T_{E次}=1/P_{E次}\qquad（18.6）$$

式中的下角标"E 次"表示由超定量系列计算并以次为单位的符号，即 $P_{E次}$ 为用超定量系列计算的频率（次频率），$T_{E次}$ 为相应的重现期（多少次一遇）。

对于以年为单位的系列，经验频率计算公式为：

$$P=\frac{m}{n+1}\qquad（m=1,2,\cdots,n）\qquad（18.7）$$

为了便于区分，设 $P_{E年}$ 为用超定量系列换算而得的年频率（相应重现期为 $T_{E年}$），$P_{M年}$ 为用年最大值系列算得的频率（相应重现期为 $T_{M年}$）。$T_{E年}$ 和 $T_{M年}$ 的单位均为年，即多少年一遇，两者之间有一定的关系，见后述。

规划设计时,要求是以年为单位的频率或重现期,故需进行换算。从式(18.5)和式(18.7)可见,要建立它们之间的关系,最简单的方法是使 $j=m$,于是得到:

$$P_{E次} = \frac{n+1}{N+1} P_{E年} \tag{18.8}$$

或

$$P_{E次} = \frac{n+1}{(N+1)T_{E年}} \tag{18.9}$$

例如,需要推求某一重现期 $T_{E年}$ 的暴雨量设计值,那么只要将这一 $T_{E年}$ 的值代入式(18.9),得 $P_{E次}$,再用此 $P_{E次}$ 值在次频率曲线上查得暴雨量 H 值,即为欲求的结果。$T_{E年}$ 与 $P_{E次}$ 的关系见表18.1。

表 18.1　$T_{E年}$ 与 $P_{E次}$ 的关系($k=4$)

$T_{E年}$(年)	100	50	20	10	5	2	1	0.5	0.333	0.25
$P_{E次}$(%)	0.25	0.50	1.25	2.5	5.0	12.5	25	50	75	100

在此要说明一个问题,就是过去应用的公式中,其系数不是 $(n+1)/(N+1)$ 而是 $n/(N+1)$,这是由于后者采用的经验频率公式为 m/n ,而不是 $m/(n+1)$ 。虽然当 n 较大时,两个系数的差别不大,但为了统计概念上的统一,改正这一系数是有必要。这样,上述的取样倍比 k ,可改为 $k=(N+1)/(n+1)$,此即式(18.3)的由来。

(2)频率分布模型(频率曲线线型)

暴雨频率分布模型,常用的有三种,分别简述于下。

① 皮尔逊Ⅲ型分布(P3型分布),其概率密度函数为:

$$f(x) = \frac{\beta^\alpha}{\Gamma(\alpha)} (x-a_0)^{\alpha-1} e^{-\beta(x-a_0)} \tag{18.10}$$

式中,α、β 和 a_0 为参数,同常用统计参数(均值 $\bar{x}$、离差系数 C_v 和偏态系数 C_s)的关系为:

$$\alpha = 4/C_s^2 \tag{18.11}$$

$$\beta = 2/(\bar{x}C_vC_s) \tag{18.12}$$

$$a_0 = \bar{x}(1-2C_v/C_s) \tag{18.13}$$

不同频率 P 时的设计值 x_p 为:

$$x_p = \bar{x}(1+C_v\Phi_p) \tag{18.14}$$

式中,Φ_p 为离均系数,与 P 和 C_s 有关,已制成表。

② 指数分布,其分布函数或频率为:

$$P = e^{-\beta(x-a_0)} \tag{18.15}$$

实际上这是 P3 型分布 $\alpha=1$ 或 $C_s=2$ 时的特例,形式简单,仅两个参数,有

$$\beta = 1/(\overline{x}C_v) \tag{18.16}$$

$$a_0 = \overline{x}(1 - C_v) \tag{18.17}$$

③ 极值型 I 分布(耿贝尔分布),其分布函数或频率为:

$$P = 1 - \exp[-e^{-\alpha(x-u)}] \tag{18.18}$$

式中,$\alpha = \dfrac{\pi}{s\sqrt{6}} = \dfrac{1}{0.779\,7s}$;$u = \overline{x} - 0.450\,05s$;$s = \overline{x}C_v$(标准差);$C_s$ 固定为 1.140。

实际工作时,可视资料系列的分布情况,选择其中的一种分布进行分析计算,或用有关规范中规定的分布。

(3) 频率曲线的绘制

掌握各历时的超定量系列之后,需要在同一张概率格纸上分别绘制各历时暴雨量或暴雨强度的频率曲线,即绘出一套频率曲线组,操作时有两种方法。

第一种方法是绘制暴雨量频率曲线(即 H-P 曲线)。在概率格纸上这是从上到下按历时顺序排列的一组曲线,最长历时(本文中为 120 min)的那条线在最上面,最短历时(5 min)的那条线在最下面。这种画法是可清楚地看到头几条曲线的拟合情况,便于调整,但因最下边的几条分布较密,不易看清。

第二种方法是绘制暴雨强度频率曲线(即 i-P 曲线)。这组曲线的顺序与上述相反,最短历时在最上面,最长历时在最下面。同样可以看清上面几条线的情况,最下面几条线看不太清楚。

两种绘制方法各有优缺点,实际工作时,最好两组曲线都画出,这样能更全面地、更好地调整和拟合。由于它们的统计参数有一定的关系,即 $\overline{i} = \overline{H}/t$,且 C_v 和 C_s 相同,故最终结果呈固定的比例,只需简单换算,应用效果是一样的。

绘制频率曲线组是一项颇为繁复的工作,但极其重要。当分别绘出每个历时的频率曲线之后,各条曲线之间常常是不大协调的。例如,上下曲线可能在头部或尾部相交(这是不允许的),或者曲线之间的间距不合适等,这就要凭工作者的知识和经验来进行反复调整。

当频率曲线组最终认定以后,需要对指定的重现期(一般取 $T = 100$ 年、50 年、20 年、10 年、5 年、3 年、2 年、1 年、0.5 年、0.333 年和 0.25 年)[1,4]据式(18.9)摘列出 i-t-T(或 H-t-T)的关系表。这张表也十分重要,因为它是估计暴雨强度公式中各个参数的依据。因此,暴雨强度公式的"真实精度"是由超定量系列的可靠度和频率曲线拟合的合适度所确定。至于后续的暴雨强度公式的建立,是属于"计算技巧"或"拟合艺术"方面的问题,可以用数学方法来处理。因此,研制暴雨强度公式的重点应放在频率曲线组的绘制上,并对此要有详细的说明。

2）计算实例

现以黄山市屯溪站暴雨资料为例，分析计算如下。

（1）资料系列

屯溪站有 42 年(1967～2008 年)完整的降雨量自记记录，可对各年的大雨级雨量取样，构成分析用的资料系列。今有 $n=42$ 年，设 $k=4$，则总共可取 $N=4×42+3=171$ 次雨量值。

将 9 个历时的暴雨量系列摘列成表(略)备用。

（2）模型选择

先绘制各历时暴雨量 H 系列的直方图，如图 18.1 为 $t=30$ min 时的直方图分布情况，从中可见分级暴雨量的出现次数随着雨量的增大而逐渐减少，其变化趋势像一条乙形曲线。这种分布很似 $P3$ 型分布 $C_s=2$ 时的情况，作为初选线型的参考。

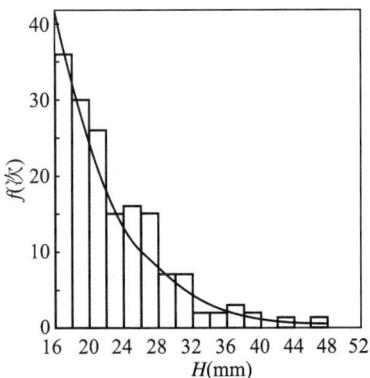

图 18.1 $t=30$ min 的暴雨量直方图

其次，对各历时的暴雨量系列($N=171$)用矩法计算均值$\overline{H}$、离差系数 C_v 和偏态系数 C_s(列于后面的表 18.5)。从中可见，$C_v=0.25～0.30$，说明离散程度较小；C_s 有一定的变化幅度，平均在 2.0 左右。

这样，可初步选取 $C_s=2$ 的 $P3$ 型分布作为计算的模型，这时的 $P3$ 型分布即为指数分布。

分别点绘各历时($N=171$)的 $H-\ln T$ 关系，可以发现其点群分布基本上呈直线趋势，如果将点群细分为大水与中小水两个部分，各部分的拟合直线形更好。例如，图 18.2 给出 $t=5$ min 时点群的分布情况与用最小二乘法配适的直线。

据此，本文取 $k=1$ 的超大值系列($N=n=42$，用于 $T\geqslant 2$ 年)及全部系列($N=171$，用于 $T\leqslant 2$ 年)，分别作为分析暴雨强度公式中参数的基本依据。这种做法

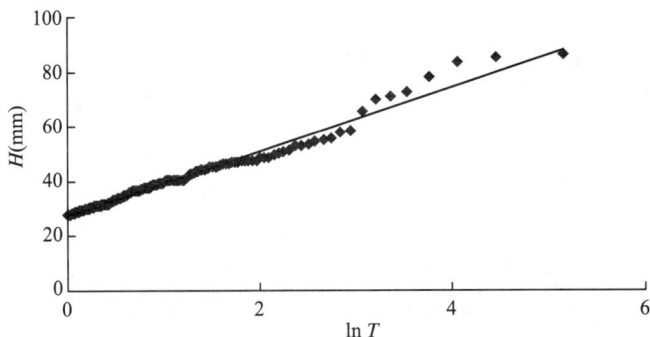

(a) $N=171$

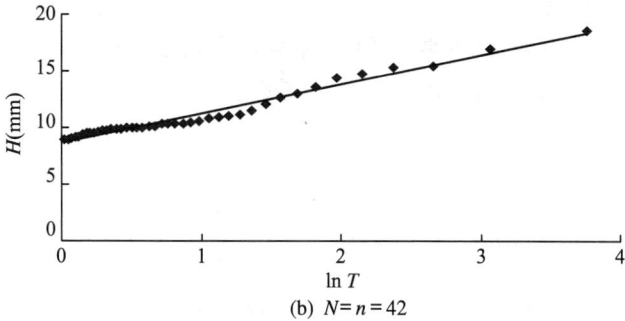

(b) $N = n = 42$

图 18.2　$t = 5$ min 时的 H - $\ln T$ 关系图

曾在北京市[1,3]和西安市[1]的研制工作中用过。

据式(18.15),指数分布的频率为:

$$P = \mathrm{e}^{-\beta(H - H_0)} \tag{18.19}$$

由于 $P = 1/T$,式(18.19)可化为:

$$T = \mathrm{e}^{\beta(H - H_0)} \tag{18.20}$$

两端取对数,设为对数第一法(对一法),有

$$\ln T = \beta(H - H_0) \tag{18.21}$$

或换一种写法,设为对数第二法(对二法),有

$$H = \beta' \ln T + \beta H_0 \tag{18.22}$$

式中,$\beta' = 1/\beta$。

(3) 参数初估

对于指数分布模型,已知 $C_s = 2$,均值 $\overline{H}$ 取矩法的计算值,只有 C_v 需要估计。

对于均值,在有些水文水资源计算中,将其固定为矩法的计算值不做调整,如全国第一次、第二次水资源评价所规定的那样。首先,检查 $\overline{H}$ 的变化过程。绘制 $\overline{H}$ - t 关系图,并将各点连线。$\overline{H}$ 是随着历时 t 的增长而增大,如果其连线为一光滑线,变化的规律性较好,可作为取用结果。

对于 C_v 初值的估计,方法较多,作为示例,分别介绍如下(实际工作时,只需任取一、两种即可)。下面就 $N = n = 42$ 和 $N = 171$ 两种情况叙述之。

① $N = n = 42$(用于 $T \geqslant 2$ 年)

先点绘 $\overline{H}$-t 的关系图,如图 18.3,发现变化趋势较好,可以取用。接着取对一法(式(18.21))进行(最小二乘法)回归计算,即 H 与 $\ln T$ 相关,得斜率 β 值。由式(18.16)知,$C_v = 1/(\overline{H}\beta)$。将各历时计算的 β 和 C_v 值写入表 18.2。再点绘 C_v-t 的关系,见图 18.4,按点群趋势进行连线,发现 $t = 10$ min、15 min、20 min 的 3 个点偏低,故作初调,并与未调整的 C_v 值一起填入"初调 C_v"栏。用初调的 C_v 绘制频率曲线。经反复协调,得到最终取用的 C_v 值,并绘出

暴雨强度的频率曲线图,见图 18.5。从图可见,该组频率曲线的中上部($P<$ 70%)适线较好,这是我们需要应用的部分($T\geqslant2$ 或 $P\leqslant50\%$);虽然尾部适线较差,但已在本段计算范围之外,另行考虑。

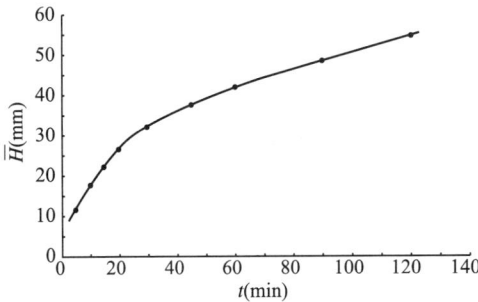

图 18.3 $\overline{H}$-t 的关系图

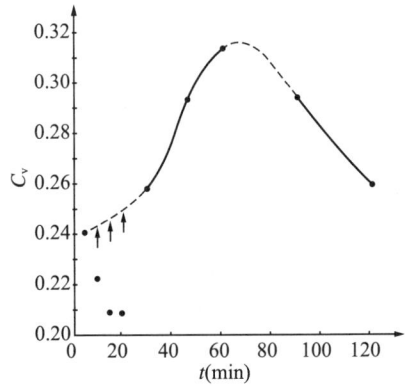

图 18.4 C_v-t 的关系图

表 18.2 用对一法的参数分析表($N = n = 42$)

序 号	t (min)	$\overline{H}$ (mm)	β	计 算 C_v	初 调 C_v	取 用 C_v
1	5	11.133	0.374	0.239	0.232	0.24
2	10	17.550	0.254	0.225	0.240	0.24
3	15	21.931	0.223	0.205	0.244	0.24
4	20	26.224	0.186	0.205	0.245	0.24
5	30	31.907	0.123	0.254	0.254	0.27
6	45	37.452	0.0924	0.289	0.289	0.30
7	60	41.855	0.0776	0.308	0.308	0.30
8	90	47.983	0.0717	0.291	0.291	0.29
9	120	54.329	0.0716	0.257	0.257	0.27

推求 C_v 初值亦可用对二法(式(18.22))进行回归计算,其结果与对一法十分接近。另外,还有 C_v 与 C_s 均优选的最小二乘法(叙述从略),其结果比上述方法的稍大一些。现将各种方法的分析计算值,列于表 18.3,供作参考。

② $N=171$(用于 $T\leqslant2$ 年)

用与上述相同的方法,对各历时暴雨量全部系列的参数进行分析,C_s 值亦取用 2(计算过程略),结果见表 18.4,暴雨强度的频率曲线见图 18.6。

顺便说明一点,暴雨强度公式的建立,主要是依据由超定量系列分布的实况拟合频率曲线而得的结果。因此,有人认为城市排水的设计标准不很高,如只需

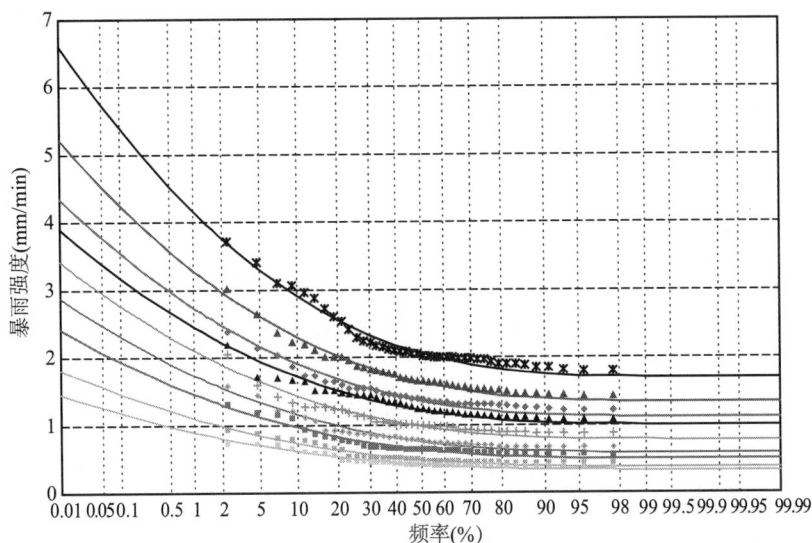

图 18.5 屯溪站暴雨强度频率曲线图（$N=n=42$）

表 18.3 $N=n=42$ 时的参数计算表

t (min)	$\overline{H}$ (mm)	$\bar{i}$ (mm)	$C_s=2$ 对一法 C_v	$C_s=2$ 对二法 C_v	优选法 C_v/C_s	矩 法 C_v/C_s	取 用 C_v
5	11.133	2.227	0.239	0.232	0.242/2.604	0.206/1.691	0.24
10	17.550	1.755	0.225	0.221	0.227/2.412	0.196/1.825	0.24
15	21.931	1.462	0.205	0.201	0.209/2.619	0.178/1.884	0.24
20	26.224	1.311	0.205	0.198	0.197/1.964	0.177/1.611	0.24
30	31.907	1.064	0.254	0.239	0.258/2.997	0.216/2.438	0.27
45	37.452	0.832	0.289	0.278	0.297/2.866	0.249/2.038	0.30
60	41.855	0.698	0.308	0.290	0.315/3.038	0.262/1.998	0.30
90	47.983	0.533	0.291	0.277	0.289/2.593	0.249/1.639	0.29
120	54.329	0.453	0.257	0.244	0.252/2.513	0.220/1.595	0.27

表 18.4 $N=171$ 时的参数计算表

t (min)	$\overline{H}$ (mm)	$\bar{i}$ (mm)	$C_s=2$ 对一法 C_v	$C_s=2$ 对二法 C_v	优选法 C_v/C_s	矩 法 C_v/C_s	取 用 C_v
5	8.244	1.649	0.272	0.267	0.270/2.388	0.256/2.141	0.27
10	12.768	1.277	0.279	0.276	0.280/2.427	0.263/2.077	0.27

续表 18.4

t (min)	$\overline{H}$ (mm)	$\overline{i}$ (mm)	$C_s=2$ 对一法 C_v	$C_s=2$ 对二法 C_v	优选法 C_v/C_s	矩 法 C_v/C_s	取 用 C_v
15	16.270	1.085	0.263	0.261	0.261/1.993	0.249/1.796	0.28
20	19.123	0.956	0.278	0.276	0.275/1.870	0.263/1.628	0.29
30	22.916	0.764	0.309	0.303	0.303/2.088	0.290/2.083	0.30
45	27.060	0.601	0.317	0.308	0.311/2.360	0.297/2.347	0.30
60	30.452	0.508	0.315	0.300	0.309/2.805	0.292/2.662	0.30
90	35.044	0.389	0.305	0.294	0.301/2.613	0.285/2.387	0.29
120	39.012	0.325	0.307	0.301	0.303/2.211	0.288/1.984	0.29

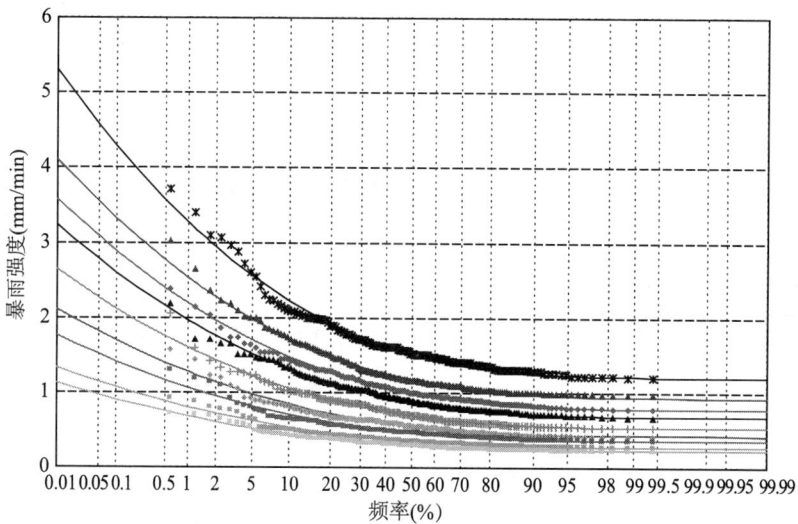

图 18.6 屯溪站暴雨量频率曲线图（$N=171$）

20 年一遇,或至多 50 年一遇。按目前资料系列的长度,多为内插或略作外延,故可以不用分布模型来拟合频率曲线(包括参数估计),而只需在概率格纸上直接用目估法,通过经验点的点群中心绘出频率曲线就可以了。这也是一种方法,思路并无不妥,然而其全部计算过程需用人工操作,看起来省去了选择频率分布模型和估计参数等步骤,但徒手绘制频率曲线组是十分费工的,比之在计算机上自动拟合和调整,不一定方便和省时。

18.3 暴雨强度公式的研制

利用上节的计算成果,可以建立如下的暴雨强度公式:

$$i = \frac{A_1(1+C_1 \lg T)}{(t+b)^{n_1}} \qquad (T=2\sim100 \text{ 年}) \tag{18.23}$$

$$i = \frac{A_2(1+C_2 \lg T)}{(t+b)^{n_2}} \qquad (T=0.25\sim1 \text{ 年}) \tag{18.24}$$

其中的参数暂未定,待核实后再刊出(详细计算过程见黄山市的有关报告)。参数估计方法可参阅参考文献[1,5]。

18.4　年最大值法与超定量法的比较

年最大值法取样是每年取一个最大值,n 年共有 n 个暴雨值,它同超定量法中的超大值法取样系列有一定的关系。显然,两种系列的老大项(包括量值和频率)是相同的;老二项及以后几项可能相同,也可能不同,所以两条频率曲线的上部应当重合或比较接近。

根据统计原理,由超定量法得到的频率 $P_{E年}$ 可与年最大值法的频率 $P_{M年}$ 建立关系。从二项概率定理知,在一年中均不出现某暴雨量 H_m 值的概率 $P=(1-P_{E次})^k(H \geqslant H_m)$,那么一年中至少出现一次的概率为:

$$P_{M年}=1-(1-P_{E次})^k \tag{18.25}$$

已知 $P_{E次}=\frac{n+1}{(N+1)T_{E年}}=\frac{1}{kT_{E年}}$,代入式(18.25),得

$$P_{M年}=1-\left(1-\frac{1}{kT_{E年}}\right)^k \tag{18.26}$$

当 $kT_{E年}$ 较大时,近似地有

$$P_{M年}=1-\exp(-1/T_{E年})=1-\exp(-P_{E年}) \tag{18.27}$$

或有

$$T_{E年}=\frac{1}{\ln T_{M年}-(\ln T_{M年}-1)} \tag{18.28}$$

当 $P_{E年}$ 较小(或 $T_{E年}$ 较大)时,近似有 $P_{M年}=P_{E年}(T_{M年}=T_{E年})$。现将两者的关系列于表18.5中。从中可见,当重现期大于10年一遇时,它们非常接近。

表18.5　$P_{M年}\sim P_{E年}$ 与 $T_{M年}\sim T_{E年}$ 的关系表

$P_{E年}$(%)	1	2	5	10	20	50		
$P_{M年}$(%)	0.995	1.980	4.877	9.516	18.13	39.35		
$T_{E年}$(年)	100	50	20	10	5	2	1	0.5
$T_{M年}$(年)	100.50	50.50	20.50	10.51	5.52	2.54	1.58	1.16

18.5　几点思考与体会

（1）可靠的资料和合适的频率曲线是研制暴雨强度公式的基础，分析计算的工作重点应放在这个基础上。

（2）暴雨强度公式中参数的估计属于计算技术问题，但必须结合统计原理和水文概念予以协调，进行合理性分析，才能得到比较满意的结果。

（3）暴雨强度公式中，n 是最敏感的参数，如果 n 有微小的差别，就会较多影响雨力 S，从而影响 A 和 C 的值。也就是说，参数间有相互影响和相互补偿的作用，适当协调是有意义的。初步设想，若能在相似或相邻地区固定 n 值，将有助于参数的地区综合。

（4）由年最大值法和超定量法得到的结果，有一定的关系，可进一步探索是否可用年最大值法的结果来推算超定量法的结果，以节省取样的工作量。

（5）虽然各地的水文气象和地理环境等条件并不相同，但参数在相似或相邻地区应有规律可循，尽力做好参数的综合分析工作，至关重要。

本例的频率分析中，关于 C_s 的选取和频率曲线的分段适线是依据屯溪站暴雨资料系列的分布趋势而定的，不同城市的资料条件不一定相同，可按具体情况而定。

本文得到黄山市水文水资源局的支持与帮助，深表谢意。

参 考 文 献

[1] 北京市市政工程设计研究总院. 给水排水设计手册（第 5 册）：城镇排水（第二版）[M]. 北京：中国建筑工业出版社，2004

[2] 北京水利水电科学研究院水文研究所. 设计点暴雨量的计算方法[M]. 见：水文计算经验汇编. 北京：水利出版社，1958：191～220

[3] 王敏，谭向诚. 北京城市暴雨和雨型的研究[J]. 水文，1994(3)：1～6

[4] GB 50014 - 2006. 室外排水设计规范[S]

[5] 金光炎. 城市暴雨强度公式的参数估计问题. 防汛抗旱与水文，2009(1)：4～8

（原载：防汛抗旱与水文，2010(1)）

19 水文模型参数估计的异参同效问题

摘 要 实例分析了两参数、三参数和四参数水文模型参数估计的异参同效问题。当目标函数有一定的允许范围时,模型参数可有多组解,其对结果的效果几乎是相同的,故需对参数和结果进行综合平衡、适当调整,通过合理性分析后最终取用。

关键词 水文模型 水文统计计算 参数估计 异参同效 合理性分析

水文模型中含有一定个数的参数,少则两三个,多则四五个,有的甚至更多。因为输入资料有误差、模型结构有概化和简化带来的偏差以及不同方法可以得到相异的结果等,使计算结果有不同程度的不确定性。通常,用数学方法或初步估计所得的参数,只是一种初值,需根据具体情况加以调整,并经过综合平衡和合理性分析后,才能确定其取用值。

实际工作中,常用实测资料来拟合模型,从而估计参数值。例如应用最小二乘法进行拟合计算,可得到离差平方和为最小时的结果。如上所述,这是初值,有待进行合理性分析。所谓离差,就是实测值与计算值之差,其平方和通称为目标函数,以 F 表示,其最小值为 F_{min}。当然,也可用其他方法,如最小一乘法,它亦有相应的目标函数,即离差绝对值之和,同样可求得 $F=F_{min}$ 时的与其他方法不同的一套结果。

由于拟合计算中存在不确定性的因素,因此需对参数的初值进行调整,即可略扩大目标函数的范围(取比 F_{min} 稍大的值),那么就会得到多个参数组的解,这就是"异参同效"的现象——不同的参数组得到相同的效果。

为便于用数字说明问题,本文以统计方法来求解参数,取两参数(线性回归)、三参数(频率计算)和四参数(暴雨强度计算)模型为例。计算操作均在 Excel 上进行。

19.1 两参数线性回归模型

设 X 为自变数,Y 为倚变数,两参数的线性回归模型为:

$$y=a+bx \tag{19.1}$$

式中,a 和 b 为待定的参数。

不失一般性,取简单的数例,资料如表 19.1。用回归分析法(最小二乘法)计

算,其目标函数为:

$$F = \sum (y_i - a - bx_i)^2 \qquad (19.2)$$

式中,x_i 和 y_i 为系列值($i = 1, 2, \cdots, n$);n 为系列的项数,本例 $n = 6$;$\sum$ 为 i 自 $1 \sim n$ 的累加号简写(下同)。

表 19.1　资料系列表之一

序　号	X	Y
1	1	2.75
2	1	3.25
3	2	3.75
4	2	4.25
5	3	4.75
6	3	5.25
总和	12	24
均值	2	4

通过计算(过程略),得到 a、b 的估计值($a_0 = 2$、$b_0 = 1$)和 F 的最小值 $F_{\min} = 0.375$,以及两系列间的相关系数 $r = 0.956$。再由式(19.2)化算得:

$$na^2 + 2ab\sum x_i + b^2 \sum x_i^2 - 2a \sum y_i - 2b \sum x_i y_i + \sum y_i^2 - F = 0$$

$$(19.3)$$

这是一个以 a 和 b 为变数的椭圆方程,椭圆中心在 (a_0, b_0) 处。将表 19.1 资料的有关计算值($\sum x_i = 12, \sum y_i = 24, \sum x_i^2 = 28, \sum y_i^2 = 100.375, \sum x_i y_i = 52$)代入式(19.3),得到:

$$6a^2 + 24ab + 28b^2 - 48a - 104b + (100.375 - F) = 0$$

椭圆中心在 $(2, 1)$ 处。将其平移和旋转,对不同的 F 值绘制图形,如图 19.1,其中 C 点的 F_C 即 $F_{\min} = 0.375$。现取 $F_{\min}$ 附近的 $F_A = 0.390$ 和 $F_B = 0.405$,画出两个椭圆。从中可见,当 F 放宽幅度时,其相应椭圆内面积为 (a, b) 参数组范围,分别符合 $F \leqslant F_A$ 和 $F \leqslant F_B$ 的要求。

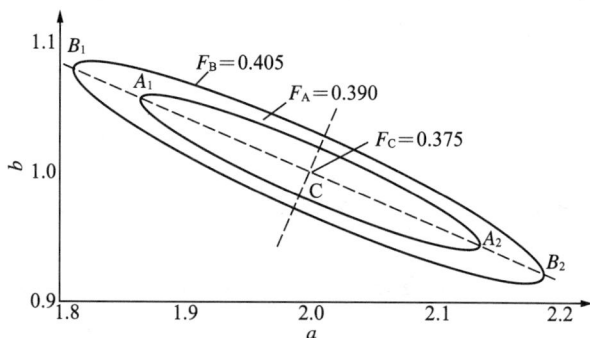

图 19.1　不同 F 时的椭圆图

从图 19.1 明显可见,椭圆内的(a,b)值有如下几种变化情况:① 沿长轴线(或与长轴平行的线),a、b 呈反变关系,即 a 增加 b 减小,a 减小 b 增加;② 沿短轴线(或与短轴平行的线),a、b 呈正变关系,即 a 增加 b 也增加,a 减小 b 也减小;③ 在与 a 轴平行的线上,b 为定值,仅 a 值变化。同样,在与 b 轴平行的线上,a 为定值,仅 b 值变化。

虽然这是两变数的一个最简单的例子,但从中可直观地看到异参同效的现象和所反映出的参数组多解问题,并有助于对多变量下情况的了解。

19.2　三参数频率分布模型

现以 Γ 分布(皮尔逊 $\mathbb{II}$ 型分布)模型为例。设一定频率 p 时的设计值为 x,即

$$x = x_0 + s_0 \Phi \tag{19.4}$$

式中,x_0 为待估参数,类似于系列的均值 $\overline{x}$;s_0 为待估参数,类似于系列的标准差 s;Φ 为离均系数,与偏态系数 C_s 和频率 p 有关。

设实测系列为 $x_i(i=1,2,\cdots,n)$,n 为系列的项数,取目标函数为

$$F = \sum (x_i - x_0 - s_0 \Phi_i)^2 \tag{19.5}$$

如果 x_0 为指定值,例如使 $x_0 = \overline{x}$,此时是两变数的情况,只需计算 s_0 和 C_s。现 x_0 为待估参数,故为三变数的估计问题。

取比较简单的例子,资料系列见表 19.2,其中所列的均值为矩法的计算值。

表 19.2　资料系列表之二

i	x	p
1	138.5	0.1
2	121.1	0.2
3	109.2	0.3
4	102.3	0.4
5	98.8	0.5
6	89.4	0.6
7	83.9	0.7
8	81.4	0.8
9	73.6	0.9
总和	898.2	
均值	99.8	

通过计算,可以得到 $F=F_{min}$ 时的 x_0、s_0 和 C_s 值,也可以绘制 F_{min} 附近不同 F 的图形。这时,它们的图形为三维坐标上的椭圆球,其所包含体积内的多个参数组是对应 F 时的解。

利用表 19.2 的资料,设定不同的 C_s,分别按式(19.5)进行求算,得到 $F=F_{min}$ 时的解,结果见表 19.3。

表 19.3　频率计算的参数结果表

$F=F_{min}$	C_s	x_0	s_0	C_{v0}	说　明
17.0	1.220	101.9	26.436	0.259	
16.5	1.240	101.9	26.480	0.260	
16.0	1.262	102.0	26.531	0.260	
15.5	1.289	102.0	26.592	0.261	
15.0	1.323	102.1	26.672	0.261	
14.5	1.399	102.2	26.856	0.263	$F=\min(F_{min})$
15.0	1.488	102.3	27.084	0.265	
15.5	1.521	102.4	27.172	0.265	
16.0	1.547	102.5	27.241	0.266	
16.5	1.568	102.5	27.300	0.266	
17.0	1.587	102.5	27.352	0.267	

从表 19.3 可见,当 $F=14.5$ 时为 F_{min} 中的最小值,有 $C_s=1.399$。如果将 F 放宽一点,例如取 $F=15.0$,得 $C_s=1.323\sim1.488$,有少许变化范围;再如取 $F=15.5$,得 $C_s=1.289\sim1.521$,变化范围略大一些。但 x_0 和 s_0 的变幅不大($C_{v0}=s_0/x_0$,变化亦不大)。这里需要说明一点,当 $C_s=1.399$(为固定值)时,$F=\min(F_{min})=14.5$,若设 $F=15.0$ 求解,会有一个如图 1 那样的椭圆及相应的一组 x_0 和 s_0 值。

本例由于所取系列的离散度和偏态系数较小,故各参数的变幅不大。由上可见,当 F 适当放宽时,会得到多个参数组的解。

19.3　四参数的暴雨强度计算模型

通常,暴雨强度计算模型(暴雨强度公式)为:

$$i=\frac{S}{(t+b)^n}\quad\text{或}\quad i=\frac{A(1+C\lg T)}{(t+b)^n}\tag{19.6}$$

式中,i 为暴雨强度(mm/min);S 为雨力,$S=A(1+C\lg T)$;T 为重现期(年);t 为历时(min);A、C、b、n 为待定参数。

　　这里有四个参数需要进行估计,一般采用对数转换的方法,即对式(19.6)两端取常用对数,得

$$\lg i = \lg S - n\lg(t+b) \qquad (19.7)$$

　　根据已知的 i 系列和指定的 t 系列(计算时为 $t+b$ 系列),用回归分析法可得不同重现期 T 时的 n 与 S 值。然后,再由 S 值与 T 的关系,算得 A 和 C 值。实例简述如下。

　　将已分析好的暴雨强度频率计算结果列于表 19.4 中,首先对各指定的重现期 T 试算 b 值。一般, i 和 t 在双对数纸上不成直线关系,故需在 t 上加 b 值。通常是用目视法图解试算 b 值,但比较费时,且不易掌握,现采用相关系数法。

表 19.4　某站暴雨强度频率计算结果表

T（年）	t(min)								
	5	10	15	20	30	45	60	90	120
2	2.063	1.626	1.354	1.214	0.976	0.755	0.634	0.486	0.415
3	2.280	1.797	1.497	1.342	1.092	0.857	0.719	0.548	0.465
5	2.553	2.012	1.676	1.503	1.239	0.984	0.826	0.627	0.528
10	2.923	2.304	1.919	1.721	1.438	1.157	0.971	0.734	0.612
20	3.294	2.596	2.162	1.939	1.637	1.330	1.116	0.841	0.697
50	3.783	2.982	2.484	2.227	1.901	1.559	1.308	0.983	0.809
100	4.154	3.273	2.727	2.445	2.100	1.732	1.453	1.090	0.894

　　对不同的 b 值,计算 $\lg i$ 与 $\lg(t+b)$ 系列的相关系数 r（因为它们是负相关, r 为负值,故下面令 $r=|r|$ ）,选 r 较大时的 b 值作为计算的初估值。据表 19.4 资料,参照参考文献[1]中的规定,取 b 为整数,现在 $1\sim20$ 中每隔 1 取一个数,以 $b=1(1)20$ 表示(下同),并分别计算相关系数。相关系数都比较高,例如 $b=0$ 时, $r=0.990$,但此时 $\lg i-\lg(t+b)$ 的线段微曲,大约要到 $b=4\sim5$ 时才有直线的趋势。现以 $r\geqslant0.998$ 为界线来选取 b 值,可以发现不同 T 时 b 值的共同范围为 $8\sim13$,而与 r 最大值 r_m 对应的 b 值(以 b_m 表示)在 $8\sim10$ 之间。

表 19.5　$r\geqslant0.998$ 时 b 的值范围

T(年)	2	3	5	10	20	50	100
b	3~16	4~17	4~17	5~17	5~17	7~14	8~13
r_m	0.99974	0.99977	0.99968	0.99933	0.99898	0.99847	0.99814
b_m	8	8	9	9	10	10	10

　　参数组有多解,在此已初见端倪。本例中, b 可以有一定的变化范围,不同的 b 值会在后续的计算中得到不同 n 、 A 和 C 值。

为了便于比较,取 $b=6(1)14$。分别对各个 b 值,取不同 T 时的 $\lg i$ 与 $\lg(t+b)$ 系列,用回归分析法计算式(19.7)中的 n,列于表 19.6。因各个 n 值相差不大,取其均值。

这时,b 与 n(均值)有较好的相关关系,用一次、二次方程分别拟合如下:
$$n= 0.528+0.018\ 4b \qquad (r=0.999\ 74)$$
$$n= 0.511+0.021\ 9b-0.000\ 176b^2 \qquad (r=0.999\ 98)$$

表 19.6　n 值的计算结果表

b	n 的范围	均值
6	0.611~0.665	0.636
7	0.631~0.686	0.656
8	0.649~0.706	0.675
9	0.668~0.726	0.694
10	0.685~0.745	0.712
11	0.703~0.764	0.731
12	0.720~0.783	0.748
13	0.737~0.801	0.766
14	0.754~0.819	0.783

指定的重现期 T 和已算得的 b 与 n 值可用来估计雨力 S。取某一历时 t,把相应的暴雨强度 i 代入式(19.7),得到 $\lg S$,从而算出 S 值。为节省篇幅,在此仅取 $b=8$ 作为示例,其时的 S 值见表 19.7。由于一定 T 时各历时 t 相应的 S 值比较接近,故取其均值。

表 19.7　S 值的计算结果表($b=8$)

T(年)	S 的变化范围	均　值
2	10.723~11.652	11.216
3	12.107~12.876	12.527
5	13.851~14.418	14.168
10	15.931~16.876	16.418
20	17.950~19.397	18.661
50	20.619~22.752	21.628
100	22.639~25.231	23.867

从上已知:
$$S=A(1+C\lg T) \tag{19.8}$$

接着由 S 与 $\lg T$ 系列用回归分析法得到 A 与 C 值。这里,A 与 b 也有较好的相关关系,即

$$A=1.199+0.983b \qquad (r=0.996\ 15)$$

$$A=4.759+0.220b+0.038\ 2b^2 \qquad (r=0.999\ 99)$$

现将 $b=6(1)14$ 的参数计算结果汇总于表 19.8 中。可以发现,其中的 C 值,其小数点后 3 位均是 0.830,这也许是巧合,有待更多资料验证。

表 19.8 参数结果汇总表

b	n	A	C
6	0.636	7.441	0.830
7	0.656	8.177	0.830
8	0.675	8.970	0.830
9	0.694	9.840	0.830
10	0.712	10.783	0.830
11	0.731	11.788	0.830
12	0.748	12.878	0.830
13	0.766	14.062	0.830
14	0.783	15.334	0.830⁻

将表 19.8 中的参数代入式(19.6),得到 i 的计算值,用以与实测的 i 值进行对比,做出误差分析。当 $b=8\sim10$ 时,两者的相对误差 $|d|\leqslant5\%$,占 97% 以上,拟合认为合格。

从以上分析可见,$b=8\sim10$ 均可作为取用结果,不仅是整数值,其间的非整数值也是可取的,且 n、A 均与 b 有密切的关系,这就是异参同效问题的明显表现。

顺便提及,本例也可用下列方法来求解。对指定的重现期 T,有目标函数为:

$$F = \sum \left(i - \frac{S}{(t+b)^n}\right)^2 = \min \qquad (19.9)$$

式中,$\sum$ 为 k 自 $1\sim9$ 的累加号(k 为历时的序号,各历时见表 19.4),$i=i_k,t=t_k,S=S_k$。这里有 3 个参数 b、n、S 需搜索计算,之后还要求算 S 中的 A 和 C 值(求解过程可参见参考文献[2],在此略述),同样可以得到多个参数组的解。

19.4 结语

本文对两参数、三参数和四参数的水文统计模型进行实例计算,对异参同效问题进行分析和说明,有以下几点认识。

(1) 因为水文资料有误差、模型有概化和简化以及计算方法的不同等,对不同目标函数进行参数估计,其结果表现有明显的异参同效现象。

(2) 模型中的参数,通常用数学方法求解。由于计算过程中存在一定程度的不确定性,计算结果只是个初值,需根据具体情况对参数进行调整,并在时间(长短时段)和空间(相似地区)上进行综合协调的合理性分析后才能取用。

(3) 异参同效问题给参数的估计结果带来一定的变化幅度,在地区综合时,参照这些幅度,适当调整,会使结果更趋合理。

本文仅对几个比较简单的水文统计模型进行分析。对于有更多个参数的模型或其他水文模型,如水文物理模型、概念性模型等,其中的参数,有的是计算取得,有的是经验取得,异参同效问题更为复杂,需要进一步深入探讨。

参 考 文 献

[1] 北京市市政工程设计总院主编. 给水排水设计手册(第 5 册):城镇排水(第二版)[M]. 北京:中国建筑工业出版社,2004

[2] 金光炎. 城市强度暴雨公式的参数估计问题[J]. 防汛抗旱与水文,2009(1):4~8

（本文完成于 2010 年 2 月）

20 水文频率分布模型的异同性与参数估计问题

摘 要 回顾了20世纪50年代对水文频率分布模型异同性的认识,分析了分布模型在统计特征上的相异性与共通性。在分布的几何形态相同的条件下,目前所用的、仅有3个参数的模型基本上是相异的。通过观察与实例分析,初步发现,取4个参数,有可能使模型有统一的求解结果。文中提及,用数学方法能得到参数的唯一解,但多数方法是先计算出不确定性较大的 C_s 值,继而据此算得其他一个或两个参数,故这种结果是一种初值,有待通过合理性分析,才能得到最终取用值。

关键词 水文频率计算 频率分布模型 参数估计 异同性

水文频率计算中,频率分布模型(频率曲线线型)的选择和参数估计是主要的工作项目,是绘制频率曲线和提供设计数据的重要手段。

早在20世纪50年代,新中国成立不久,国家大力发展水利事业,广泛开展了水利规划和设计工作,其中各种设计标准的设计值主要由频率计算而得。因而如何更好地选择频率分布模型和怎样最优地进行参数估计,成为水文工作者频频思考和探索的问题。半个世纪以来,有关的信息量增加了,如频率分布有了更多种类型、参数估计有了更多的方法[1~7];通过大量的研究与实践,认识提高了,经验丰富了,操作方便了,而且还有规范(如参考文献[8,9])的指导,工作好做多了,但回过头来再看看走过的历程,仔细思考思考,不无有益。

本文回顾了当年的一些设想,并结合之后的发展情况,就频率分布模型的异同性(相异性和共通性)以及用数学方法求解模型所含参数的问题做出叙述。

20.1 频率分布模型的异同性

20世纪50年代,有关频率分布模型的信息不多。实际工作中,多采用两参数或三参数的频率分布,除正态分布外,尚有皮尔逊曲线族中的Ⅲ型、Ⅰ型和Ⅴ型分布;对数正态分布;极值Ⅰ型分布(Gumbel 分布);广义指数分布(Goodrich 分布)和广义 Γ 分布中的克—门分布(Клицкий - Менкель 分布)等。

这些分布在几何特性上(如单峰形、一端有限一端无限或两端有限)、统计特性上(模型所含参数的统计特征)是各不相同的,但仔细观察,可以发现分布之间有交点或交集,即它们之中有直接的或间接的共通之处,择要列举如下。

（1）有的分布，如皮尔逊Ⅲ型分布、对数正态分布等，当 $C_s=0$ 时，成为正态分布。

（2）当 $C_v=1$，$C_s=4$ 时，克—门分布与对数正态分布相同。在之后的分析中知，这是一个特例，即当 $C_s=3C_v+C_v^3$ 时，指数 Γ 分布、对数 Γ 分布和对数正态分布为同一分布。

（3）皮尔逊 Ⅴ 型分布为倒数皮尔逊Ⅲ型分布，即变数经过了 $y=1/x$ 变换，这两分布互通。

（4）$C_s=2C_v$ 时，Goodrich 分布与皮尔逊Ⅲ型分布相同。

（5）当 $C_s=2C_v$ 时，皮尔逊Ⅲ型分布是克—门分布的特例（这是当然的）。

（6）极值Ⅱ型分布为对数极值Ⅰ型分布。

（7）据当时的计算条件，认为极值Ⅰ型分布为对数正态分布的特例，表 20.1 列出不同频率 P 时，离均系数 ϕ_p 的对比结果。

表 20.1　极值Ⅰ型分布与对数正态分布 ϕ_p 值比较表

分布	$P(\%)$										
	0.01	0.1	1	5	10	20	50	80	90	95	99
极值Ⅰ型	6.73	4.94	3.14	1.87	1.31	0.72	−0.16	−0.82	−1.10	−1.31	−1.64
对数正态	6.84	4.93	3.12	1.86	1.31	0.73	−0.17	−0.83	−1.10	−1.30	−1.61

需要说明的是，表 20.1 中的数字是现在用计算机精确计算出来的，是按极值Ⅰ型分布 $C_s=1.13955$（当时取 1.139，现改为 1.140）得到的。那时候，只有很简单的计算工具（计算尺＋算盘＋对数表），受其限制，难以分辨微小的差异，以致造成了这种认识。

（8）皮尔逊 Ⅴ 型分布与对数正态分布十分接近，表 20.2 列出了它们的对比值（以离均系数 Φ 值表示）。从中可见，除个别情况（如 $P=0.01\%$ 和 $C_s=1.5$）外，其他相差无几。这种差异在当时的计算条件下，几乎也难以分辨。

表 20.2　皮尔逊 Ⅴ 型分布与对数正态分布 Φ 值比较表

分布	C_s	$P(\%)$							
		0.01	0.1	1	5	10	50	90	99
Ln N	0.5	4.94	3.86	2.70	1.77	1.32	−0.08	−1.21	−1.98
P5		4.99	3.88	2.70	1.77	1.31	−0.08	−1.21	−1.98
Ln N	1.0	6.40	4.70	3.03	1.85	1.32	−0.15	−1.13	−1.68
P5		6.60	4.76	3.03	1.84	1.31	−0.14	−1.13	−1.71
Ln N	1.5	7.97	5.51	3.31	1.89	1.29	−0.20	−1.04	−1.45
P5		8.35	5.59	3.29	1.86	1.27	−0.19	−1.05	−1.51

注：Ln N=对数正态，P5=皮尔逊 Ⅴ 型。

综观上述，可知分布之间有一定的相通现象，很自然地想到，能否进一步作些探究,在数学上作些处理,使模型得到统一。

自 20 世纪 50 年代以来,世界上许多学者在频率分布选择和参数估计方面做了大量的工作,从各国有关的规范来看,大都规定用三参数的分布模型,而且采用的不尽相同。尽管四参数和五参数分布模型的概括性和拟合度较好,但参数的估计误差可能更大,导致设计值的有效性较差,实际应用中一般没有采用,致使模型的共通性问题未能在多参数模型的探讨中有所进展。本文是在对四参数分布模型分析时,发现有些模型在符合一定的相同条件时,有可能得到共通性的结果。现提出一些信息,供作参考。

20.2　频率分布共通性条件的设想

回忆很早以前,皮尔逊(Karl Pearson)认为他创建的曲线族(参见参考文献[10,11])能概括多种分布。设变量为 X(取值为 x),密度函数 $y=f(x)$,则曲线族的基本方程为:

$$\frac{dy}{dx} = \frac{(x+d)y}{b_0 + b_1 x + b_2 x^2} \tag{20.1}$$

式中,b_0、b_1、b_2 和 d 为待定的参数(可与均值 $\bar{x}$、离差系数 C_v、偏态系数 C_s 和峰态系数 C_k 建立关系),并有下列判别准则:

$$K = \frac{b_1^2}{b_0 b_2} \tag{20.2}$$

这个 K 值仅与 C_s 和 C_k 有关。据不同的 K 值,皮尔逊将此曲线族分为 10 多种类型,其中包括了目前常见的 Γ 分布(Ⅲ型)和 B 分布(Ⅰ型),但还不包括有些分布,如指数 Γ 分布和对数 Γ 分布等。

Hosking 等用线性矩之间的关系来判别各种类型的分布模型[1],即建立线性矩的偏态系数 $L\text{-}C_s$ 和线性矩的峰态系数 $L\text{-}C_k$ 之间的关系。然而,虽然这类关系线有的有交点,但多数是分离的。同样,指数 Γ 分布和对数 Γ 分布没有包括在内。

现在,分布模型的形式很多,有不下数十种,但如何找到它们之间的共同点,加以统一,需要深究。

通过多年的观察与分析,初步认为,要使模型统一,必须几何形态(如起讫点、峰形)和统计参数(量与个数)相同。目前常见的一端有限一端无限且呈单峰分布的模型,如三参数的 Γ 分布和对数正态分布等,三个参数($\bar{x}$、C_v 和 C_s)与分布的起点 a_0 有函数关系,即 a_0 是不独立的。如果使 a_0 或为独立的参数,比较几种分布的交集,若其范围较大,就有希望统一的可能。

现以指数 Γ 分布和对数 Γ 分布为例。为比较方便,指数 Γ 分布取克—门分布,其模比系数的下限 $K_L = 0$,上限 $K_U = \infty$。对数 Γ 分布的上下限有两种情况[4]

（见表 20.3）：一种为两端有限分布，即 $K_L=0$ 及 K_U 为有限值，若 K_U 较大（例如 $K_U>10^5$），则可近似作为无穷大处理；另一种为一端有限一端无限分布，即 K_L 为有限值及 $K_U=\infty$，同样将 K_L 接近于零（例如 $K_L\leqslant0.01$）近似作为零处理。从表 20.3 可见，当 $C_s/C_v=3$，$C_v<0.7$ 以及 $C_s/C_v=4、5、6$，$C_v=0.7\sim1.5$ 时，均可近似作为 $K_L=0$，$K_U=\infty$ 的情况。将这几种情况与克—门分布的模比系数作比较，两者大都有 3~4 位有效数相同。表 20.4 列出了 $C_s/C_v=4$ 时 K 值的比较，因 $C_v=1$ 时为完全相同的情况，故未列入。

这个例子表明，当分布的几何形态相同时，如果待估的参数有 4 个，很可能得到相同或极其近似的分布。这是一个初步的认识，有待更多的例子验证。

表 20.3　对数 Γ 分布的下限 K_L 及上限 K_U 值表

C_v	C_s/C_v					
	1	2	3	4	5	6
0.1	2.732	7.463	3.978E88	(0.126)	(0.355)	(0.500)
0.3	2.838	8.047	2.622E11	(0.067)	(0.263)	(0.402)
0.5	3.042	9.190	1.940E5	(0.012)	(0.128)	(0.245)
0.7	3.336	10.856	4.382E3	(0.001)	(0.031)	(0.100)
1.0	3.930	14.278	670.82	∞/(0)	(0.000)	(0.007)
1.5	5.316	22.304	307.67	2.593E5	4.080E31	(0.000)

注：括号内的数字为 K_L 值，余者为 K_U 值。

表 20.4　指数 Γ 分布和对数 Γ 分布 $C_s/C_v=4$ 时 K 值比较表

$P(\%)$	$C_v=0.5$	$C_v=0.7$	$C_v=1.2$	$C_v=1.5$
0.01	5.908/5.885	9.401/9.391	20.332	28.048/28.066
0.1	4.141/4.139	6.045/6.046	11.597/11.601	15.306/15.338
1	2.745/2.747	3.594/2.596	5.785/5.787	7.094/7.101
5	1.936/1.937	2.293	3.073/3.072	3.457/3.453
10	1.618	1.814	2.182/2.181	2.235/2.320
20	1.309	1.373	1.435/1.434	1.419/1.415
50	0.888/0.887	0.817	0.634	0.529
80	0.614	0.496	0.274/0.275	0.185/0.188
90	0.511/0.512	0.384/0.385	0.176	0.104/0.107
95	0.440/0.442	0.312/0.313	0.121/0.122	0.064/0.066
99	0.336/0.339	0.214/0.215	0.060	0.024/0.026
99.9	0.251/0.256	0.141/0.143	0.026/0.027	0.008/0.009

注：表中前后数字分别为指数 Γ 分布和对数 Γ 分布的 K 值，只一个数字为两个分布的 K 值相同。

20.3　统计参数估计问题

频率分布模型选定之后,就要进行模型所含统计参数的估计工作。现以皮尔逊Ⅲ型为例,说明其中的一些问题。皮尔逊Ⅲ型分布的密度函数为:

$$f(x) = \frac{\beta^{\alpha}}{\Gamma(\alpha)} (x - a_0)^{\alpha-1} e^{-\beta(x-a_0)} \tag{20.3}$$

式中,α 为偏度参数;β 为标度参数;a_0 为位置参数。其与常用统计参数的关系为:

$$\alpha = \frac{4}{C_s^2} \tag{20.4}$$

$$\beta = \frac{2}{sC_s} = \frac{2}{\overline{x}C_vC_s} \tag{20.5}$$

$$a_0 = \overline{x}\left(1 - \frac{2C_v}{C_s}\right) \tag{20.6}$$

设这些参数在估计时会有一定的误差。已知 β 是对变数 x 的缩放倍比,如果有误差导致它的变动,则变动后对 C_v 和 C_s 的计算值没有影响。a_0 是变数 x 的位移值,其变动对标准差 s 和 C_s 的计算值也没有影响。这样,β 和 a_0 的变动对 C_v(或 s)和 C_s 无影响或影响甚微。α 则不然,如果它有误差,将直接影响到 C_s(等于 $2/\sqrt{\alpha}$),还将波及 β 和 a_0 或 $\overline{x}$ 和 C_v(或 s)。当然,β 和 a_0 的变动对 $\overline{x}$ 是有影响的,从而影响到设计值 x_p。但相比之下,α(或 C_s)对 x_p 的影响更大。

因此,在参数估计中,α 是一个比较敏感的参数,特别在 α 较小(或 C_s 较大)时。例如,$\alpha=0.3$ 时,有 $C_s=3.65$;$\alpha=0.2$ 时,有 $C_s=4.47$。α 只差 0.1,而 C_s 的变化较大。目前除常规矩法和目估适线法外,其他多数的方法在计算时是先估计 α(或 C_s),例如,极大似然法和线型矩法就是如此。因其使用的是 3 个一阶矩,计算的灵敏度较差,很可能会引入一定的误差。使用优化搜索法,如最小二乘法或最小一乘法等,都是先搜索出 C_s。由于 C_s 的估计值不确定性较大,对后续参数的估计会有影响。

采用数学方法(包括解析法、试算法或优化搜索法)推求参数,一般能得到唯一解。由于资料有误差(至少有测验误差)、计算过程中有误差,因而所得结果只是初值,尚须对其在时间上(长短时段)和空间上(相似地区)或点(单站)、线(河流上下游)、面(相近地区)上进行协调和平衡,做好合理性分析工作,然后才能确定其最终取用值。

20.4　结语

本文叙述了水文频率计算中的两个主要问题,有以下几点认识。

（1）回顾 20 世纪 50 年代对水文频率分布模型异同性的认识，认为频率分布在一定的几何形态下，仅有三个参数时，各分布之间只有少数的交点或交集，分布主要是相异的。

（2）通过实践和观察，初步发现，在相同的几何形态下，取四个参数有可能得到统一的计算结果，并以指数 Γ 分布和对数 Γ 分布为例说明了这一情况，有待多例验证。

（3）估计模型参数时，用数学方法一般能得到唯一解，但大都是先估计不确定性较大的 C_s 值，然后据此来计算其他一个（C_v）或两个（$\bar{x}$ 和 C_v）参数，所得结果应为初值。

（4）计算技术的普及和提高，有利于水文频率计算工作，但需注意不可单纯的使用"资料加统计"，即不能"算多少是多少"，应做好合理性分析工作，然后确定计算结果的最终取用值。

随着资料的增多、认识的提高和经验的积累，水文频率计算为实际需要服务的效果将会愈来愈好。

参 考 文 献

[1] Hosking J. R. M, J. R. Wallis. Regional Frequency Analysis—An Approach Based on L-moments [M]. Cambridge University Press，1997

[2] Cunnane C. Statistical Distribution for Flood Frequency Analysis [M]. WMO Operational Hydrology Report No. 33，Secretariat of WMO,1989

[3] Robson A. , D. Reed. Statistical Procedure for Flood Frequency Analysis [M]. Flood Estimation Handbook，Vol. 3. Institute of Hydrology，Crowmash Grifford，Willngford，Oxfordshire，UK，1999

[4] Rao A. R. , K. H. Hamed. Flood Frequency Analysis [M]. CRC Press LLC Boca Raton，Florida，2000

[5] 长江水利委员会. 三峡工程水文研究[M]. 武汉:湖北科学技术出版社,1997

[6] 郭生练. 设计洪水研究进展与评价[M]. 北京:中国水利水电出版社,2005

[7] 季学武,王俊等. 水文分析计算与水资源评价[M]. 北京:中国水利水电出版社,2008

[8] SL 44 - 2006. 水利水电工程设计洪水规范[S]（ SL 44 - 2006. Regulation for Calculating design Flood of Water Resources and Hydropower Projects[S]（in Chinese））

[9] SL 278 - 2002. 水利水电工程水文计算规范[S]（ SL 278 - 2002. Regulation for Hydrologic Computation of Water Resources and Hydropower Projects[S]（in Chinese））

[10] 金光炎. 水文统计原理与方法[M]. 北京:中国工业出版社,1964(JIN Guang-yan. Principle and Methods of Hydrologic Statistics[M]. Beijing：China Industry Press，1964（in Chinese））

[11] 金光炎. 水文水资源随机分析[M]. 北京：中国科学技术出版社，1993(JIN Guang-yan. Stochastic Analysis of Hydrology and Water Resources [M]. Beijing：China Science and Technology Press，1993(in Chinese))

（原载：水科学进展，2010，21(4)）

第三部分　水文水资源类

21　水文预报误差和评定方法的若干问题

水文预报是防洪抗灾的耳目,预报的准确与否,直接影响到防洪的决策和减灾的效果。要使水文预报有较高的精度,必须对预报误差有所了解,做出评定,进行必要的处理。本文拟结合有关的标准和文献[1,2],叙述水文预报误差和评定方法中的一些问题,供作参考。

21.1　水文预报误差的来源

水文预报误差主要包括:资料性误差、方法性误差和代表性误差等,分别介绍如下。

1) 资料性误差

水文资料本身具有误差,常见的如下。

(1) 水文测验误差。这类误差是水文要素在量测过程中受仪器设备的限制、自然环境对观测的影响、观测人员心理和生理的作用以及对观测值计算综合而引起的误差。例如,水位测验误差和由多条垂线观测值计算引起的流量误差等。

(2) 资料的插补和移用误差。这类误差是预报值在计算时,由于原始水文数据缺测或受观测条件限制必须进行插补或移用而产生的误差。例如,某站的降雨量因故全部或部分缺测,需用邻站的降雨量进行插补或移用所产生的误差;又如流量用水位流量关系进行内插或外延而引起的误差等。

(3) 点面关系引起的误差。例如对面雨量进行计算,而当地只有若干雨量站的资料,用点雨量来计算面雨量也会有一定的误差。如果雨量站点较稀,还会因抓不到暴雨中心的观测值而产生较大的误差。

资料性误差是首要问题,如果资料不可靠,那么方法再好、计算过程再精密,其结果也不可能是可靠和可信的。

2) 方法性误差

它是水文预报中由于计算方法而引起的误差,主要的如下。

（1）模型误差。这类误差是由于所研制的水文预报模型与原型有差别引起的。自然界是非常复杂的，对预报值的影响因素众多，在建立模型时不可能把众多而复杂的因素全部考虑进去，而只能抓住几个主要者，将模型结构加以概化和简化。这样，就不可避免地会产生误差。如果模型中的某些环节或有的参数作近似性处理，也会有误差。

顺便说一下在水文预报和水文计算中很易忽略的一个问题：即使是地表水和地下水都封闭的流域，一般在降雨后也会产生地表径流、壤中流和地下径流。在有的水文模型中，常常忽视了地下径流中尚有向河床以下流动的潜流（可能还有河床外围的水流），也就是说不能把地下径流全部作为流入河道中的水流。这股水流，对预报洪峰来说，也许影响较小；但对地下水资源预报来说，常是一项不可忽略的水流。可以认为，对模型整体来说，不列入这一项，在概念上是有欠缺的，在模型结构上是不完整的。

（2）计算方法误差

计算过程中采用近似的方法、简化的方法以及进行有效数位数的取舍，都会产生一定的误差。

另一方面，若用优化搜索法来推求模型中的参数，采用的方法不同，结果是不同的。特别是采用最小一乘法时，可能会碰到一个或多个次极值，如果优选的维数较多，则常难以检查和判别。

3）代表性误差

水文资料和模型的计算结果，都包含有一定的代表性误差，主要表现如下。

（1）时间上的代表性误差。这类误差是由于在历史的长河中用样本资料来估计总体特征所产生的误差。从过去不充分长的水文资料分析而得的水文规律，只是代表样本的情况，不可能代表总体的水文规律。这就是时间上代表性不足所引起的误差，一般可用概率统计中抽样误差理论估算而得。

（2）空间上的代表性误差。流域面上观测点的密度较稀、量测上的不同步，都能引起这类误差。

顺便提及，雨量站所处位置不同，对测得的降雨量也会有差异。在山区，雨量随高程、风向等而变，是众所周知的；在平原区，雨量站设在较高处（如堤坝上）或较低处（如洼地附近），由于地形的影响，虽然距离相隔不远，雨量相差也是明显的。如何在有代表性的地方设站、如何对已有站的雨量值在计算中校正，是值得研究的问题。

（3）趋势性变化引起的误差。大规模人类活动会改变自然界的面貌，也会影响水文水资源的发展规律。例如，水利工程的不断修建、城市的不断扩大和大面积灌溉的实施等，都会造成前后期资料系列的不一致性，如不加修正，会对水文预报结果产生较大的影响。

近一个时期来,我国的城市化进程十分迅速,城市个数在增加、级别在提高。城市内建筑林立、道路纵横交叉,人们的各种活动频繁,形成了独有的各类效应,如热岛效应、温室效应、火炉效应和雨岛效应等,使城市中的水文现象同农村有一定的差别。据报道[3],城市中的年降水量平均要比农村大 5%～10%,而蒸发量相反。另一方面。农村大规模灌溉引起的绿洲效应,不同程度地改变了当地的小气候,增加了降雨量,对干旱地区而言,更加明显。再者,水库和人工湖泊的兴建,也会改变当地及其附近的水文情况,即湖泊效应作用。这些效应都会给水文系列带来明显的不一致性,并给计算结果带来误差。

上面说明了误差的复杂性、多样性和动态性,这增加了分析计算的难度,需要工作者更好地了解与误差有关的诸多因素,抓住其主要方面,进行综合分析,进行适当处理与修正,以提高预报精度。

21.2　方案评定的确定性系数法

水文情报预报规范[1]中用确定性系数作为方案评定的一个指标,现将有关问题叙述于下。

1) 确定性系数的定义与特性

确定性系数 D_y 的计算公式为:

$$D_y = 1 - S_e^2 / S_y^2 \tag{21.1}$$

$$S_e^2 = \frac{1}{n} \sum (y_i - y)^2 \tag{21.2}$$

$$S_y^2 = \frac{1}{n} \sum (y_i - \overline{y})^2 \tag{21.3}$$

式中, S_e^2 为预报误差系列的方差, S_e 为预报误差系列的标准误差(亦称均方误差,简称标准误或均方误); S_y^2 为预报值系列的方差, S_y 为预报值系列的标准差(或均方差); y_i 为实测值($i = 1, 2, \cdots, n$); y 为预报值; $\overline{y}$ 为实测值的均值; n 为系列点次的个数; $\sum$ 为 i 自 $1 \sim n$ 的累加号。

设 r 为相关系数(线性相关), R 为相关指数(非线性相关),则

$$D_y = r^2 \quad \text{或} \quad D_y = R^2 \tag{21.4}$$

确定性系数的表达式(式(21.1)),同相关系数和相关指数一样,都是相关程度好坏的一个指标,是定义性的。现将用确定性系数来评定预报方案的问题,述评如下。

从式(21.1)可知, D_y 的大小不仅是与 S_e^2 有关,还取决于 S_y^2。由于 S_y^2 为预报

值系列的方差,只是反映系列本身的离散程度,同误差没有关系。在 D_y 中加入了 S_y^2 的因素,初看起来会发现在方案评定中产生了一些矛盾,特别是在比较两个方案的优劣时。例如,设两个方案的 S_e^2 相同,S_y^2 不同,则 S_y^2 小的 D_y 也小;反之,S_y^2 大的 D_y 就大。用具体数字来说明,取均值相等(系列的水平相同)的两组系列:设 A 组的 $S_{eA}^2 = (0.115)^2$,$S_{yA}^2 = (0.291)^2$,得 $D_{yA} = 0.844$;B 组的 $S_{eB}^2 = (0.069)^2$,$S_{yB}^2 = (0.129)^2$,得 $D_{yB} = 0.784$。这里,$S_{eA}^2 > S_{yB}^2$,即误差是 A 组比 B 组大,但得到的却是 $D_{yA} > D_{yB}$,变成了方案 A 比方案 B 更优了,这就是由于 S_y^2 的缘故。

不过,从数理统计学的另一个角度上来看,采用 D_y(或用 r 和 R)来判别相关程度,并确定相关模型能否用于插补、延长资料,通常是可行的。此时,如果 S_y^2 大,其系列的变化幅度也大,表明了插补范围比 S_y^2 小的为大。也就是说,这个相关模型是建立在具有较大离散程度的系列数据基础上,因而其应用范围可大一些,则要求高了一些也就可以理解了。

说明一点,n 不够大时,式(21.2)及式(21.3)应取无偏估值:

$$S_e^2 = \frac{1}{n-k} \sum (y_i - y)^2 \tag{21.5}$$

$$S_y^2 = \frac{1}{n-1} \sum (y_i - \overline{y})^2 \tag{21.6}$$

式中,k 为预报方案中的参数(或变数的个数);$n-k$ 亦称自由度。

2) 确定性系数的应用

按规范[1],水文预报方案用 D_y 作为评定的标准,如表 21.1,其中方案的有效性等级分为甲、乙、丙三等。现将 D_y 对应的两变数线性相关系数 r 作为对比,亦列于表 21.1 中。由其可见,如果 $r \leqslant 0.70$,方案的有效性等级达不到丙等,有待改进。

表 21.1　预报方案评定标准

等级	甲	乙	丙
D_y	> 0.90	0.70~0.90	0.50~0.69
r	> 0.95	0.84~0.95	0.71~0.83
k	< 5%	14%~5%	22%~15%

据文献[4]的分析,设平均误差为:

$$\delta_y = \frac{1}{n} \sum |\Delta_i| \tag{21.7}$$

式中,Δ_i 为实测值 y_i 与预报值 y 之差,即预报误差。

再设对应于式(21.6)的相对误差为:

$$k_y^* = \delta_y / \overline{y} \tag{21.8}$$

经过多个例子的比较,k^* 与 r 有近似的关系,见表 21.2,可作参考。

表 21.2　k^* 与 r 的对照关系

k^*	r	相关程度(示例用)
$< 10\%$	$> 90\%$	良 好
$10\% \sim 20\%$	$0.75\% \sim 0.90\%$	一 般
$> 20\%$	$< 0.75\%$	不 好

3)应用确定性系数的存在问题

用确定性系数来评定预报方案,一般是可行的。但在具体预报时,可能会碰到下列问题,需要加以注意。

(1)例如对于一个洪水过程,如果其预报值均系统地小于实测值,因相关性较好,故 D_y 值比较高,按评定标准(例如)可能定为甲等,但这种偏小的预报是不可取的。

(2)如果预报值和实测值的洪水过程很相似(或几乎相同),但相差了一个时段,这时的 D_y 比上例为小,可能(例如)评为乙等。实际上这次预报优于上例的预报。

(3)如果预报都报反了,负相关的程度很高,但因确定性系数无正负之分,其值为高的正值,如果不仔细观察,仅从数字上看就有可能错评。

21.3　关于许可误差问题

按许可误差的标准对预报误差进行评定或检验,规范[1]中列出了合格率 P 和预报方案等级的对照表,见表 21.3。

表 21.3　合格率和预报方案等级对照表

合格率	$P \geqslant 85\%$	$85\% > P \geqslant 70\%$	$70\% > P \geqslant 60\%$
等 级	甲	乙	丙
可用于	作业预报	作业预报	参考性预报

如何规定各等级的合格率限值,直接关系到评价方案的优劣问题。比方说,对于甲等方案,合格率 $P \geqslant 85\%$。这个数字 85% 是甲等方案的下限值。从模糊数学的观点来看,等级的分界限值是模糊的,例如方案 A 的 $P = 85.1\%$,方案 B 的 $P = 84.9\%$,它们的等级按"一刀切"的办法是不一样的,但实际上是非常近似地属于同一等级,只不过是方案 A 比方案 B 好那么一点点而已,甚至是微不足道的。若用概率来表示,例如大致有:方案 A 属于甲等的概率为 50.1%,属于乙等的概率为 49.9%,差别仅仅是微小的 0.2%,几乎可以忽略不计。

预报的合格率,同许可误差的规定值有关。许可误差定宽了,合格率就高,有可能使工作者满足于方案的现状;反之,许可误差取得严一些,合格率低了,虽可促进方案的改进,但不免有"苛求"之嫌。因此,许可误差如何制定,值得很好研究。

1) 许可误差的确定问题

实际工作中,对于许可误差,总要有规定性的标准,如表 21.3 所示就是其中之一。预报误差是有规律性的,充分研究这种规律性,对制定许可误差会有帮助。举些简单的例子。

取作业预报中资料较多、点据分布比较均匀,且认为所取方案为某一等级的。例如研究的是甲等方案,其合格率 $P \geqslant 85\%$,预报方案为直线相关图,如图 21.1。画出相关线的外包线及与相关线等距的线 1 及线 2,使点有 85% 以上落在该两线之间。由此得到相应的许可误差 $\Delta_{许1}$ 和 $\Delta_{许2}$。如果 $\Delta_{许1} = \Delta_{许2}$,可把这个值作为许可误差 $\Delta_{许}$;如果 $\Delta_{许1} \neq \Delta_{许2}$,则许可误差要分别选取。

然预报方案不可能同上例那样均为直线形。对于比较复杂的方案,可用相同的方法加以确定。例如图 21.2 为曲线相关的方案,可以参照上包线及下包线绘出与其趋势基本一致的线 1 及线 2。此时,对不同的 x 值,其 $\Delta_{许1}$ 和 $\Delta_{许2}$ 是随 x 而变的。

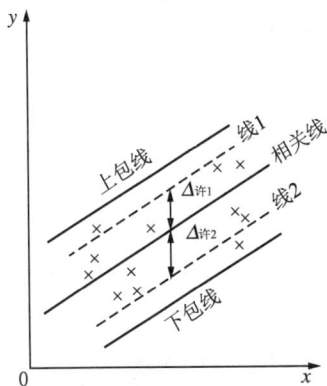

图 21.1 某要素预报点据分布图(一)   图 21.2 某要素预报点据分布图(二)

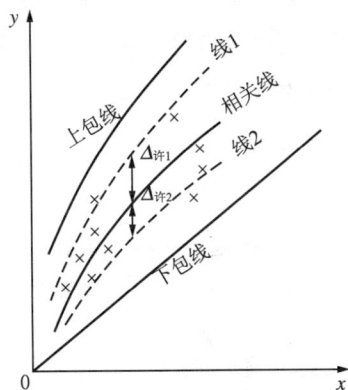

1963 年及以后几年,曾用湖南省的水文预报资料分析过预报误差的规律,当时主要是研究预报误差的标准差(标准误),它是随着自变数 x 而变的。从这种标准误的角度来考虑许可误差,也是一个途径。如果误差分布服从于某一分布(如正态分布等),则标准误同概率可建立一定的关系。

2) 几个问题的说明

(1) 如何选取较理想的预报方案作为研究许可误差的标准,也是经验性的。对于有丰富水文预报实践的工作人员来说,这类方案比较容易取定。

(2) 确定许可误差的方法较多,可将不同方法的计算结果进行分析、比较、综合,然后合理取定。水文分析计算中的"多种途径、综合分析、合理选定"原则,同样适用于水文预报领域,可避免单一方法和单一结果的片面性。

（3）水文预报涉及众多而复杂的因素,单纯用"资料加统计"的方法很难得到优佳的效果。因此,建立水文预报类的专家系统很有必要。水文预报工作人员的经验是长期积累起来的,把许多专家的好经验加以搜集、整理、分析和综合,编辑程序,输入计算机,建立专家系统,借以进行水文预报,这是一个未来值得研究的重大课题。

21.4 结语

（1）本文叙述了水文预报误差的各项主要来源,详细了解它们,并在预报实际中加以考虑,是会有利于提高预报精度的。可靠的资料、合适的方法和进行合理性分析,是做好水文预报的关键。

（2）许可误差和方案评定方法对不同的预报对象是不同的,可从多种途径进行分析,经综合比较后合理取定。

（3）水文预报中,专家的经验十分重要,应从速建立这类专家系统。尤其是一些老专家,其年事已高,把他们的经验搜集起来,加以综合、整理,可成为水文预报专家系统中一项重要内容。

参 考 文 献

[1] SD138 - 85.水文预报情报规范[S]

[2] 长江水利委员会主编.水文预报方法(第二版)[M].北京:水利电力出版社,1993

[3] 张家诚等.气候变迁及其原因[M].北京:科学出版社,1976

[4] 金光炎.水文水资源随机分析[M].北京:中国科学技术出版社,1993

（本文为 1998 年 11 月 29 日在北京召开的"水文情报预报效益及误差评定专题讨论会"上的发言稿,当时参考的是 1985 年的规范[1],现应以"水文预报情报规范"(SL250 - 2000)为准。）

22　人水和谐与水资源保护

摘　要　叙述了人水和谐相处与水资源(包括水量与水质)保护之间的关系。在水资源日趋紧张的情况下,需要采取各种措施,合理利用和保护好水资源。在全面、协调和可持续发展的科学发展观指导下,建立节水型社会,做到人水和谐相处。

关键词　人水和谐　水资源　节约用水

水是一种宝贵的自然资源,在社会经济的发展中是一项极为重要的战略资源。人与水和谐相处,合理开发利用水资源,保护好水资源,会给人类带来巨大的好处,否则将会受到自然界的惩罚。例如,有的地区长期超量开采地下水而不及时补给予以恢复,频频出现了地面沉降、建筑物破坏、海水入侵和防洪标准减低等不良后果,这就是惩罚的具体表现。

最近,全国第二次水资源评价工作已经结束,水资源量是增加还是减少,是大家非常关心的问题。例如,淮河流域上中游(洪泽湖以上)地区,第二次评价(资料使用 1956～2000 年)较第一次评价(资料使用 1956～1979 年)的降雨量,虽然地区上分布有些不均匀,有增有减,但变化的幅度并不大。据淮委评价时采用的统计资料,淮河流域上中游多年平均的年降雨量有如表 22.1 所示的结果。比较两次评价的降雨量,其增减甚微,几乎是持平的,但年径流量或地表水资源量是减少了。图 22.1 是其逐年的变化过程,按线性回归得到变化趋势方程为:

$$y = 400.6 - 1.346t \tag{22.1}$$

式中,y 为年径流量;t 为年序(令 1956 年为 $t=1$,1957 年为 $t=2$,…,2000 年为 $t=45$)。由此可知,年径流量约以每年 1.35 亿 m^3 的趋势递减,这是一个很值得关注的数字。究其原因,主要是水库、塘坝逐年增建,蓄水面积加大,蒸发量也增大了;还有就是灌溉面积增加,各类用水量增大,下泄的水量当然会减少。对于地下水资源,在安徽省淮河以北地区,从第一次评价之后的 20 多年来看,灌溉等生产、生活用水不断增长,地下水位有所降低,其资源量自第一次评价的 73.3 亿 m^3 减到这次评价的 65.0 亿 m^3(见表 22.2),减少了十几个百分点,相应的可开采量或可利用量也减少了。这种减少的大趋势,很明显地说明了水资源必须进行有效的保护和控制。

表 22.1　淮河上中游多年平均年降雨量(mm)比较表

评价序次	采用资料年数	淮河上游	淮河中游	淮河上中游
第一次	21	1 011.1	862.4	890.9
第二次	45	1 008.4	863.8	891.6

注:计算面积,上游为 30 588 km²,下游为 128 784 km²。

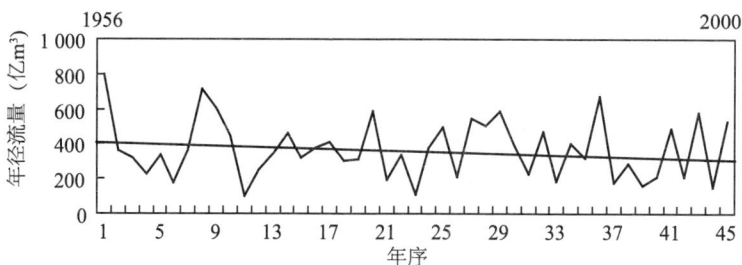

图 22.1　淮河流域(洪泽湖以上)年径流量过程图

表 22.2　安徽省淮北地区浅层地下水资源量逐次评价比较表

评价序次	采用资料年限	地下水资源量(亿 m³)	说　明
第一次	1979~1956	73.3	① 第一次评价时,地下水补给量为 73.9 亿 m³,扣除井灌回归量(重复量)0.6 亿 m³,其资源量为 73.3 亿 m³
20 世纪末	1951~1995	68.5	
第二次	1980~2000	65.0	② 按水利部颁发的地下水资源评价细则,第二次评价时按近期的 21 年进行计算

从上面的例子可以看出,这些地区水资源变化与自然变化的关系不大,主要是人类活动的影响。要营造人水和谐相处的环境,必须消除人类活动给水资源健康发展所造成的负面后果,并采取各项有效措施,合理开发利用水资源,科学用水,保护好水资源。

下面想谈谈同水资源开发利用和保护有关的几个问题。

1) 以水资源可持续利用的理念,科学开发水资源

水资源是一个综合体,包括地表水和地下水,有时还把雨水和土壤水计算在内。水资源可持续利用的意思,简单地说,就是水资源的开发利用,不仅要满足当代人类社会用水的需要,还要不危及今后几代人的用水需求;不能仅顾及现时的、短期的眼前利益,而破坏了长远的水资源发展规律。

地下水资源长期持续过量开采,会使水位不断降低,降落漏斗大面积地扩大,较之地表水资源更难以恢复。因此,贯彻地下水资源可持续利用的准则,尤为重要。地下水位下降后,如果不及时加以补给,就难以补排平衡。这里特别要指出的是"及时"的概念,因为地下水位愈深,其补给地下水的量会愈少。难以补给和

恢复的地区,应该限量开采或停采。众所周知的上海市区人工回灌地下水和江苏省苏、锡、常地区的封停深井等,都是保护地下水资源的有效举措,具有十分重大的意义。

水资源主要源自降水,当雨水降落到地面后,形成各种水源,如何合理地对待它们,是很值得探讨的问题。例如,该蓄存多少、怎样调节、如何使用以及下泄;在考虑满足当地需求的同时,尚应计及上游来水的影响和照顾下游及周边地区的用水。因此,一个地区或城市需要研制一个切实可行的水资源管理系统,制订面对各种来水和用户需求情况下水资源科学分配和利用的规章制度、调度方式、应急措施等,实行科学安排,保护好水资源。

2) 以水资源承载能力为基础,合理利用水资源

对一个地区来说,水资源量及其承载能力是有限的。简言之,水资源承载能力是指在一定区域内、一定的物质生活水平条件下,水资源可以持续供养的人口数量。据有的专家估计,北京市在现状条件下,其水资源量仅能承受 700 万至 800 万人生产、生活等活动[1]。倘若需要承受现状规模即 1 000 多万人口的需求,那么水资源是短缺了。因而北京市已向邻近省份(如山西及河北省)的水库调水,但也只能暂时缓解。

水资源的承载能力有动态性,会随着人类的能动性而改变。例如,在被承载体不变时,节约用水、新辟水源等,会使承载能力增强;如果对水资源不加以保护,大肆浪费、过量开采等,都会导致承载能力减低。

影响承载能力的主要方面有:水量、水质和生态环境。因此,认真地评估水资源的数量与质量,做好水资源的优化配置和合理开发利用,保护好生态环境,都能有利于提高承载能力,有利于安排人类与水资源有关的各项活动。

水资源承载能力的评价十分重要,而地下水资源承载能力的评估更为重要。目前,有的大中型企业要靠地下水供水,特别是利用补给不易的深层地下水,虽然已出现了一些环境灾害问题,但仍在继续使用;有的企业预备上马,其水源也想主要寄托于有限的地下水资源。这样不顾其承载能力的大小,盲目上马、无序使用,后果是不堪设想的。因此,必须合理利用水资源,不能超越其承载能力而无计划的使用。

3) 多途径、多措施解决水资源短缺问题

(1) 节约用水、减少浪费

节约用水是缓解水资源紧缺的有效办法。现在,不妨仔细观察一下,浪费水资源的现象还十分严重,如农业上的漫灌;工业的单位耗水定额偏高;生活上大手大脚地用水,尤其是有些服务行业浪费水的情况更为惊人;还有一些城市的供水管网老化,水的损失量不在少数等。这些事例说明,一方面感到水资源紧张,另一

方面却在大量浪费，反差十分明显。虽然原因很多，但总的说来是水价便宜，人们的节水意识还较淡薄。还有，如果不节约用水、大量耗水，会导致污水随之加大，这不仅加重了下游及附近地区受纳水体的污染负荷，也增加了污水处理的负担。因此，建立节水型社会，大力提倡节约用水，乃是当务之急。有的地方期盼用外调水来补充水源，但外调水涉及的因素较多，如工程、经济、环境等方面的，成本也高，不是什么地方都可以实现的。而节约用水要简单得多，是当地可以做到的，是自己可以实现的，何不先从自身做起，却要舍近求远呢。

（2）治理污染，实行中水回用

水资源受到污染后，水质变劣，不能有效使用。好些地方毗邻江河，但地表水质很差，难以用于生产和生活上，于是大量开采地下水，导致不该发生的地质环境恶化问题频频出现；由于污水得不到及时处理，无序外排，致使水资源污染的事例经常发生。其有水不能用，形成水质型的缺水。因此，严格控制污水排放，大力处理污废水成为中水回用，是充分发挥水资源功效的重要措施。污水需堵在源头上，生产单位要达到污水零排放；各家对自己排放的污水了解甚多，也易于处理和回收，变废为宝。

所谓中水是指介于上水（自来水）与下水（污染水）之间的水资源，污水经处理达到一定水质标准后可以用于生产和生活上。人们把它称之为污水资源化，十分确切。使用中水，尚需大力宣传和推广。例如，高碑店污水处理厂是我国较早建立的，它生产的中水迄今尚未得到充分利用[2]，且多用于绿化、消防、河道生态用水等方面，数量有限。原因一则是成本较高，比自来水贵，二则也有一些心理上的问题，总感到这是由污水转化而来的，不大放心。这类心理的排除，可能还要做不少工作。治理污染和中水回用是解决水资源紧缺的一个好措施，污水资源化是充分发挥水资源的一个大方向。

（3）分质供水问题

一个地区、一个城市的水资源有质优的和质次的，不可能只用好的，摒弃差的。好水、坏水可以分质使用，即配置相应的分质供水管网等措施加以实现。所谓分质供水，就是好水用一套管网，供给对水质要求较高的用户，而质次的水用另一套管网输送，给水质要求较低的用户使用，如用于冲厕、打扫卫生、绿化和一般洗涤等。分质供水在新建区较易建立，只需多建一套管网就可实现，虽然投资大了些，但对长远而言，具有更大的现实意义。对于已建成区，特别是水资源比较紧缺的城镇，也应创造条件为实现分质供水做好规划、建设工程而努力。目前，对分质供水问题，似尚停留在一般的认识上，有待进一步探讨，引起各方重视，并付诸实施。

（4）雨水资源的利用

雨水是地表水和地下水之源。雨水资源，包括雨洪资源在内。以往，在区域水资源评价中,只是把地表水和地下水资源量之和(扣除重复量)作为该区的水资源总量。其实,这样算得的水资源量占雨水资源总量的比率不大,一般只有40%左右,而其余部分耗于蒸发等损失或白白地流失了。雨水利用已有许多行之有效的措施,如建水库、塘坝等蓄水工程,留住雨水备用。对一些达不到工程要求但缺水的地方,应创造条件把雨水积蓄起来加以利用。这里想特别提一下城市中雨水利用的问题。城市中,建筑物林立,道路密集,不透水面积大,从而减少了地面雨水入渗地下的水量。一旦降落较大的雨水,会形成地表径流流至下游地区,给本地的排涝和下游的防洪增加压力。因此,分散积蓄雨水,不但增加了可用的水量,还可减轻洪涝灾害和增加地面入渗量。例如,把屋顶的雨水积蓄起来进行冲厕和卫生之用,可以节省使用供水系统的优质水;也可使屋顶的雨水顺水管流至地面,流入置有过滤层的屋边小坑内,使水渗入地下,把水蓄于屋旁的小蓄水池中,供绿化和冲洗道路之用。城市中的停车场、广场和草坪等均可建集雨小工程,积少成多,效果定佳。这些情况常常为有关部门所忽略,废弃了雨水,也损失了雨水资源,非常可惜。因此,雨水资源化的问题,应大力宣传加以推广。当然,雨洪的拦蓄有利于利用,但亦有一定的风险,特别是在暴雨形成洪水的期间,应充分考虑做好风险估计和采取相应的安全措施。

(5) 海水资源的利用

我国的海岸线较长,有丰富的海水资源。沿海地区经济发达、人口稠密,淡水的供求比较紧张,为解决淡水不足的问题,海水资源的淡化和利用,应是这些地区首先要考虑的。目前,海水淡化主要采用的是蒸馏法(热法)和反渗透法(膜法)。前者是将海水加热变成蒸汽,然后冷却后成为高纯度的淡水;后者是在一定压力下将海水压入反渗透膜,将绝大部分海水中的盐分子截住而得到淡水。虽然有些方法已经成熟并在应用,但其成本较高,据说每吨水的成本为6元左右,随着科学技术的进步,单位造水价有望减低。另对要求不高的用水项目,如有些冷却水、冲厕水及卫生用水等,可以直接利用海水,节省淡水。我国天津、大连和青岛等地,已积极开展了这方面的科研和利用工作,积累了不少经验,为海水资源化作出了一定的贡献。

(6) 稳定基本队伍、加强科学研究

要做好水资源开发利用和保护工作,必须有一支稳定的队伍,大力开展科学试验和分析研究,积累资料和经验。这似乎是不成问题的问题,但现实往往有些差别。拿这次全国水资源综合规划工作来说,任务来了,临时组织班子,忙乎一阵子;规划完成后怎么样呢? 很难说。没有长久的打算,缺少长期的计划,下一次任务来了,可能仍是老样子。例如,这次地下水资源评价,资料系列是增长了,但地下水计算参数和方法基本上是老的,且由于时间紧迫,无法进一步做试验研究。

更可惜的是,我国原有一些试验站,由于人员、经费等种种原因,未能坚持下来,无法得到更多的资料。科学试验应有长期计划,人员和经费问题必须得到解决,如何做好这方面的工作,应予重视。

水资源开发利用和保护的直接目的是为了人类社会的用水需要,也是为了保质、保量地为人们提供生产、生活所必需的水。不论水多、水少,节约用水和治理污染应该是首要的。要充分利用当地水资源,在条件允许的地区,可以引用外调水(如南水北调),并遵循"先节水后调水,先治污后通水,先生态后用水"的原则。

我国北方地区及有些南方地区,地下水资源的开发利用对国民经济的发展和人民生活的提高起到了很大的作用,但有的地方的长期超采已形成了环境的破坏,尚需花大力气加以解决。

目前正在进行的水资源综合规划,做到科学规划和优化配置十分必要。在现状条件下,水资源的开发利用已有一套传统的规则和办法,有些是不合理的,但如何纠正,可能有一定难度。例如,怎样处理好上下游的用水关系、如何处置欠合理的跨区调水问题等,要想解决不是很容易。若人人以大局为重,科学调配水资源是不难做到的。

要做好与水资源有关的各项工作,统一领导、统一规划、统一管理是很关键的。要严格依法办事,大家齐心协力,共同做好。现在,有些地方管水利的不管供水,管供水的不管排污,管环境的不管水源,水利、城建、环保部门各行其是,难免出现偏差,对水资源的开发利用和保护是不利的。

人与水的和谐相处是人和自然和谐相处中的重要组成部分。用科学发展观为指导,以全面、协调和可持续发展的观点来处理水资源的开发利用和保护工作,按水资源正常发展的规律行事,将会对人类进步起到积极的作用。

参 考 文 献

[1] 汪恕诚.资源水利——人与自然和谐相处[M].北京:中国水利水电出版社.2003
[2] 杜建国.再生水利用——缺水城市的水资源[J].中国水利,2005(15):20～22

(原载:江淮水利科技,2006(1):12～14)

23 淮北地区几类重要地下水资源的概况与认识

摘 要 针对安徽省淮北地区的地下水资源状况作了简述,比较了地下水资源量的两次评价结果,并对其深层地下水、城市区地下水、岩溶区地下水和采煤区地下水四类资源进行了讨论与分析。建议增加认识、加强研究、合理开发,使地下水资源得到有效利用。

关键词 地下水资源 深层地下水 城市地下水 岩溶地下水 采煤区地下水

安徽省淮北地区主要为平原,其水资源总量中,地表水与地下水约各占一半,故合理开发利用地下水,将不逊于利用地表水的效果,因后者在大水期间,会有一定数量的无法拦蓄的弃水下泄,在本地区无法利用。这样,地下水的可利用量可能不会小于地表水的可利用量。

不久之前,全国水资源的第二次评价工作已经结束,安徽省淮北地区地下水资源量的评价结果见表 23.1,其中亦列入了第一次评价的结果,以作比较。几点说明如下:① 除指明者外,所列地下水资源均指浅层地下水资源,该地区浅层的含义是指地面以下第一层隔水层(相对隔水层或弱透水层)以上部位(埋深约在 40～50 m 以浅);② 第一次评价的地下水补给量为 73.9 亿 m^3,扣除井灌回归的重复量 0.6 亿 m^3,其资源量为 73.3 亿 m^3;③ 第二次评价的地下水补给量为 65.0 亿 m^3,扣除井灌回归的重复量 0.5 亿 m^3,其资源量为 64.5 亿 m^3;④ 第二次评价的资料采用年限,地表水为 1956～2000 年,按水利部颁发的地下水资源评价细则,以近期的 21 年(1980～2000 年)作为地下水资源计算的年限。

表 23.1 淮北地区浅层地下水资源两次评价结果

评价序次	资料采用年限	计算面积 (km²)	平均面雨量 (mm)	地下水资源量 (亿 m³)
第一次	1956～1979	37 411	860.0	73.3
第二次	1980～2000	37 421	861.1	64.5

从表 23.1 可见,两次评价的计算面积与平均面雨量相差甚微,不致影响资源量的评价结果。但第二次评价的地下水资源量比第一次减少了 8.8 亿 m^3,约平均以每年 0.4 亿 m^3 的速度递减,这是一个不小的数字。该地区浅层地下水的开采,主要在北部和中部的广大农村,井灌面积的增加,使地下水利用量加大,相应的蒸发损失也增大,导致地下水位下降和资源量减少。

•176•水文水资源计算务实

两次评价中,除了对浅层地下水有较多的分析计算之外,对同地下水资源密切相关的其他几类重要资源,如深层地下水、城市区的地下水、岩溶区的地下水和采煤区的地下水等,有的未作评价,有的评价深度不够,故需进一步认识它们,加强调查研究,使之发挥更大效益。下面分别做出叙述。

23.1 深层地下水问题

淮北地区的深层地下水泛指一般认为的中深层(40~50 m 以深至 150 m)和再深层(150 m 以深)地下水。这个问题的讨论已见于参考文献[1],现作简要补述。深层地下水通常由下列四种水组成。

(1)弹性释放水。深层地下水,在未开采之前,长期积蓄和压缩在相对隔水层之下,成为承压水。一旦有深井凿穿至该层,首先释放的是由压缩所形成的弹性水,然后供给的是重力水。但这部分弹性水是微乎其微的,消耗后难以恢复,基本上属于"一次性"水量。例如,对于松散的砂层,在浅层,单位体积(设 1 m^2 面积下降1 m 水深)的释水量,可有 0.1~0.2 m^3,但在深层,其释水量仅为(0.5~1.0)×10^{-4} m^3。弹性水作为资源量非常之少,相对而言,似可忽略不计。

(2)侧向补给量。深井在不断开采后,降落漏斗不断扩大,形成一定的地下水位水力坡度,夺取了周边的地下水。如果周边也在开采,则这部分的水量可能没有,如果有也是不多的。

(3)越流补给量。主要指浅层地下水越流补给深层地下水的量。当深层地下水位(水头)低于浅层地下水位时,浅层地下水通过相对隔水层向深层补给,但速度十分缓慢,常常是跟不上抽水强度。越流补给量可以利用,但在深浅层地下水资源的总和量计算中,它是一个重复量。

(4)土层坍塌形成的挤压水。长期超量开采深层地下水,会形成大面积的下降漏斗,由于土层孔隙中失水,降低了抵抗在其上土层压力的能力,导致上层土压向下层,从而形成地面沉降现象。由这样压缩所挤压出的水量,如果当时水充满于土壤孔隙中,则是可观的;但是,坍塌部分总是在漏斗部位,而这里又是失水过多的地方,因而这类水一般也不会很多。

由此看来,该地区的深层地下水资源是不多的,据《安徽省淮北地区地下水开发利用规划》报告(安徽省·淮委水利科学研究院,安徽省水利厅水政水资源处,1998 年 7 月),其深层地下水资源量为 19.4 亿 m^3,看起来似乎量较大,但因其中由浅层越流补给的量为 16.3 亿 m^3,若浅层的开采量较大,则深层就很少能得到浅层的补给,所以一般只考虑深层地下水资源量的净值,约 3.1 亿 m^3;且其补给速度缓慢,更新周期长。因此,深层地下水不宜长期开采,只能作为短期的应急水源,并应注意加强保护。

23.2 城市地下水问题

城市内,建筑物林立,道路纵横交叉,形成了大面积的不透水地面,使雨水难以入渗。雨后,大部分雨水成为地面径流通过下水管道下泄。降雨对地下水的入渗补给,仅能靠一些绿地及少量的透水路面进行。

城市中抽取地下水,由于补给不易,常常是井愈打愈深或超量开采,造成地下水位的大面积降落,导致地质环境恶化,如地面沉降、建筑物破坏、防洪标准降低和内涝不易排泄等。

淮北地区,有的城市多年来超量开采抽取深层地下水,且又缺少补给与更新,使地下水位一降再降,地面上的恶化现象已有显现。深层地下水应限采,并及时补给与恢复,但生产和生活不能没有水,因而需积极设法另辟蹊径加以解决。

有的城市取用浅层地下水,这一层次的水比深层的补给条件较好,如多布设些绿地(略显凹陷的绿地能多蓄住雨水并下渗补给地下水)、建设透水性的路面以及有计划地将建筑物的下落水集中输入至能透水的小坑内等,可增加浅层地下水的补给量。

这里顺便说一下曾经有过的一件事,即所谓"地下肥水"。这约于1966年在陕西省首先发现的,后又遍及山东、山西及河南等省[2]。据其报道,用城市中或其周围的地下水灌溉,有增肥效果。浅层地下水,特别在建城年代较远的城镇中,由于人类长期活动有污染,以致产生这种"肥水"。尤其在居民区,其有大量含氮有机物的来源,如厕所渗漏、污水泼洒、垃圾堆放和随地便溺等。当这些含氮有机物在适宜条件下,经过一系列的微生物作用,会变成硝酸盐,经雨水淋融后渗入地下,长期积聚,成为"肥水"。

这种由硝酸盐产生的肥水,含有丰富的硝态氮(NO_3^-),当其含量大于15 g/m³(等于15 mg/L,通常也表示为15×10^{-6},即百万分之十五)时,就有肥效[2]。但这种水含盐量较大,矿化度也高,味苦涩,不宜直接用作饮用水,在灌溉时需稀释后才能应用。"肥水"是在特殊条件下产生的,基本上为一次性的水源,安徽省也对个别城市作过调查和化验,没有发现有浓度较高的"肥水"。另外,还有一种含氨态氮的"肥水",分布较少,这里不再叙述。

总之,主要依靠地下水供水的城市,持续超采,不是长远之计,需要积极另辟水源。拦蓄洪水和引调外水是一种举措,但必须有足够库容的蓄水湖洼进行调蓄,才能有效。

23.3　岩溶区地下水问题

淮北地区分布有一定面积的岩溶地下水资源,主要分布在其东北部,受降水补给,如宿州市的夹沟—符离集一线及其附近(面积约 455 km²)蕴藏有丰富的岩溶地下水,个别地点其水头高出地面达 1~3 m(估计面积达 50 km²),形成自流[3]。其他在淮北市相山至濉溪县三堤口一带,也有岩溶地下水,均具有开发利用的价值。

岩溶地貌又叫喀斯特地貌,是水对可溶性岩石(碳酸盐岩、硫酸盐岩和卤化物岩等)进行以化学溶蚀为主要特征(包括水的机械侵蚀以及物质的运移和再沉积)的综合地质作用,并由此产生的各种现象的总称[4]。这种岩石有分布不均匀的裂隙和孔隙,水可储存于其中,故亦称为裂隙岩溶水。一般,这些裂隙是相通的,水能在缝隙中流动,可以进行补给和排泄,具有开采的条件。

淮北地区的岩溶地下水,按埋藏和分布的条件,可分为裸露型、隐伏型、埋藏型和混合型,以裸露型和隐伏型为主。在淮北市的相山脚下,可以看到裸露型岩石;隐伏型的上覆有第四系地层,被土层所覆盖;埋藏型的埋藏较深,有的上覆有煤层,当煤层开采时,需抽出大量的位于此层的岩溶地下水,经过净化,可以作为生产和生活的用水。

岩溶地下水在淮北地区现已开采和可以开采的面积约为 900~1 000 km²,但开采利用并不平衡。如淮北市的岩溶地下水已经超采;而夹沟—符离集一带的岩溶地下水使用不多,有的甚至自流跑失。这个区域的岩溶地下水与江苏徐州市正在开采的岩溶地下水水源地相邻,有密切联系。

总的看来,对这一区域岩溶地下水的水资源量、可开采量及如何合理开发利用,尚缺乏系统和全面的规划和研究,有待引起重视。

23.4　采煤区地下水问题

安徽省境内分布有多处煤田,蕴藏着丰富的煤炭资源。特别是两淮(淮北和淮南)煤田,储量较多、煤质良好。据安徽省煤田地质勘探部门 1980 年的估算,两淮煤田的储量约为 1 000 亿 t,占全省储量的 97%以上。

淮北地区的煤田,主要在陇海铁路以南的濉溪—临涣一带和芦岭附近,砀山、肖县、涡阳等地也有零星分布,统称为淮北煤田。淮南煤田跨淮河两岸,淮河以北主要分布在潘集—谢集一带,凤台也有分布。

两淮煤田的开采深度大都在地面以下 300~500 m 或更深,其开采方式为疏干采煤,即将坑道附近的地下水抽干以利采煤。深层的地下水这样被经年累月地抽排出来,对地下水动态有着明显的影响。且开发煤矿,需开凿一些竖井,把浅层和深层之间的相对隔水层打穿,加上越流补排和常年的抽排,对地下水也会有影响的。在这一方面,还缺乏观测与研究,是一个很有意义的课题。

这里想特别提及的是采煤沉陷区的地下水问题。某一区段的煤矿开采结束后,空着的坑道受其上部土层的下压,会坍塌,使地面上出现湖洼,即采煤沉坍陷区。一般,其坍塌深度约为坑高的2/3,例如一个高6 m的矿坑,可坍塌4 m左右,则地面上会出现一定深度的塌陷湖洼地。坍塌后,很明显的会使相对隔水层出现不同程度地下陷及拉裂,出现裂隙,使渗透性增强。不仅如此,在整个坍塌土层的垂直面上,还会增加裂隙,多多少少地改变各土层的组织与结构,使浅层和深层之间水流的联系较坍塌前要强得多。采煤沉陷区蓄水后与其下部地层及周围的补排交换也增多了。

现在,采煤沉陷区较多,据不完全统计,仅淮北市的采煤坍陷区已有200处左右,水面面积达30多 km^2,而且还在逐年增长。坍陷区的深度一般为3~5 m,最深的达6~11 m。较大的这种坍陷区,如果条件允许,可以考虑成为调蓄湖洼,作为蓄水和外调水调蓄之用,以增加供水能力,缓解城市供水的紧张局面。

目前,这方面的工作正在起步,有待更进一步地调查、勘测、规划、分析和研究。顺便再说一下,如果淮河河床之下有煤层,能否开采,怎样开采,必须慎重对待,否则后果是可想而知的。

上面谈到的四个问题,有的是老问题,有的是新问题,都是十分重要的,但目前对它们的研究均有待加强和深入。

地下水是安徽省淮北地区的主要供水水源之一,通过两次评价知,浅层地下水资源量主要是由于灌溉等用水的增加而减少,且这种趋势还会延续下去。深层地下水资源是十分有限的,现主要的开采区在城市,有待于明确限采要求,解决替代水源。岩溶区地下水是一项有开采价值的水资源,亟须科学规划和制定对策。采煤沉陷区的地下水是一个特殊问题,也有待进一步研究深化。总之,该地区的地下水资源是有限的,虽与北方各省市相比,相对较为丰富,但毕竟为数不多,故需加强节约用水、科学规划、合理开采,保持采补平衡,达到可持续开发利用,实现人水和谐相处。

参 考 文 献

[1] 金光炎.深层地下水资源的开发利用问题[A].见:朱煌武主编.安徽省人口资源环境与可持续发展[C].合肥:安徽大学出版社,2001

[2] 河南省地质局水文地质工程地质队.地下肥水[M].北京:地质出版社,1979

［3］王振龙等.淮北地区夹沟—符离集水源地岩溶水资源评价与利用研究［J］.地下水,2005,
　　　27(5)

［4］钱家忠等.中国北方型裂隙岩溶水模拟及水环境质量评价［M］.合肥:合肥工业大学出版
　　　社.2003

(原载:江淮水利科技,2007(5):7~9)

24   地下水可开采资源的分析与应用

摘 要   主要讨论了地下水可开采系数的年调节计算方法,建议将常用的在指定水平年附近仅取一个典型年度改为取多个典型年度进行综合分析计算,并分清理想最大的可开采系数与实际可能的可开采系数,以得到更为符合实际的合理取用值。

关键词   地下水资源评价   年调节计算法   地下水可开采系数

地下水资源评价中,需要计算地下水资源量和地下水可开采资源量(简称地下水可开采量)。对地下水开发利用而言,地下水可开采量的计算结果,具有更大的指导作用与实用价值。因此,认真地分析研究地下水可开采量,其意义是十分明显的。

本文先对地下水可开采量的概念和定义进行回顾,然后结合实例做出分析。为了便于应用和比较,文中主要采用地下水可开采系数这一指标进行讨论。

24.1   地下水可开采量

顾名思义,地下水可开采量是指可以从地下含水层中开采出来的水量,如果不对其概念明确界定,它的含义十分广泛。也就是说,凡是在地面以下有水的层次中,只要抽水能力能达到的地方,可以抽出的水量即为地下水可开采量。因此,在实际问题中,需要给予限定。

地下水通过降水和地表水体等水源渗入地下得到补给,称为地下水补给量。此补给量减去井灌回归水补给等重复量,即是地下水资源量。原则上,实际使用时的可开采量不应大于补给量,否则就是超采,如果长此以往,地下水位会逐年降低,漏斗不断扩大,造成地面沉降、水质恶化等环境地质恶化的不良后果。

由于地下水在开采或间隙过程中,尚有潜水蒸发和地下径流排泄等损失;另外还由于在所研究区域内,地下水不可能全部被开采利用,故实际上可行的开采量应比补给量更小一些。我国在有关文献中对地下水开采量给予了比较详细的定义。例如,参考文献[1]中将地下水可开采量指明为"在经济合理、技术可能且不发生因开采地下水而造成水位持续下降、水质恶化、海水入侵、地面沉降等水环境问题和不对生态环境造成不良影响情况下,允许从含水层中取出的最大水量";又如参考文献[2]中表述为"在可预见的时期内,通过经济合理、技术可行的措施,在不引起生态环境恶化条件下,允许从含水层组中获取的最大水量"。这样,地下水可开采量有了原则性的或定性化的定义。然而,对实际问题,尚需有比较具体的定量表达,以利应用。再则,如果要对符合上述定义的可开采量进行简要的释义,最好给可开采量的词语加上更具体的定语,因而在历史上有过几个具体化的可开采量词汇。

据参考文献[3],这类词汇有:允许开采量、安全开采量、可靠开采量、可持续开采量、最佳开采量、核准许可开采量和切实可行开采量等。尽管名称有些不同,但其含义基本相同,即都是要求实际开采量不超过这些量值。该文献中还专门对安全开采量进行了简洁的回顾,自 1915 年 Lee 文开始至 2004 年 Alley 和 Leake 文为止,摘述了 20 多篇论文中关于安全开采量的含义。特别是提出了可持续开采量这一概念,它的表达与地下水的可持续开发利用的意义相联系,即实行这种开采量应遵循既满足当代人用水的需求,又不危及后代人的发展所需。

可以认为,可持续开采量和安全开采量两个名词更贴切些,但需给予定量。如何定量呢,总的要求应当是水量的供需平衡(采补平衡),即在一年内或多年期内,地下水的补给量与包括开采量在内的排泄量相等,并略偏于安全方面;也就是说最大的实际开采量应小于补给量。参考文献[3]中就指明了可持续开采量应小于安全开采量。这样,则将可持续开采量一词用于实际的地下水开发利用中,更为合适。

24.2　地下水可开采系数

1) 概述

地下水可开采系数 ρ 按式(24.1)计算:

$$\rho = W_{可开} / W_{补} \qquad (24.1)$$

式中,$W_{可开}$ 为地下水可开采量;$W_{补}$ 为地下水补给量。当只有地下水资源量时,此时的可开采系数记为 ρ',即

$$\rho' = W_{可开} / W_{资} \qquad (24.2)$$

式中,$W_{资}$ 为地下水资源量。一般,应控制 $\rho < 1$。如果无重复量,则 $\rho = \rho'$。

回顾一下过去的评价成果。据参考文献[4],我国北方各流域片平原地区地下水可开采系数的情况如表 24.1。从中可见,除内陆河流域片和海滦河流域片中的部分区域(后一片中包括了山前冲洪积平原区,岩性为卵砾石、中砂和细砂,ρ 为 0.8~1.0,其他地区岩性为粉细砂,ρ 为 0.6~0.8)之外,其余各片的 ρ 值约在 0.7 左右。

表 24.1　北方各流域片平原地区地下水可开采系数表一[4]

流域片	地下水补给量 （亿 m³）	地下水资源量 （亿 m³）	地下水可开采量 （亿 m³）	可开采系数	
				ρ	ρ'
松辽河	334.29	330.07	223.74	0.669	0.678
海滦河	192.32	178.19	162.37	0.844	0.911
黄　河	164.16	157.28	118.57	0.722	0.754
淮　河	306.68	296.76	213.39	0.696	0.719
内陆河	512.48	506.02	304.65	0.594	0.602
合　计	1 509.93	1 468.32	1 022.72	0.677	0.696

注：松辽流域片中包括黑龙江和辽河两流域片。

再据参考文献[5]，与表 24.1 对应各片的地下水可开采系数见表 24.2。同样，除内陆河与海滦河流域片外，其余可开采系数也在 0.7 左右。由于原表中的地下水补给量与资源量相同，故只填写一项。

表 24.2　北方各流域片平原地区地下水可开采系数表二[5]

流域片	地下水补给量 （亿 m³）	地下水资源量 （亿 m³）	地下水可开采量 （亿 m³）	可开采系数	
				ρ	ρ'
松辽河	355.79		241.19	0.678	
海滦河	182.35		166.35	0.912	
黄　河	171.52		123.92	0.722	
淮　河	309.42		215.32	0.696	
内陆河	539.30		321.63	0.596	
合　计	1 558.38		1 068.41	0.686	

2）分析计算

地下水可开采量的计算有多种方法，现以年调节计算法为例，并用可开采系数表示，用来说明该系数的分析结果和实际可能值的取用问题。

（1）理想的最大可开采系数

现取某小区 43 年的灌溉期（当年 10 月至第二年 9 月）作为计算年度，用年雨量系列按 $P=m/(n+1)$ 进行经验频率 P 的计算（式中，$n=43$ 即年度数，m 为年雨量自大而小排列的序次），找到与多年平均（约为 $P=46\%$）、$P=50\%$、$P=75\%$ 和 $P=95\%$ 最接近的几个频率及其相应的年度和年雨量，见表 24.3。

表 24.3　不同水平年时相应频率、年度、年雨量和 ρ 值表

水平年	频率(%)	相应年度	年雨量(mm)	可开采系数 ρ
多年平均 $P=50\%$	44.2	1994~1995	911.3	0.727
	46.5	1969~1970	884.6	0.980
	48.8	1973~1974	869.2	0.800
	51.2	2001~2002	861.5	0.896
$P=75\%$	72.1	2003~2004	734.9	0.618
	74.4	1976~1977	731.3	0.728
	76.7	1975~1976	718.5	0.788
$P=95\%$	93.0	1998~1999	579.1	0.834
	95.7	2000~2001	563.9	0.596
	97.7	1977~1978	426.7	0.868

注：多年平均的年雨量为 882.5 mm。

需要说明的是：a. 本例中，按月进行水量平衡调节，即用月雨量及其他补给量推求地下水补给量和资源量，再与作物需水量相比，得到实际的地下水利用量；b. 进行调节时，要取典型的年度，在通常的计算中，仅取与某水平年最接近的一个（例如对于 $P=75\%$，则只取 $P=74.4\%$ 的那一年度）。然而，由于年度内雨量和资源量分布的不均匀，不一定在灌溉期内每个需水时段都能满足供水，有时降水多了还有弃水等，因而即使在雨量相同时，得到的作物利用量也可能是不同的；c. 为了更有代表性，本例中取了在水平年附近的多个年度。

本例中，为了计算简单，作物安排为两季，每年度的 5 月之前为小麦，之后为玉米、大豆，由此定出灌溉需水量，将可利用的地下水量与地下水资源量（假定无灌溉回归的重复量）相比，得到地下水可开采系数 ρ，同列于表 24.3 上。从表中可见，即使在相近的典型年度中，其 ρ 值也是不同的，且有一定的参差性。这就说明了，如果对一种水平年仅取一个典型年度，有较大的片面性。因此多取几个典型，进行综合分析，能得到更为合理的结果。现将表 24.3 中不同频率与可开采系数绘于概率格纸上，见图 24.1。

在调节过程中发现，某些年度中，地下水资源量与灌溉需水量比较对应，利用率较高，因而其 ρ 值较大；而在另一些年度中，对应情况较差，ρ 值就低。这样，在图 24.1 中对三种情况综合配线：上线表示对应情况较好，下线表示对应情况较差，中线为平均情况。由此可查得不同水平年时的 ρ 值，见表 24.4。

表 24.4 的综合结果，似与一般的想象有些不同。一般的看法，认为从丰水年到枯水年，ρ 值是由小到大，因为枯水年资源量小了，开采量变化不大，故 ρ 值应有较大值。然而，从本例的调节中看到，其开采量也在变小，ρ 值有变小的趋势。如

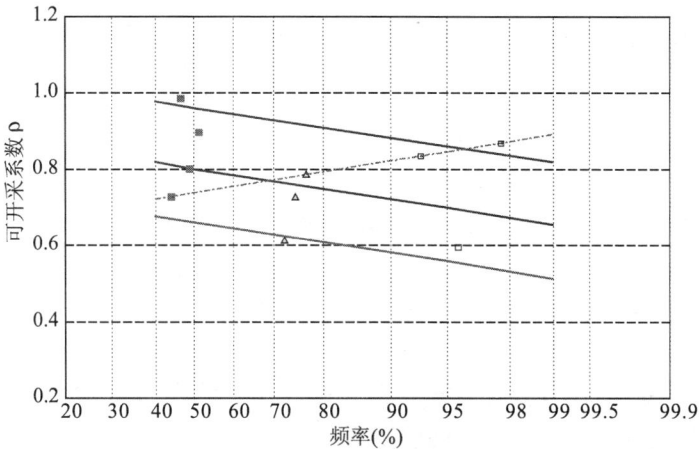

图 24.1　某小区各典型年度相应频率与 ρ 值图

表 24.4　不同水平年、不同情况下的 ρ 值

水平年	ρ 值		
	上　线	中　线	下　线
$P=50\%$	0.96	0.92	0.86
$P=75\%$	0.81	0.77	0.71
$P=95\%$	0.66	0.62	0.56

果要照一般的想法,似应取图 24.3 中的虚线,其结果为 $P=50\%$ 时,$\rho=0.73$;$P=75\%$ 时,$\rho=0.77$;$P=95\%$ 时,$\rho=0.84$。这个问题,尚应对多个实例进行验算,这里仅是提请大家注意:单取一个典型年度,是会有片面性的,从而会引起结果的有偏。

(2) 实际可能的可开采系数

上述的调节计算是一种理想的情况,因为假定:① 井是布满小区的,需水时是同时抽水,并能最大地满足灌溉需要;② 地下水位埋深没有什么限制,不论如何,均可抽出水来,实际上,这是不可能的。因此,表 24.3 的 ρ 值尚应打个折扣,才是实际可能的可开采系数,以 ρ^* 表示。

据参考文献[6],在小区内理想地均匀布井(正方形或梅花形布井),其折扣系数约为 0.8～0.9;如果不能全面布井,折扣系数还要减小。另外,再加上埋深加大后使抽水量减少等的影响,一般的折扣系数仅为 0.6～0.7(平均取 0.65)。这样,对表 24.4 的结果,以中线结果为例,约为 $P=50\%$ 时 $\rho^*=0.53$,$P=75\%$ 时 $\rho^*=0.50$;$P=95\%$ 时 $\rho^*=0.46$。这仅作为示例说明,供分析时参考。

24.3　结　语

地下水可开采系数不仅是地下水资源评价中的重要项,而且关系到实际的开发及应用,因而,该系数的确定需要慎重对待。

通常,在可开采系数的计算中,采用的典型年度只取与指定水平年最靠近的一个,但这样做是具有一定的片面性。建议在各水平年附近多取几个典型年度,然后将其结果进行综合。虽然,这样计算增加了一些工作量,但有利于提高成果的合理性,应该是值得的。

在分析计算时,不仅要计算理想最大的可开采系数,更重要的是要考虑实际可能的可开采系数,并给出合理的取用值。

参 考 文 献

[1] SL/T 238-1999.水资源评价导则[S]

[2] SL 286-2003.地下水超采区评价导则[S]

[3] Kalf F. R. P. and D. R. Woolley. Applicability and methodologyof deter mining sustainable yield in groundwater systems [J]. Hydrogeology Journal,2005,13(1):295～312

[4] 水利电力部水文局.中国水资源评价[M].北京:水利电力出版社,1987

[5] 水利部水资源司等.21世纪初期中国地下水资源开发利用[M].北京:中水利水电出版社,2004

[6] 金光炎.地下水可开采程度分析[J].安徽水利科技,1997(3);或见:水文水资源分析研究[M].南京:东南大学出版社,2003:226～229.

(原载:治淮,2008(1):18～19)

25 深层地下水资源的分类属性与分析评价——对深层地下水资源的再认识

摘 要 叙述了深层地下水资源的四大组成部分(四大类水量)的固有属性,分别给以新的、含直观意义的冠名。阐明了组成部分中的弹性释放水量和黏土层压密水量是无后续性水量,不能计入资源量中;侧向补给量具有很大的不确定性,只能作为参考性的水量;浅层向深层的越流补给量,在地下水总资源量中为重复水量,利用这种水量似有"舍浅就深"之弊;储存水量虽然数量很大,但受开采和环境条件的限制,不可能大量抽取,否则会引起地质环境恶化。本文旨在提醒人们去真正认识深层地下水资源的固有属性,以引起更多的关注,有助于合理开发利用深层地下水资源。

关键词 地下水资源评价 深层地下水资源 合理开发利用

深层地下水位于浅层水之下,两层次之间有较厚的黏性土隔水层。该隔水层能微弱渗水,在一定条件下,上下层的水可越层流动,故称其为弱透水层或相对隔水层。

开发利用深层地下水,有利于对城市供水和农田灌溉等,这是一个方面。但若对其超量开采,就会引起补给和排泄关系失调、水位持续下降、漏斗不断扩大,从而形成地面沉降和地表建筑物被拉裂等现象,产生地质环境恶化的不良后果。因此,在开发利用之前,应做好分析评价工作,依据其分类属性,科学调度与合理利用,才能保护好深层地下水资源,使它发挥应有的作用。

本文叙述深层地下水资源的组成和分类属性,给以新的、含直观意义的冠名,并以安徽省淮北地区的深层地下水为例,做出评析。

25.1 深层地下水资源的分类属性

深层地下水资源由不同属性的四大类水量组成,分别说明如下。

1) 无后续性水量

这部分水量为一次性水量,由弹性释放水量和黏土层压密水量组成。

(1) 弹性释放水量。深层地下水,深埋于相对隔水层之下,在未开发利用之前,由于很长时期的积蓄和压缩,形成承压水。一旦凿井打通相对隔水层,水体解压膨放,水位会沿着井孔上升,如果水位高出地面,即成自流水。这部分水量,随着地下水的不断开采,水位随之下降,直至水位到达相对隔水层的底面,就释放完毕。由此可见,这类水量无后续来源,是一次性水量,其量不大,仅能供开采先期利用,如果开采区有多眼深井,这类水量会在短期内被抽完而消失。

(2)黏性土压密水量。深层地下水经长期开采后,水位降至相对隔水层之下,形成水位降落漏斗。这时,所抽取的水,主要是原储存着的重力水以及一部分从垂直和侧向补给来的水,但从垂直和侧向补给来的水流比较缓慢,不可能及时补充抽出的水量。当水体被大量抽出后,水位不断降低,漏斗不断扩大,致使深层土体孔隙中的水被抽干,失去对上层土体的支撑力,漏斗内的土体向下挤压,使黏土层逐渐压密。这样,余存在孔隙中的水被压挤出来,此即黏性土压密的释水量。随着地下水的不断超量开采,久而久之,地面就慢慢地沉降了。据安徽省地质环境总站《安徽省地下水资源评价》(2002 年)所述,在安徽省淮北西部,地面沉降500 mm 是可以接受的,但不少地区已大大超过此限值。这类水量是在漏斗土层中不断压密情况下发生的,一般只限于漏斗的空间内,其中的水已大部分被抽出,余存的是少数。这种水也是无后续来源,同样是一次性水量。

这两类水量,其量不大,不能再生和恢复,只能供先期利用,通常不计入多年平均的地下水资源量中。

2)不确定性水量

侧向补给量属于这类水量,因为它取决于本区与邻区(外区)开采强度的大小。如果本区的开采强度大于邻区,则邻区的地下水会流向本区,作为补给量,可以抽取利用;如果本区的开采强度小于邻区,则本区的地下水会流向邻区,成为损失(排泄)量。只有在两区的开采强度相等时,才互不补排。因此,这一部分是属于不确定性的水量,在地下水资源评价时,一般作为补排相抵来考虑,不计入资源量内。可以认为,不论出现哪种情况,这种水量是夺取性的,应尽量避免。

3)重复性水量

深层地下水开发利用后,当深层地下水位(水头)低于浅层地下水位时,会形成水位差,浅层地下水会越过相对隔水层流向深层,即越流补给。因为相对隔水层主要由黏性土组成,虽能透水,但其厚度较厚,渗透性能较弱,越流的速度很慢,水流速度往往跟不上开采的强度。其次,如果开采区中开凿有多眼深井或其他工程(如煤矿竖井等)于相对隔水层处封闭不好形成多个"天窗",也会漏水渗入深层,这也是越流补给的一部分水量。

上述的越流补给水量,在总的地下水资源量中属于重复水量,因为在计算浅层地下水资源时已计入了。理论上,如果将浅层地下水的越流水作为深层地下水来开采,那是不合理的,也是不合算的。浅层地下水可以在浅层开采,何必"舍浅就深"呢;而且浅层开采,井可以打得较浅,比深井开采省工、省料、省力。

尚应提及,如果所开采的层次之下,还有再深层,当这两层之间出现水位(水头)差时,再深层的地下水亦可越流补给本深层。总的来讲,这也是一项重复性水量,一般其量不会很大。

4) 库蓄式的储存水量

深层地下水蓄存在地下水库之中,具有丰富的储存水量(静储量),它取决于该深层的厚度(其顶板至底板的距离)和岩性(岩土的结构和组成)。例如,设该深层的厚度为 100 m,释水系数按 0.05 计算,得单位面积(1 km²)下所含水量为 100 m×0.05 m×10⁶ m=5×10⁶ m³,即储量模数为 500 万 m³/km²,数量相当可观。但是,其可开采量取决于建井技术和提水设备,水位降深亦受到它们的制约,所制约水位以上部分相当于水库的兴利库容,开采后必须及时补充,以免空库。这就是说,倘若抽取这种库存储量而不给以及时补给(恢复),则储量不断消耗,漏斗不断扩大,会出现地面沉降。因此,大量开采深层地下水是以地面沉降为代价的!

从上述四大类型水量的属性可以看出,深层地下水的开发利用,必须十分慎重。为了保证环境安全,深层地下水的开采需要严格控制,实行限采,甚至禁采。

25.2　深层地下水资源评价举例

现以安徽省淮北地区为例,参考 1998 年由安徽省•水利部淮委水利科学研究院、安徽省水利厅水政水资源处编写的《安徽省淮北地区地下水资源开发利用规划》(以下简称《规划》),取其中的有关的数据,简述如下。

(1) 弹性释放水量。《规划》中列出淮北地区存在 1.46 万 km²的承压水盆地,共有弹性释放水 2.33 亿~3.65 亿 m³。

(2) 侧向补给量。《规划》中认为这部分水量主要是由河南省流入的,其量为 0.05 亿~0.14 亿 m³。

(3) 越流补给量。浅层向深层的越流补给量为 4.48 亿 m³。

地下水资源量是为有补给来源的动态水量,故弹性释放水量和黏性土压密水量不能计入资源量中。侧向补给量为不确定性水量,如果河南省也在开采,那么这部分水量是不能保证的,或许只能作为参考性的水量。越流补给量与浅层地下水资源量是重复的,暂作为资源量来考虑。这样,深层地下水资源量仅为 4.53 亿~4.62 亿 m³。按当时淮北地区的计算面积 37 411 km²来计算,其资源量模数为 1.21 万~1.23万 m³/km²。若按可开采系数 0.65 计,可开采量模数约为 0.79 万 m³/km²,其量十分微小。不妨以低水平开发利用的数据为例来看一看这个量能承受的程度:设 1 km²内仅有一眼井,每天抽水 8 h,一年抽 100 天,那么一年的总抽水量为 8 m×10 m×100 m＝0.80 万 m³（近似等于 0.79 万 m³），即低水平开采时勉强能满足。

（4）储存水量。按上述储量模数 500 万 m³/km² 来计算，淮北地区 37 411 km² 范围内的储存水量为 1 870 亿 m³。看起来，数量大得惊人，但能开采的只是很小的一部分，而且超量开采，要以地面沉降为代价的。

25.3　结语

本文叙述了深层地下水资源的固有属性，进一步认识这些属性，有助于更好地了解深层地下水资源的可利用性和可开采条件，以达到科学合理地开发利用深层地下水资源。

（1）弹性释放水和黏性土压密水是无后续性的水源，只能在开采先期利用，一次性用完后不能再生和恢复，故不能计入深层地下水资源量中。

（2）侧向补给量是一项不确定性水量，取决于本区与邻区的地下水开采强度，还有被邻区夺取的可能，所以这部分水量只能作为参考性的或侥幸能夺取的水量。

（3）越流补给量是浅层水流到深层的水，在地下水资源总量中是一项重复量。浅层水到深层来开采，原则上是一种"舍浅就深"的做法，似应科学规划，尽量考虑以开采浅层水来代替。

（4）储存水量初看起来数量很大，常常会被误导和误解。实际上，由于建井技术和提水设备的限制以及井不可能布得很密、打得很深，故开采的范围和深度有限，能取出的水量是不多的；另一方面，如果大量开采而不予及时补给，还会出现地下水位的降落漏斗，导致地面沉陷，这种代价是很不值得的。

（5）深层地下水不是绝对不能开采，在条件较好的地区，可以适量开采，但开采后必须及时补给，得到恢复。一般，可将其作为应急水源，并制订出限采和禁采计划，以确保深层地下水资源的安全。

总之，更好地认识深层地下水资源的固有属性，有助于科学地开发利用深层地下水，由于其补给来源有限，做好开发利用规划、控制开采量是很有必要的；特别要注意开采后必须予以及时补给和恢复，这样才能保证环境安全和发挥深层地下水资源的最好效益。

参　考　文　献

[1] 张蔚榛.地下水非稳定流计算和地下水资源评价[M].北京:科学出版社,1983
[2] 金光炎.淮北地区几类重要地下水资源的概况与认识[J].江淮水利科技,2007(5):7～9

（原载:江淮水利科技,2009(1):38～39）

26　城市防洪标准相应洪水特征值浅议

摘　要　综合考虑了在城市防洪设计标准下相应的洪水特征值计算问题,认为洪水频率计算系列取样方法的改变以及内水外排的水量,会加大洪水特征值,特别是对于傍中小河流的中小城市影响较大。提及了与城市排水有关的暴雨计算问题,其中暴雨强度公式是计算城市排水的主要依据,基本资料的可靠性和频率计算的合理性是研制这类公式的关键。

关键词　城市防洪　城市排水　设计标准　超定量法　暴雨强度公式

随着国民经济的持续发展,我国的城市个数在逐步增加,城市面积在不断扩大,城市化的程度也在相应提高,这给城市的防洪和排水带来新的问题。例如,城市扩大后,级别提升,要求有更高的防洪标准;城市所占面积扩大了,暴雨形成的排水量也要增加,使城市附近或下游的流量增大(水位抬高),也就是在一定程度上,增加了城市本身和下游地区的防洪压力,加大了遇险的概率和受灾的风险。

近一时期以来,气候变化对大自然和人类生存、生活的影响成了热门话题,加上城市化的发展,为了适应新的形势,城市的规划、设计、建设和管理等也应考虑新的对策或采取必要的措施,以保证城市及其相邻地区的安全。

本文提出洪水取样系列的改变,会增加频率计算的结果。傍河城市防洪标准对应的洪水特征值(洪水位或洪峰流量),在城市排水等的影响下,会加大外排水量的附加值。如果这个附加值较大,洪水特征值亦应有所调整。

26.1　城市的防洪标准和特征值的计算

根据通过《防洪标准》[1],我国各级城市均可查得对应的设计标准。在规定的设计标准之下,其相应的设计特征值的计算可按《水利水电工程设计洪水计算规范》[2]和《水利水电工程水文计算规范》[3]进行。在此,拟提出两个值得注意的问题。

(1)设计洪水计算系列的选取

上述规范中规定,设计洪水(洪水位或洪峰流量)的计算系列按年最大值取样,即每年取一个最大值,n年得n个由年最大值组成的样本系列。

然近期实际出现的情况是,在我国,特别是南方的一些城市,暴雨或特大暴雨频频降临,有的年份可能发生数次,屡屡造成道路成河,低洼小区积水受灾。因此,一年之内不仅是洪水的年最大值,与年最大值独立的次大值(甚至第三大值)同样也会形成不良后果。有些地区,这种次大值还可能大于其他年份的最大值。暴雨和洪水的形成,虽然有它一定的物理机制,但其出现数量是属于随机事件。这种次大值既然已经出现过,还有可能在其他年份出现,将它们加入到计算系列中,有一定的依据和道理。这就是用一年多次取样法中的超定量法来取样,即规定一个门槛值,凡大于此值的量均选取,然后截取 n 个值作为计算系列。这个方法亦称为超大值法。

　　用超定量法取样,说来并不陌生,因为在城市排水设计的暴雨频率计算中,早已采用了的。年最大值法与超定值法的计算结果,有一定的差别,尤其是对于较低的重现期,超定值法的计算值会大于年最大值法的结果。图 26.1 为用两种方法绘出的洪峰流量 Q 的频率曲线,其中超定量法的曲线

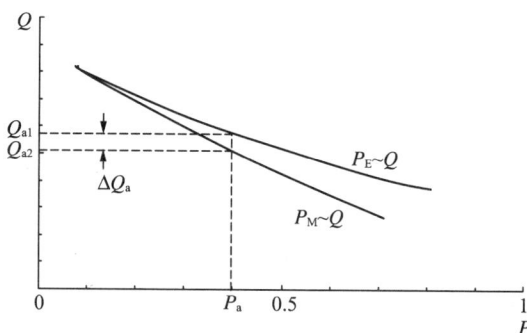

图 26.1　用年最大值法和超定量法取样的频率曲线示意图

线(P_E- Q)除头部外,其余均在年最大值法的曲线(P_M- Q)之上。在一定的频率 P_a 时,相应的差值为 $Q_{a1}-Q_{a2}＝\Delta Q_a$,此即为用超定量法计算的增加值。

　　(2) 设计洪水因内水外排引起的附加值

　　一般,在设计洪水计算时,不考虑因内水外排而增加的附加值,其设上游城市到本城市间,两岸无支流汇入,即洪水演算时,没有旁侧入流。实际上,沿河两岸多建有排涝站,积少成多的涝水不可忽视;再加上本城市的内水外排,更加大了这种附加值,同时还会影响下游的河段和城市。

　　对于傍中小河流的中小城市来说,其设计标准较低,考虑这种附加值更有必要。通常,这类地区内外水同频率遭遇的可能性较大,也有可能内水的发生频率高于外水。这样,附加值的影响,不容忽视。

　　上面两个问题,用一句话概括,就是按常规的计算方法推求设计洪水,有可能偏小。设计标准是规定的,但计算是灵活的,根据实际情况加以改正应该可行。

26.2　城市的设计暴雨问题

　　上述的内水外排问题,涉及城市暴雨所形成的需外排的水量。每个城市都建

有多个排水站,都有一定的排水能力,当暴雨来临时,对积涝的排水量相当可观,这是外排的附加值,容易做出估计。

城市排水设计中,常采用暴雨强度公式来计算指定设计标准的暴雨量,再推算排水量。暴雨强度的基本系列是采用一年多次取样法(包括超定量法在内)[4,5]获得的。

我国市政、城建和高等院校等部门研制了多个暴雨强度公式。《给水排水设计手册》[5]中刊布了两批这种公式,第一批有 192 个城市,研制公式用的资料年限在 1980 年之前;第二批有 55 个城市(同第一批有少数重复),资料年限在 2000 年之前,这给使用部门带来很大的方便。水利部门也研制过这种公式,但未汇总公布。

通常,暴雨强度公式采取下列形式:

$$i = \frac{A(1 + C\lg T)}{(t+b)^n} \tag{26.1}$$

式中,i 为暴雨强度(mm/min);T 为重现期(年);t 为历时(min);A、C、b、n 为待估参数。

在此,拟简述几个问题。

(1) 研制暴雨强度公式时,主要是四个参数的估计,即使是同一城市、同一套资料,不同制作者得到的参数不尽相同,有的相差还较大。例如,参考文献[5]中有些城市有 2~3 个公式,其参数几乎都不一样。

(2) 现在,资料增加了(从 1980 年至今又多了约 30 年),很多城市的公式有待更新。

(3) 在有关暴雨强度公式的文献中,多着重于参数估计,几乎没有详细叙述除基本资料必须可靠之外的频率曲线组(各历时的频率曲线)绘制和合理性分析问题,然而这是一个决定计算结果精度的关键环节,其重要性远远高于参数估计。

特别要说明的是,近期来气候变化和城市化对水文气象因素有较大的影响。城市的温室效应、热岛效应、火炉效应、混浊岛效应等已众所周知,同本文直接有关的是雨岛效应。

所谓雨岛效应,就是城市受各种效应的影响,使降雨机会和降雨量增加。城市中有高低不同的建筑物,如一幅幅屏障,对气流产生阻挡作用,导致降雨强度增大、降雨时间延长等。一般,城市的降雨量要比远郊和农村为大,一般大 5%~15%。如果将降雨量画成等值线图,城市宛如一座雨岛,故而得名。因此,在新的情况下,将近期资料加入计算,会使公式更有代表性。

综上所述,城市暴雨强度有增大的可能;加上城市在不断扩大,雨期排水量也会相应增加。内水排入外水后,使外水的水位抬高或流量加大,这对傍中小河流的中小城市来说,尤为重要。

26.3　综合考虑防洪与排水的关系

防洪与排水,即外水与内水间的关系,它们是非常密切的。在一定的设计标准之下,其相应的洪水特征值(洪水位或洪峰流量)应根据当地的具体情况来确定。特别是对于傍中小河流的中小城市,其内水的排泄量是一个不可忽视的水量,这种附加值对防洪水位会有较大影响。

在指定防洪标准时,外水与内水有不同的频率遭遇问题,比较不利的情况是同频率遭遇,或内水的频率高于外水的频率。如果这样,内水的排泄量较大,即加于外水上的附加值增大,洪水位会有一定的抬高。

因此,在指定防洪标准时,其相应的洪水特征值不是固定不变的,应视当时的具体情况而定。预报部门要对城市上游(包括上游城市和区间两岸农田)排水量大小以及本城市内水排泄量进行了解,做出符合实情的预报。

防洪与排水的关系看起来比较复杂,只要情况明,善于适应新的情况,是可以处理好的。新形势下会出现新的问题,加强监测,加强科研,有利于做好这项工作。

26.4　结语

本文简要地讨论了城市防洪与排水的有关问题,有以下几点认识。

(1) 在气候变化和城市化不断扩大的新形势下,城市防洪与排水有比较密切的关系,有关工作应适应新的情况。特别是近期以来,异常天气事件频频发生,使设计洪水有了更多的不确定性,尤需注重加强这方面的分析和研究。

(2) 在一定防洪标准下的洪水特征值,除了取样系列改变(将年最大值法改为超定量法)可引起洪水特征值的增加外,还不可忽视各种内水排泄的附加值。将它们考虑在内,可以减少遇险的风险。

(3) 暴雨强度公式是计算内水的主要依据,研制过程中的关键应为基本资料的可靠性和频率计算的合理性。建议在做好参数估计的同时,研究参数的地区分布规律,做好参数的地区综合工作。

全面和综合考虑城市防洪与排水的关系,定能为城市的安全和减灾产生更多的实际效益。

参 考 文 献

[1] GB 50201-94.防洪标准[S]
[2] SL 44-2006.水利水电工程设计洪水计算规范[S]

［3］SL 278－2002.水利水电工程水文计算规范［S］

［4］GB 50014－2006,室外排水设计规范［S］

［5］北京市市政工程研究总院主编.给水排水手册(第 5 册):城镇排水(第二版)［M］.北京:中国建筑工业出版社,2004

(本文为 2009 年 11 月 3 日在深圳市召开的"城市水利学术研讨会"上的发言稿)

27 淮河鲁台子站径流统计规律性分析

摘　要　分析了鲁台子站地表径流逐年下降的趋势。将 1980 年迄今的资料近似作为一致性系列,进行频率计算,发现实测和还原系列几乎是同频率对应的。结果表明,在小水年份,径流减少较多,为安全用水,应予关注。

关键词　地表径流　水文统计分析　系列一致性

淮河干流上的鲁台子站,汇集了上游及各大支流(沙颍河、洪汝河、淠河、史河等)的地表径流,是蚌埠闸上径流量的主要源水,后者又是淮南市、蚌埠市和凤台县、怀远县等地的供水水源。因此,探讨该站径流的统计规律性具有明显的实际意义。

大家知道,对水文资料进行统计分析,其系列必须服从一致性的原则。对于人类活动影响下的水文系列,需要进行还原(还算至无影响的情况)或还现(还算至近期某一变化较小年段的情况),使系列符合相同条件时才能计算。

本文以鲁台子站地表径流(用年平均流量表示)为例,对实测系列和还原系列进行分析计算,讨论其统计规律性,供作参考。

27.1　鲁台子站年平均流量的长期变化趋势

鲁台子站自 1950 年开始有流量的实测记录,到 2008 年已积累了 59 年资料。现将该站的年平均流量系列按年序绘于图 27.1 上,用回归计算法(最小二乘法)画出其线性趋势线,相应的方程式为:

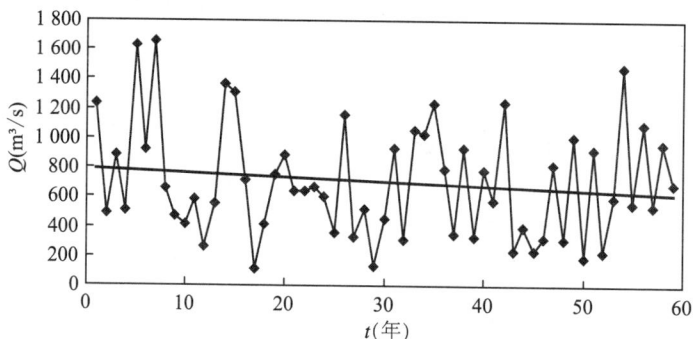

图 27.1　鲁台子站年平均实测流量过程线

$$Q = 791.3 - 2.929t \tag{27.1}$$

式中，Q 为实测年平均流量(m^3/s)；t 为年序(设 $t=1$ 为 1950 年，$t=2$ 为 1951 年，…，$t=59$ 为 2008 年)。

从图 27.1 可见，年平均流量大体上有逐年减少的趋势，平均每年约以 3 m^3/s 的量下降，其原因主要是由于上游蓄水工程及其水面面积、灌溉面积和综合用水量等随着时间的增长而增大，引起蒸发和渗漏损失加大，导致下泄流量减少[1]。

27.2　年平均流量的实测与还原系列

在淮河流域的第二次水资源评价中，对鲁台子站 1980～2000 年(21 年)的各月径流量进行了还原计算(据淮河水利委员会，《淮河流域及山东半岛水资源评价成果表·地表水资源量》，2004 年 9 月)。现参照此成果，将径流量化为年平均流量，进行实测值与还原值的相关计算(相关系数 $r=0.997$)，相关图见图 27.2，回归方程为：

$$Q_0 = 1.044Q + 45.5 \tag{27.2}$$

式中，Q_0 为还原后的年平均流量(m^3/s)；Q 为实测年平均流量(m^3/s)。

从图 27.2 及相关系数可见，两者的关系十分密切，主要部位的流量重合，即呈同频率性。这就是说，可以将丰水期或枯水期流量的实测系列与还原系列十分近似地作为同频率来考虑。

对图 27.1 中 1980～2008 年(29 年)的年平均流量系列，单独计算线性趋势，其回归方程为：

$$Q = 227.6 - 0.558t \tag{27.3}$$

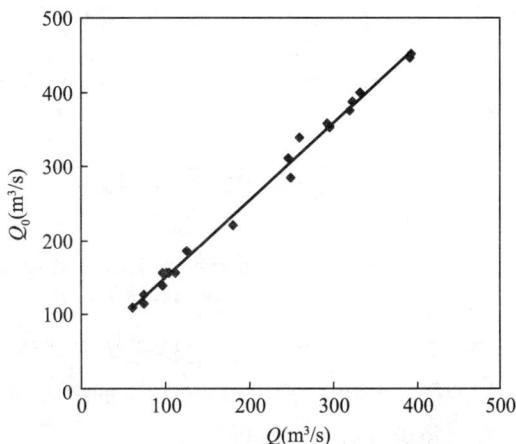

图 27.2　鲁台子站实测与还原的年平均流量关系图

从中可见，自 1980 年以来的径流减少趋势，较之于 1950～2008 年(59 年)的长系列大为减缓，平均每年约以 0.56 m^3/s 的速度下降。为分析方便，设将 1980～2008 年(29 年)的实测系列作为近似的一致性系列，然后再用式(27.3)将还原系列延长至 2008 年，备频率计算之用。

27.3　频 率 计 算

对 1980～2008 年的实测系列与还原系列进行频率计算,用 Γ 分布(皮尔逊Ⅲ型分布)在同一张概率格纸上分别进行适线,如图 27.3。适线结果(以均值、离差系数和偏差系数表示)如下:

还原系列:$\overline{Q}_0=274.5$,$C_v=0.42$,$C_s=2C_v=0.84$

实测系列:$\overline{Q}=219.3$,$C_v=0.55$,$C_s=0.92$

其中实测系列的 $C_s/C_v=1.67<2$,说明频率曲线的尾部会出现负值。

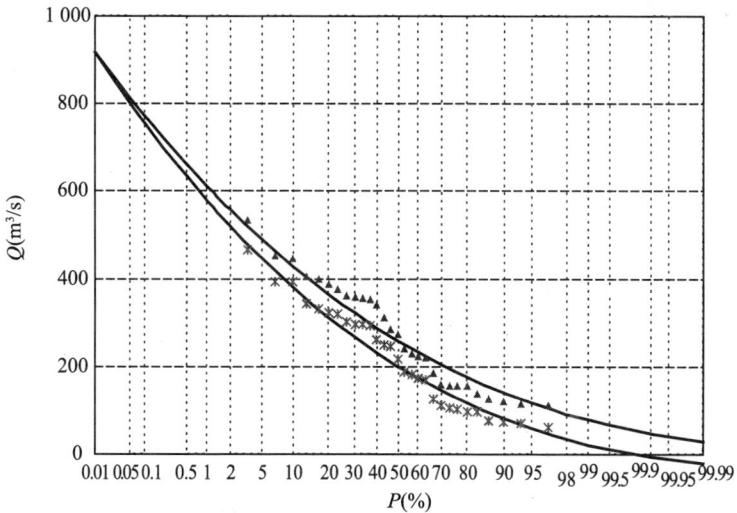

图 27.3　鲁台子站年平均流量实测与还原系列的频率曲线图
(上线—还原系列,下线—实测系列)

如图 27.3 所示,两条曲线的稀遇频率部位十分接近,也就是说,在特大水年份,它们的径流量相差不多。随着频率的增大,两者的差异愈来愈大,到了特小水年份,实测径流量有可能接近于零。

27.4　结 语

本文对鲁台子站径流的统计规律进行了分析,有以下几点认识。

(1) 受到人类活动的影响,该站年平均(实测)流量的长系列(1950～2008 年)不符合一致性的条件,但因 1980 年以来,变化幅度较小,可近似看作一致性系列,用以进行统计分析。

（2）1980～2000 年段的实测与还原系列,相关关系很好,在主要部位是同频率对应的,故可将还原系列延长,并进行频率计算。

（3）通过对实测与还原系列频率分析结果的比较,发现在特大水年份,两者的径流量比较接近;随着频率的增大,两者的差异愈来愈大,实测径流量到了特小水年份,有可能接近于零。

（4）鲁台子站的径流是蚌埠闸上水量的主要源水,小水年份的水量不仅偏少,而还有趋势性的下降,值得关注。

（5）蚌埠闸上的用水量,从长远来看,会有增加的趋势,如老用户发展要增大用水量,新用户上马(如阜阳市正在计划从淮河上取水,以置换城区深层地下水的取用)要增添用水量等,使这里的水会愈来愈紧张。因此,需要采取必要的措施,如加强节约用水、利用非常规水(雨水、中水等),甚至考虑引用外调水等,以确保安全用水。

顺便提出一个值得研究和探讨的问题。由于该站的地表径流表现有逐年下降的趋势,对蚌埠闸上水资源论证时,设计和校核标准相应的枯水期径流,若采用1966～1967 年或 1978～1979 年实测过程为典型年进行调节计算时,原则上应考虑径流减少的影响。

限于资料条件,文中的数字结果是初步的,实际应用时,尚需补充和深化。

参 考 文 献

[1] 金光炎,尚新红.淮河中游径流减少原因分析[J].安徽水利科技,2005(2):6～7.或见:上海市水利学会编.人与自然和谐相处的水环境治理理论与实践[C].北京:中国水利水电出版社,2005:77～80

（原载:江淮水利科技,2010(1):39～40）

第四部分　述评及其他

28　二维分布在水文频率计算中的应用述评

摘　要　叙述了用建立矩母函数、构建偏微分方程组、设定回归线和条件标准差的方法来求解二维分布,分别评述了上述方法的特点和应用上的问题。同时,记述了参数法用于两变数之和的组合频率计算。主要以读书报告的形式书写而成,供进一步研究作参考。

关键词　水文频率计算　二维分布　组合频率

水文分析中,常遇到相互有关的多个变数的组合计算问题,如多条支流会合后洪水流量的组合计算等。这时,需要用到多维(概率)分布的理论。目前,国内外对多维分布的研究较少;对二维分布的探讨较多,但研究的深度还不够。二维分布的数学形式,除二维正态分布已有一定的型式之外,对于偏态的二维分布,不少学者做出了一些研究[1~7],大致可用下列三类途径进行推导:

(1) 用建立矩母函数或特征函数的方法;

(2) 用构建偏微分方程组求解的方法;

(3) 用设定回归线和条件标准差(或条件方差)的型式求解的方法。

本文以读书报告的形式简要介绍这三种途径的求算方法、数学表达式和应用问题,并进行评析。最后,记述了用参数法来计算组合频率。

28.1　建立矩母函数推导二维分布

Wicksell[4]和 Kibble[5]先后提出了以建立矩母函数的方法(也可用建立特征函数的方法,其推导过程和结果相同,不另述)来推求偏态的二维分布,叙述如下。

1) 概述

设 U、V 为标准化正态变量,取值为 u、v。二维正态分布的密度函数为:

$$f(u,v) = \frac{1}{2\pi\sqrt{1-\rho^2}}\exp\left\{-\frac{1}{2(1-\rho^2)}(u^2 - 2\rho uv + v^2)\right\} \quad (28.1)$$

式中，ρ 为 U 和 V 的相关系数。另设两个变数 X、Y，取值为 x、y，令

$$x = u^2/2 \qquad y = v^2/2 \qquad (28.2)$$

式(28.1)可化为：

$$f(x,y) = f(u,v)\frac{\mathrm{d}u}{\mathrm{d}x}\frac{\mathrm{d}v}{\mathrm{d}y}$$

$$= \frac{(xy)^{-1/2}}{2\pi\sqrt{1-\rho^2}}\left\{\exp\left(-\frac{x-2\rho\sqrt{xy}+y}{1-\rho^2}\right)+\exp\left(-\frac{x+2\rho\sqrt{xy}+y}{1-\rho^2}\right)\right\}$$

$$(28.3)$$

求算这个分布的矩母函数(参数为 α 和 β)为：

$$G(\alpha,\beta) = \int_0^\infty\int_0^\infty f(x,y)\mathrm{e}^{\alpha x+\beta y}\mathrm{d}x\mathrm{d}y = \left[(1-\alpha)(1-\beta)-\alpha\beta\rho^2\right]^{-1/2} \qquad (28.4)$$

如果设 x 和 y 为下列关系：

$$x = \frac{1}{2}\sum u_i^2 \quad \text{及} \qquad y = \frac{1}{2}\sum v_i^2 \qquad (28.5)$$

式中，$\sum$ 为 i 自 $1\sim n$ 的累加；n 为总的项数，则矩母函数为：

$$G(\alpha,\beta) = \left[(1-\alpha)(1-\beta)-\alpha\beta\rho^2\right]^{-n/2} \qquad (28.6)$$

已知 X 为正态分布时，其平方和的分布为 χ^2 分布，也就是水文计算中常用的 Γ 分布(皮尔逊Ⅲ型分布)的一个特例，则密度函数为：

$$f_1(x) = \frac{1}{\Gamma(m_1)}x^{m_1-1}\mathrm{e}^{-x} \qquad (28.7)$$

同样，对于 Y，有

$$f_2(y) = \frac{1}{\Gamma(m_2)}y^{m_2-1}\mathrm{e}^{-y} \qquad (28.8)$$

设 $m_1 = m_2 = n/2$，将其记为 m。式(28.6)可改写为：

$$G(\alpha,\beta) = \left[(1-\alpha)(1-\beta)-\alpha\beta\rho^2\right]^{-m} = (1-\alpha)^{-m}(1-\beta)^{-m}\left[1-\rho^2\frac{\alpha\beta}{(1-\alpha)(1-\beta)}\right]^{-m}$$

$$(28.9)$$

因此，Kibble 认为，当 X、Y 均服从于参数相同的 Γ 分布(式(28.7)和式(28.8))时，其联合分布的"可能"矩母函数为表达式(28.9)。于是，Kibble 认为，当 $m_1\neq m_2$ 时，联合分布的"可能"矩母函数为：

$$G(\alpha,\beta) = (1-\alpha)^{-m_1}(1-\beta)^{-m_2}\left[1-\rho^2\frac{\alpha\beta}{(1-\alpha)(1-\beta)}\right]^{-m_0} \qquad (28.10)$$

式中，m_0 为另一参数。式(28.10)所对应的二维密度函数为：

$$f(x,y) = f_1(x)f_2(y)\left\{\begin{array}{l}1+\frac{m_0\rho^2}{m_1 m_2}L_1(x_1,m_1)L_2(y,m_2)\\[2mm]+\frac{m_0(m_0+1)\rho^4}{2!\ m_1(m_1+1)m_2(m_2+1)}L_2(x,m_1)L_2(y,m_2)+\cdots\end{array}\right.$$

$$(28.11)$$

式中，L_r 为 Laguerre 多项式的符号 $(r=1,2,\cdots)$，例如

$$L_r(x,m)=\frac{1}{f_1(x)}\cdot\frac{\mathrm{d}^r}{\mathrm{d}x^r}\left[x^r f_1(x)\right]$$

对应于式(28.11)的回归方程(条件均值)为：

$$\left.\begin{array}{c}E(y|x)=m_2-m_0\rho^2+\dfrac{m_0\rho^2}{m_1}x\\[3mm]E(x|y)=m_1-m_0\rho^2+\dfrac{m_0\rho^2}{m_2}y\end{array}\right\}\tag{28.12}$$

式中，$y|x$ 和 $x|y$ 分别表示 Y 倚 X 和 X 倚 Y。

由于式(28.7)和式(28.8)中的 x 和 y 均为非负数，Kibble 设定，为了在某些 x 和 y 值时，使对应的 $E(y|x)$ 和 $E(x|y)$ 不出负值，不应取 $m_0\rho^2>m_2$ 和 $m_0\rho^2>m_1$。至今，在有关文献(如参考文献[4,5,8]等)中尚未发现有参数 m_0 的估计方法。

2) 分析讨论

前面是用矩母函数的方法导出边际分布为 Γ 分布的二维分布(密度)函数，现对一般情况的式(28.10)和式(28.11)进行讨论。

由矩母函数的特性知，变数 X 和 Y 的协方差 m_{11} 为：

$$m_{11}=\int_0^\infty\int_0^\infty(x-\bar{x})(y-\bar{y})f(x,y)\mathrm{d}x\mathrm{d}y=\left[\frac{\partial^2}{\partial\alpha\partial\beta}\ln\ G(\alpha,\beta)\right]_{\substack{\alpha=0\\\beta=0}}=m_0\rho^2\tag{28.13}$$

式中，$\bar{x}$ 和 $\bar{y}$ 分别为 X 和 Y 系列的均值。设 S_x 和 S_y 分别为 X 和 Y 系列的标准差，由式(28.7)和式(28.8)可分别得到 $\bar{x}=m_1$，$\bar{y}=m_2$ 以及 $S_x=\sqrt{m_1}$，$S_y=\sqrt{m_2}$，从而可得相关系数 r 为：

$$r=\frac{m_{11}}{S_xS_y}=\frac{m_0\rho^2}{\sqrt{m_1m_2}}\tag{28.14}$$

因为 m_1 及 m_2 均大于零，故在 X 和 Y 相互独立 $(r=0)$ 时，应有 $m_0\rho^2=0$，可推得 $m_0=0$ 或 $\rho^2=0$。这样，式(28.10)中的右端第三项的值为 1，即 $r=0$ 时有：

$$G(\alpha,\beta)=(1-\alpha)^{-m_1}(1-\beta)^{-m_2}\tag{28.15}$$

这就是 X 和 Y 相互独立时的矩母函数，说明这类二维分布对于 $r=0$ 的特例是符合的。一般，$m_0\rho^2\neq0$。

应当认为，相关系数在二维分布中是一个独立的参数，不该为边际分布参数的函数，但在式(28.14)中，r 却为 m_1 和 m_2 的函数，似不妥当。为了避免这个情况，可设：

$$m_0=\sqrt{m_1m_2}\tag{28.16}$$

这样，式(28.14)就化为：

$$r=\rho^2\tag{28.17}$$

亦即 r 成为独立于边际分布的参数了,且二维分布中的参数 ρ^2 可直接由 r 获得。式(28.16)的设定是简便和合适的,下面做进一步说明。

从式(28.12)可知,二维分布的边际条件均值—回归方程为直线方程,此即这种二维分布的一个重要特性。取式(28.12)的第一式,将 $m_0=\sqrt{m_1 m_2}$ 及 $r=\rho^2$ 代入,得到

$$E(y|x)=m_2+r(\sqrt{m_2/m_1}\,x-\sqrt{m_1 m_2})$$

同样,有

$$E(y|x)-m_2=r\sqrt{m_2/m_1}\,(x-m_1)$$

已知 $m_1=\bar{x},m_2=\bar{y}$ 和 $\sqrt{m_2/m_1}=S_y/S_x$,故

$$E(y|x)-\bar{y}=r\frac{S_y}{S_x}(x-\bar{x}) \tag{28.18}$$

同理,可得 X 倚 Y 的情况,在此略列。

从式(28.18)所讨论的情况来看,完全符合线性回归的理论,因而可以说式(28.16)的设定是合理的和唯一的。

进一步可推导得这类分布 Y 倚 X 和 X 倚 Y 的条件方差,分别为:

$$\left.\begin{array}{l} S_{y|x}^2=\dfrac{m_0(m_1-m_0)}{m_1^2(m_1+1)}\rho^4 x^2+\dfrac{2m_0}{m_1}\rho^2(1-\rho^2)x-m_0\rho^2(2-\rho^2)+m_2 \\[4mm] S_{x|y}^2=\dfrac{m_0(m_2-m_0)}{m_2^2(m_2+1)}\rho^4 y^2+\dfrac{2m_0}{m_2}\rho^2(1-\rho^2)y-m_0\rho^2(2-\rho^2)+m_1 \end{array}\right\} \tag{28.19}$$

从式(28.16)知,若 $m_1>m_0$,则必 $m_2<m_0$;反之,若 $m_1<m_0$,则必 $m_2>m_0$。这样,条件标准差(条件方差的开方值)与变数的关系,用图形来表示,分别为抛物线和椭圆。经过二次型的分析,如果 $m_1>m_0$,则式(28.19)第一式为双曲线,而其第二式为椭圆,图 28.1 和图 28.2 分别示出它们在 x 轴以上的分支。由分析得知,双曲线的极值点在坐标原点之左,如图 28.1 中的 c_1 处($c_1<0$);椭圆的极值点在坐标原点之右,如图 28.2 中的 c_2 处($c_2>0$),且其左端点必在坐标原点之左的 d_1 处($d_1<0$),而其右端点位于 d_2 处,为一有限值。

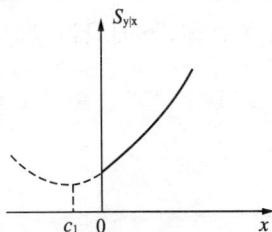

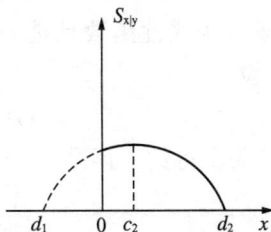

图 28.1　条件标准差为双曲线的图示　　　图 28.2　条件标准差为椭圆的图示

如上述,这类二维分布固定了条件标准差的型式,对于水文计算来说,抛物线型可以遇到,此时条件标准随着 x 的增大而增大;至于椭圆型的情况,似属不常见。因为 $y > c_2$ 之后,$S_{x|y}$ 会逐渐减小,直至 d_2 点,随后均有 $S_{x|y} = 0$,与实际情况很可能不符。

总之,用上述方法来推导二维分布从而求得各种特征值,在数学上有一定的依据,但从水文实用上来讲,尚有一定的距离。有的条件(如 $S_{x|y}$ 的情况)同实际情况不符,难以应用。

28.2 构建偏微分方程组推导二维分布

1) 概述

Uven 把皮尔逊曲线族的微分方程推广到二维分布的推导中[6],从而建立了一组偏微分方程组,即

$$\frac{\partial \ln f}{\partial x} = \frac{P}{G} \qquad \frac{\partial \ln f}{\partial y} = \frac{Q}{H} \qquad (28.20)$$

式中,$f = f(x, y)$;G、H 为 X、Y 的二次型;P、Q 为 X、Y 的线性函数;并设 P/G 和 Q/H 为不可约。取

$$G = g_{00} + 2g_{10}x + 2g_{01}y + g_{20}x^2 + 2g_{11}xy + g_{02}y^2$$
$$H = h_{00} + 2h_{10}x + 2h_{01}y + h_{20}x^2 + 2h_{11}xy + h_{02}y^2$$
$$P = p_0 + p_1 x + p_2 y$$
$$Q = q_0 + q_1 x + q_2 y$$

联立求解式(28.20),可得二维(皮尔逊曲线族型)的密度函数 $f(x, y)$。

同一维皮尔逊曲线族的微分方程求解相似(可参见参考文献[9])。式(28.20)的求解取决于 G 和 H 的幂次和相互的可除性等。Uven 将它们分为 6 个大型,有的大型还细分几个小型。例如,当 G 和 H 无共同因式时,不论 G 或 H 为二次型,还是一次型,或是常数,此时有 $f(x, y) = f_1(x) f_2(y)$,即 X 与 Y 相互独立,Uven 将其列为 I 型。水文计算中能应用的为 IV_a 型,即 H 为线性函数且是 G 的因式(或 G 为线性函数且是 H 的因式,因两者对称,下面只讨论其中之一),现简述之。设

$$G = AC \qquad H = C \qquad (28.21)$$

其中 A 和 C 为不可约。再设

$$A = a_0 + a_1 x + a_2 y$$
$$C = c_0 + c_1 x + c_2 y$$

由式(28.20)知下列交互偏导数相等,

$$\frac{\partial^2 \ln f}{\partial x \partial y} = \frac{\partial}{\partial x}\left(\frac{Q}{H}\right) = \frac{\partial}{\partial y}\left(\frac{P}{G}\right)$$

经整理后得：

$$G \frac{\partial Q}{\partial x} - H \frac{\partial P}{\partial y} = \frac{G}{H}Q \frac{\partial H}{\partial x} - \frac{H}{G}P \frac{\partial G}{\partial y} \qquad (28.22)$$

这是 Uven 推导二维分布的重要条件。对于有兴趣的 IV_a 型，将式(28.21)代入式(28.22)有：

$$AC \frac{\partial Q}{\partial x} - C \frac{\partial P}{\partial y} = AQ \frac{\partial C}{\partial x} - \frac{PC}{A} \frac{\partial A}{\partial y} - P \frac{\partial C}{\partial y} \qquad (28.23)$$

显然，式(28.23)左端为二次型，相应的其右端也应为二次型。现考察右端的几项，其中的第一及第三项为二次型，但第二项中的 PC/A 为不可约，即不能为二次型。这样，欲使式(28.23)两端相等，必须置其右端的第二项为零，即

$$\frac{\partial A}{\partial y} = 0 \quad 或 \quad A = (设为)A_1 = a_0 + a_1 x$$

于是，式(28.23)成为：

$$p_2 C - c_2 P = A_1 (q_1 C - c_1 Q)$$

很明显，公式左端是线性的，故右端也应为线性的。因已知 A_1 为线性式，故必有

$$q_1 C - c_1 Q = 常数(设为 \zeta)$$

或得

$$\left.\begin{array}{l} Q = \dfrac{q_1}{c_1}C - \dfrac{\zeta}{c_1} \\[3mm] P = \dfrac{p_2}{c_2}C - \dfrac{\zeta}{c_2}A_1 \end{array}\right\} \qquad (28.24)$$

将式(28.24)分别代入式(28.20)，得到

$$\left.\begin{array}{l} \dfrac{\partial \ln f}{\partial x} = \dfrac{P}{A_1 C} = \dfrac{p_2}{c_2}\dfrac{1}{A_1} - \dfrac{\zeta}{c_2}\dfrac{1}{C} \\[3mm] \dfrac{\partial \ln f}{\partial y} = \dfrac{Q}{C} = \dfrac{q_1}{c_1} - \dfrac{\zeta}{c_1}\dfrac{1}{C} \end{array}\right\} \qquad (28.25)$$

对式(28.25)的第一式求解，可得

$$\ln f = \frac{p_2}{a_1 c_2} \ln A_1 - \frac{\zeta}{c_1 c_2} \ln C + \theta(y) \qquad (28.26)$$

式中，$\theta(y)$ 为 y 的函数(待定)，包括常数在内。要确定 $\theta(y)$，可取式(28.26)对 y 求偏导数。因 A_1 中不含 y，故有

$$\frac{\partial \ln f}{\partial y} = -\frac{\zeta}{c_1}\frac{1}{C} + \theta'(y)$$

将此式与式(28.25)之第二式比较，得到

$$\theta'(y) = \frac{q_1}{c_1} = (\text{设为}) -\lambda$$

解得

$$\theta(y) = -\lambda y + \ln k_0$$

其中 k_0 为另一常数。于是式(28.26)就成为:

$$\ln f = \frac{p_2}{a_1 c_2} \ln A_1 - \frac{\zeta}{c_1 c_2} \ln C - \lambda y + \ln k_0 \tag{28.27}$$

将式(28.27)中的常数项记为 $p_2/(a_1 c_2) = \mu_1$ 及 $\zeta/(c_1 c_2) = \mu_2$,则式(28.27)的解为:

$$f = k_0 A_1^{\mu_1} C^{\mu_2} e^{-\lambda y} \tag{28.28}$$

这就是 Uven IV_a 型的一般形式,拆开就有:

$$f(x,y) = k_0 (a_0 + a_1 x)^{\mu_1} (c_0 + c_1 x + c_2 y)^{\mu_2} e^{-\lambda y} \tag{28.29}$$

进一步设 $c_1/a_1 < 0$ 及 $\lambda/c_2 > 0$,并作坐标变换,使

$$z = \frac{1}{k}(a_0 + a_1 x)$$

$$w = -\frac{a_1}{c_1 k}\left(c_2 y + c_0 - \frac{c_1 a_0}{a_1}\right)$$

其中的另一常数 $k > 0$。再选取使 $-\lambda c_1 k/(a_1 c_2) = 1$ 的 k,则式(28.29)成为:

$$f(z,w) = f(x,y)\frac{\mathrm{d}x}{\mathrm{d}z} \cdot \frac{\mathrm{d}y}{\mathrm{d}w} = k_1 X^{\mu_1} (w-z)^{\mu_2} e^{-w} \tag{28.30}$$

式中,k_1 包括所有常数项。将 z、w 分别改写为 x、y,再令 $\alpha_1 = \mu_2 + 1, \alpha_2 = \mu_2 + 1$ 和 $k_1 = K$,得到:

$$f(x,y) = K x^{\alpha_1 - 1} (y-x)^{\alpha_2 - 1} e^{-y} \tag{28.31}$$

这类分布仅存在于第 I 象限的上三角平面中,如图 28.3 的阴影部分,即其范围为:

$$x > y > \infty \quad \text{及} \quad 0 < x < \infty$$

对 $f(x,y)$ 在全部范围内积分,其值为 1,得到

$$K = \frac{1}{\Gamma(\alpha_1)\Gamma(\alpha_2)} \tag{28.32}$$

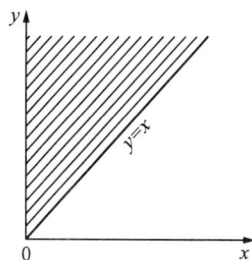

图 28.3 Uven IV_a 型的分布范围

于是必有 $\alpha_1 > 0$ 和 $\alpha_2 > 0$。

2) 分析讨论

对这类二维分布,讨论如下:

(1) 式(28.29)的矩母函数为:

$$G(\alpha,\beta) = \frac{1}{\Gamma(\alpha_1)\Gamma(\alpha_2)} \int_0^\infty \int_0^\infty x^{\alpha_1 - 1} (y-x)^{\alpha_2 - 1} e^{\alpha x + \beta y - y} \mathrm{d}x \mathrm{d}y$$

$$= (1-\beta)^{-\alpha_2} [1 - (\alpha + \beta)]^{\alpha_1} \tag{28.33}$$

当 α 和 β 分别为零时,有

$$\left.\begin{array}{l}G(0,\beta)=(1-\beta)^{-(a_1+a_2)}\\G(\alpha,0)=(1-\alpha)^{-a_1}\end{array}\right\}\qquad(28.34)$$

由此可见,这类二维分布的边际分布为 Γ 分布,即

$$\left.\begin{array}{l}f_1(x)=\dfrac{1}{\Gamma(a_1)}x^{a_1-1}\mathrm{e}^{-x}\\[2mm]f_2(y)=\dfrac{1}{\Gamma(a_1+a_2)}y^{a_1+a_2-1}\mathrm{e}^{-y}\end{array}\right\}\qquad(28.35)$$

条件分布为:

$$\left.\begin{array}{l}f_3(y|x)=\dfrac{1}{\Gamma(a_2)}\mathrm{e}^{-(y-x)}(y-x)^{a_2-1}\\[2mm]f_4(x|y)=\dfrac{1}{B(a_1,a_2)}x^{a_1-1}y^{1-(a_1+a_2)}(y-x)^{a_2-1}\end{array}\right\}\qquad(28.36)$$

式中,$B()$ 为 Beta 函数。由此可见,Y 倚 X 的条件分布为 Γ 分布,而 X 倚 Y 的条件分布为 Beta 分布(皮尔逊 I 型分布)。

(2) 从式(28.36)得到条件均值,用回归方程表示为:

$$\left.\begin{array}{l}E(y|x)=a_2+x\\[2mm]E(x|y)=\dfrac{a_1}{a_1+a_2}y\end{array}\right\}\qquad(28.37)$$

由此可见,条件均值的回归方程均为直线式,如图 28.4 所示,Y 倚 X 时为与边界线 $y=x$ 平行(A 线)及 X 倚 Y 时为通过坐标原点的直线(B 线)。

(3) 再从式(28.36)求得条件标准差为:

$$\left.\begin{array}{l}S_{y|x}=\sqrt{a_2}\\[2mm]S_{x|y}=\dfrac{1}{a_1+a_2}\sqrt{\dfrac{a_1a_2}{a_1+a_2+1}}y\end{array}\right\}\qquad(28.38)$$

可见条件标准差在 Y 倚 X 时为常数,X 倚 Y 时为直线。

(4) 还可从式(28.33)得到交互矩,即协方差为

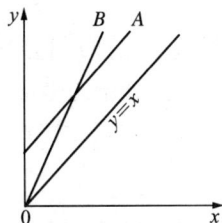

图 28.4 Uven Ⅳₐ型的条件均值图

$$m_{11}=\left[\dfrac{\partial^2\ln G(\alpha,\beta)}{\partial\alpha\partial\beta}\right]_{\substack{a=0\\\beta=0}}=a_1\qquad(28.39)$$

从式(28.35)可得边际分布的方差:$S_x^2=a_1$,$S_y^2=a_1+a_2$,故相关系数(设取正值时)为:

$$r=\dfrac{m_{11}}{S_xS_y}=\sqrt{\dfrac{a_1}{a_1+a_2}}\qquad(28.40)$$

由此可见,r 也与边际分布的参数有关,非独立的参数。

综上所述可以发现,这类二维分布在应用上有一定的局限性。例如:① 它只能适用于 $x<y$ 且其边界为 $y=x$ 的情况,在实际中不符合者有之;② 相关系数依赖于边际分布的参数,这是一个较大的缺陷,特别是当 $\alpha_2\neq0$ 时,r 可能会较多地小于1;③ 如果两个分布系列的相关关系很差,但 $\alpha_2\ll\alpha_1$ 时,r 会近似于1,变成相关关系十分密切;反之若 $\alpha_2\gg\alpha_1$,r 又很小了,接近于不相关的情况,很可能有悖于常情;④ 二维分布的条件标准差是规定了的,一为常数,一为线性函数,也有可能与实情不符。由此可知,这类二维分布在水文计算中的适用性较差,应用上有一定的限制。

28.3　设定回归方程和条件标准差的类型推求二维分布

日本学者鸣海青松对回归方程和条件标准差的型式作了设定,从而推导出二维分布函数[2]。鸣海的这种思路在理论上是有意义的,因为当资料系列较长时,有可能从中分析出回归方程的型式和条件标准差的一些规律性,会比较符合实际出现的情况。

我们知道,二维正态分布条件均值(Y 倚 X 和 X 倚 Y)的回归方程为线性,条件标准差为常数。鸣海反过来证明了一个很有价值的事实[2],即在相关系数 $|r|<1$ 时,设条件均值的回归方程均为线性且条件标准差都为常数时,所推导而得的二维分布必为二维正态分布(唯一性)。之后,Kendall 和 Stuart 用不同方法也证实了这点[10]。由于这个证明很长,在此略列。

鸣海的思路大致如下:由概率相乘定理知:
$$f(x,y)=f_1(x)f_3(y|x)=f_2(y)f_4(x|y) \tag{28.41}$$
令 Y 倚 X 的回归方程 $E(y|x)=\phi_1(x)$,X 倚 Y 的回归方程为 $E(x|y)=\phi_2(y)$,将条件分布的坐标原点移至回归线上,则有
$$\left.\begin{array}{l}f_3(y|x)=f_3[y-\phi_1(x)]\\f_4(x|y)=f_4[x-\phi_2(y)]\end{array}\right\} \tag{28.42}$$
于是,式(28.41)就成为:
$$f(x,y)=f_1(x)f_3[y-\phi_1(x)]=f_2(y)f_4[x-\phi_2(y)] \tag{28.43}$$
式(28.42)中的第一式,表示不论 x 取何值,其条件密度分布的形状是相同的,也就是说它们的条件标准差相等;对于其第二式同理。因此,式(28.43)只表示相同条件标准差时的二维分布情况。

当为相异的条件标准差时,鸣海改变条件分布中变数的比例尺,使之成为相同条件标准差的情况。设比例尺分别为 $\psi_1(x)$ 和 $\psi_2(y)$,式(28.43)成为:
$$f(x,y)=f_1(x)\{\psi_2(y)[y-\phi_1(x)]\}=f_2(y)\{\psi_1(x)[x-\phi_2(y)]\} \tag{28.44}$$
虽然,鸣海的考虑似可同实际情况相结合,但其推导十分复杂,不利于在水文

计算中应用。其推演过程篇幅较大,而且繁琐,在此略述。不过,鸣海的思路,有一定的启发和参考作用若能进一步研究其简化推导,与实际相结合,会有用处的。

28.4　参数法在组合频率计算中的应用问题

上面介绍的三种推导二维分布函数的途径,不仅在数学推演上比较繁复,而且在实际应用上有较多的限制,要在水文计算应用,尚有一定的距离。关于较多应用的两变量之和的组合频率计算,例如两河会合后流量的频率遭遇问题,过去有些简单的方法,如图解法[11,12]。这种方法在两个变量系列相互独立时,在统计原理上是没有问题的,只是精度不高,特别是处于稀遇频率的部位(如频率 $P \leqslant$ 1%时)。在两个变量系列具有相关关系时,需要假定条件分布的特征值(如条件标准差和条件偏态系数等),这就加入了工作者的设定,会有一定的误差,且较独立情况时的误差更大,更不易操作。

为了避免图解法的费时以及计算误差问题,笔者提出一种参数法[13],即按照两变量系列之和来推演常用的统计参数,简述于下。

设 X、Y 为两变量系列(取值分别为 x、y),其和 $X+Y$ 为 Z(取值为 $z=x+y$),很易得到 Z 的均值 $\bar{z}$:

$$\bar{z} = \bar{x} + \bar{y} \tag{28.45}$$

式中,$\bar{x}$、$\bar{y}$ 分别为 X、Y 系列的均值。又 Z 的方差 S_z^2 为:

$$S_z^2 = S_x^2 + 2rS_xS_y + S_y^2 \tag{28.46}$$

式中,S_x^2、S_y^2 分别为 X、Y 系列的方差(S_x、S_y 为相应的标准差);r 为两系列间的相关系数。

现在的问题是偏态系数的推导。已知 Z 的三阶中心矩 M_{3z} 为:

$$M_{3z} = M_{30} + M_{21} + M_{12} + M_{03} \tag{28.47}$$

式中,M_{30}、M_{03} 分别为 X、Y 系列的三阶中心矩。有 $M_{30} = S_x^3 C_{sx}$ 和 $M_{03} = S_y^3 C_{sy}$,其中 C_{sx}、C_{sy} 分别为 X、Y 系列的偏态系数;M_{21}、M_{12} 分别为 X、Y 系列的交互矩。当 Y 倚 X 时,有

$$M_{21} = 3rS_x^2 S_y C_{sx} \qquad M_{12} = 3r^2 S_x S_y^2 C_{sx} \tag{28.48}$$

同理,当 X 倚 Y 时,有

$$M_{21} = 3r^2 S_x^2 S_y C_{sy} \qquad M_{12} = 3rS_x S_y^2 C_{sy} \tag{28.49}$$

当 $r \neq 0$ 时,式(28.48)和式(28.49)中的对应项是不相等的,在实际计算时,要有所区别,即区分两变量中那一个为主变量。如果设 X 为主变量,则应取 Y 倚 X 的式(28.48);如果取 Y 为主变量,则取 X 倚 Y 的式(28.49)。如果两变量无主次之分,可以取对称的情况,即

$$M_{21}=3rS_x^2S_y \qquad M_{12}=3rS_xS_y^2 \qquad (28.50)$$

这样,Z 的偏态系数就可以计算了,即

$$C_{sz}=M_{3z}/S_z^3 \qquad (28.51)$$

在此,还有一个问题:当 X、Y 均为 Γ 分布时,其和的分布仍为 Γ 分布的条件为:① $|r|=1$;② $C_{sx}=C_{sy}=0$;③ $r=0$ 及 $S_xC_{sx}=S_yC_{sy}$。如果接近于上述条件,其结果可认为是近似的。对于其他情况,用实际资料验算过,在两系列的离差系数 C_{vx} 和 C_{vy} 为中小值时,结果比较接近。

现举 $r=0$ 时的一例。设两变数的参数为:$\bar{x}=$,$C_{vx}=0.5$,$C_{sx}=1$;$\bar{y}=1$,$C_{vy}=1.0$,$C_{sy}=2$。求 $z=x+y$ 的组合频率结果。

边际分布分别为:

$$f_1(x)=\frac{8}{3}x^3e^{-2x} \qquad f_2(y)=e^{-y}$$

和的频率 P_z 的计算区见图 28.5,分 A 和 B 两区,需分别计算,有

$$P_z=\int_0^z\int_{z-x}^\infty f_1(x)f_2(y)\mathrm{d}y\mathrm{d}x+\int_z^\infty\int_0^\infty f_1(x)f_2(y)\mathrm{d}y\mathrm{d}x$$

$$=16e^{-z}-\frac{1}{3}e^{-2z}(4z^3+18z^2+42z+45)$$

这是精确的计算法,P_z 和 z 的关系见表 28.1。如果用参数法,则有

$$\bar{z}=1+2=3, \quad C_{vz}=\sqrt{2}/3\doteqdot 0.47,$$

$$C_{sz}=\frac{3}{2\sqrt{2}}\doteqdot 1.06$$

此时的结果,记为参数法(1),同列于表 28.1 中。经比较,两种算法的结果十分接近。由于例中两个边际分布的 C_s 均为 $2C_v$,分布的起点坐标为零,鉴于此,另设 $C_{sz}=2C_{vz}$ 进行计算,记为参数法(2),亦列于表 28.1 中,结果也比较接近,尤其在频率曲线的尾部。

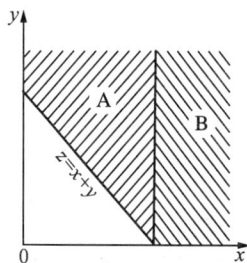

图 28.5 和的组合频率计算区示例图

表 28.1 和的频率计算结果比较表

方 法	P(%)							
	0.01	0.1	1	10	50	90	99	100
精确计算	11.98	9.70	7.30	4.84	2.76	1.40	0.72	0
参数法(1)	11.58	9.51	7.32	4.89	2.76	1.44	0.81	0.11
参数法(2)	11.25	9.30	7.20	4.89	2.76	1.40	0.72	0

参数法比较简单,只是两个 Γ 分布组合后,除少数情况外,结果就不为 Γ 分布了。因此,尚需用实际资料验证,分析不同参数时应用 Γ 分布的误差,以定出可以

使用的范围。

28.5　结语

本文叙述了用建立矩母函数、构建偏微分方程组、设定回归线和条件标准差型式的三种途径来求解二维分布函数,并简要记述了参数法求和的组合频率计算方法,主要讨论的是边际分布为水文计算中常用的 Γ 分布。本文是以读书报告的形式,结合心得书写而成,作为进一步研究的参考。下面是几点认识。

(1) 建立矩母函数的方法,是以二维正态密度函数为基础,将变数进行变换,成为 Γ 分布的形式,在数理统计上具有一定的意义。从结果上来看,条件均值为常用的直线方程,但条件标准差一为抛物线,另一为椭圆线,后者难以与水文计算中出现的情况符合。

(2) 构建偏微分方程组的方法,是通过设定的偏微分方程和一系列的条件来求算的,所得的边际分布一为 Γ 分布,另一为 B 分布,其条件均值亦为直线方程;条件标准差一为常数,另一为直线方程,但相关系数与边际分布的参数有关,很可能与实情不符。

(3) 设定回归方程和条件标准差类型的方法,其思路是有启发性的,但因数学推导过于复杂,尚达不到可以应用的地步。其中一项特别有意义的是:在条件均值为线性函数和条件方差为常数时必为且唯一为二维正态分布的证明。

(4) 两变数之和的组合频率计算的参数法,比较简单,只是边际分布为 Γ 分布时,组合后的分布若仍取 Γ 分布有误差问题。经少数例证,认为在中小离差系数时,其误差较小,可以应用。

水文计算中,边际分布常用 Γ 分布,故对二维 Γ 分布的研究,有一定的实际意义。文中记述了过去的一些工作,有一定的参考作用。

与本文有关的二维分布或组合频率方面的文献,尚可参阅参考文献[14～21]。

参 考 文 献

[1] Rhode E. C.. On a certain skew correlation surface [J]. Biometrika, 1922～23, 14: 355～377

[2] Narumi Seimatsu. On the general forms of bivariate frequency distributions which are mathematically possible when regression and variation are subject to limiting conditions [J]. Biometrika, 1923, 15:77～88, 209～221

[3] Pearson K.. Note on skew frequency surface [J]. Biometrika, 1923, 15:222～230

[4] Wicksell S. D.. On correlation functions of type Ⅲ [J]. Biometrika, 1933, 25:121～133

[5] Kibble W. F.. A two-variate gamma type distribution [J]. Sankhya, 1941,5: 137~150

[6] Van Uven M. J.. Extension of Pearson's probability distribution to two variates [C]. Koninklijke Nederlandche Akadamic van Wetenschappen. Proceedings of Lection of Amsterdam Sciences, 1947, 50:1063~1070, 1252~1264;1948,51:41~52, 191~196

[7] David F. N., E. Fix. Rank correlation and regression in a nonnormal surface [C]. Proc. of Fourth Berkeley Symposium on Mathematical Statistics and Probability. Vol. 1,1961

[8] Дьяченко З. Н.. Поверхность распределения типа Г. Труды Вероятностей и Математической Статистике. 1962:389~395

[9] 金光炎. 水文统计原理与方法[M]. 北京:中国工业出版社,1964

[10] Kendall M G, A Stuart. Advanced Theory of Statistics (M). Charles Griffin, Vol. 1 1958; Vol. 2, 1961

[11] 波塔波夫 M. B.. 常锡厚译. 径流凋节[M]. 北京:高等教育出版社, 1956 (俄文原版, 1951)

[12] 克里茨基 C. H.,M. Φ. 明克里;治淮委员会勘测设计院译. 水利计算(上册)[M]. 北京:水利电力出版社,1960 (俄文原版 1952)

[13] 金光炎. 一个计算组合频率的新方法[J]. 中国水利,1958(4)

[14] 黄河勘测设计院水文水利组. 洪水遭遇与洪水组成的推求(J). 黄河建设, 1956(12)

[15] Дьяченко З. Н.. Об одном виде двумерные фукции Г-распре-деления (J). Научные Труды Лекотехнической Академии, 1962,94:5~17

[16] Erdélyi A. Tables of Integral Transforms (M). McGrew-Hill Book Co. Vol. 1,1954

[17] Anderson T. W.. Introduction to Multivariate Statistical Analysis (M). Wiley, 1957

[18] Lancaster H. O.. The structure of bivariat distributions (J). The Annals of Mathematical Statistics, 1958, 29(3):719~736

[19] Krishnamoorthy A. S.. M Parthasraty. Amultivariate gamma-type distribution (J). The Annals of Mathematical Statistics, 1951:549~557

[20] Блохинов Е. Е., О. Б. Сарманов. Гамма-корроляция и ее использобание при расчетах многолетного ресулирования раченого стка(C). ТрудыГГИ, 1968,143: 52~75

[21] Сарманов И. О.. Компоэиция случайных велечии свяэанных гамма-корреляций (C). Труды ГГИ, 1970, 180: 138~151

(本文完成于 1964 年,现经整理而成)

29　对数正态分布与线性矩法

摘　要　介绍了对数正态分布密度函数的两种表达方式,主要叙述以线性矩法求解其统计参数和计算不同频率时的设计值。对这些计算结果,尚需进行合理性分析后才能取用。

关键词　水文频率计算　对数正态分布　线性矩法　参数估计

水文频率计算中,对数正态分布是国际上常用的分布之一,其参数的估计,可用常规矩法或线性矩法进行计算。下面主要介绍线性矩法的求解方法。

设 b 为分布的下限,令 $Y=\ln(X-b)$ 服从正态分布,则 X 服从对数正态分布,此时为正偏分布[①]。对数正态分布的密度函数有两种表达方式,分别就有关的内容叙述于下。

29.1　分布的第一种表达方式——直接表达法

对数正态分布的密度函数为[1,2]:

$$f(x)=\frac{1}{(x-b)S_y\sqrt{2\pi}}e^{-\frac{1}{2s_y^2}[\ln(x-b)-\bar{y}]^2} \tag{29.1}$$

式中, $\bar{y}$ 和 S_y 分别为 $Y=\ln(X-b)$ 系列的均值和标准差,其中各参数可用常规矩、线性矩或常用的参数—均值 $\bar{x}$ 、标准差 S 或离差系数 C_v(等于 $S/\bar{x}$)和偏态系数 C_s 来表示。当 $C_s=0$ 时,对数正态分布退化为正态分布。

1) 常规矩表示法

参数之间的关系如下[1]:

$$\bar{x}=b+e^{\bar{y}+S_y^2/2} \tag{29.2}$$

$$S^2=(e^{S_y^2}-1)e^{2\bar{y}+S_y^2} \tag{29.3}$$

$$C_s=(e^{S_y^2}-1)^{1/2}(e^{S_y^2}+2) \tag{29.4}$$

$$\frac{b}{\bar{x}}=1-\frac{C_v}{C_s}\left\{\left(1+\frac{C_s^2}{2}+C_s\sqrt{\frac{C_s^2}{4}+1}\right)^{1/3}+\left(1+\frac{C_s^2}{2}-C_s\sqrt{\frac{C_s^2}{4}+1}\right)^{1/3}\right\}$$

$$\tag{29.5}$$

---

①　如果取 b 为上限,可令 $Y=\ln(b-x)$ 为正态分布,此时即负偏分布。由于正、负分布具有对称性,很易相互换算,故本文以讨论正偏分布为主。

当 $b \geqslant 0$ 时,有 $C_s \geqslant 3C_v + C_v^3$;当 $b < 0$ 时,有 $C_s < 3C_v + C_v^3$。由于 Y 为对称分布,故均值 $\bar{y}$ 与中值 $\breve{y}$ 重合,相应的有:

$$\bar{y} = \ln(\breve{x} - b)$$
$$\breve{x} = e^{\bar{y}} + b \tag{29.6}$$

式中,$\breve{x}$ 为 x 系列的中值。

2) 线性矩表示法

线性矩(L -矩)是概率权重矩(PWM)[3]的线性组合。各阶线性矩 t_r 与概率权重矩 l_r 的关系如下($r=1,2,3,4$):

$$t_1 = l_1 = \bar{x}, t_2 = l_2/l_1, t_3 = l_3/l_2, t_4 = l_4/l_2 \tag{29.7}$$

其中,$t_1 = l_1$ 与常规矩的 $\bar{x}$ 相同,t_2、t_3 和 t_4 分别称为线性矩中的离差系数(L - C_v)、偏态系数(L - C_s)和峰态系数(L - C_k)。据参考文献[2],有:

$$l_1 = b + e^{\bar{y} + S_y^2/2} \tag{29.8}$$

$$l_2 = e^{\bar{y} + S_y^2/2} erf(S_y/2) \tag{29.9}$$

$$t_3 = \frac{6}{\sqrt{\pi}} \int_0^{S_y/2} \frac{erf(t/\sqrt{3}) e^{-t^2}}{erf(S_y/2)} dt \tag{29.10}$$

式中,$erf(\cdot)$ 为误差函数,即

$$erf(\omega) = \frac{2}{\sqrt{\pi}} \int_0^{\omega} e^{-t^2} dt = 2\Phi(\sqrt{2}\omega) - 1 \tag{29.11}$$

其中,$\Phi(\sqrt{2}\omega)$ 为标准正态分布函数,即

$$\Phi(\sqrt{2}\omega) = \frac{1}{\sqrt{2\pi}} \int_{-\infty}^{\sqrt{2}\omega} e^{-t^2/2} dt \tag{29.12}$$

误差函数可以直接利用 Excel 中的函数求得,例如 $erf(1) = ERF(1) = 0.842\,700\,8$;或按式(29.11)通过标准正态分布来表计算,即用 Excel 中的统计函数 NORMSDIST($\sqrt{2}\omega$)来计算,例如 $erf(1) = 2\Phi(\sqrt{2} \times 1) - 1 = 2 \times 0.921\,350\,4 - 1 = 0.842\,700\,8$。两者的结果相同。

$erf(\omega)$ 亦可用下列近似公式计算(其误差 $|\varepsilon| \leqslant 1.5 \times 10^{-7}$)[4]:

$$erf(\omega) = 1 - (a_1 t + a_2 t^2 + \cdots + a_5 t^5) e^{-\omega^2} \tag{29.13}$$

式中

$$t = \frac{1}{1 + p\omega} \tag{29.14}$$

其中的系数见表 29.1。例如,当 $\omega=1$ 时,$erf(1) = 0.842\,700\,7$,与上述结果仅在尾数差 1。

表 29.1　式(29.13)和式(29.14)的系数表

$p=0.327\,591\,1$	$a_3=1.421\,413\,741$
$a_1=0.254\,829\,592$	$a_4=-1.453\,152\,027$
$a_2=-0.284\,496\,736$	$a_5=1.061\,405\,429$

从式(29.10)可见,当 t_3 已知时,无显式可求得 S_y,只能用数值积分法得到近似公式[2]:

$$S_y=0.999\,281v-0.006\,118v^3+0.000\,127v^5 \tag{29.15}$$

式中

$$v=\sqrt{\frac{8}{3}}\,\Phi^{-1}\left(\frac{1+t_3}{2}\right) \tag{29.16}$$

其中,$\Phi^{-1}(\cdot)$ 为标准正态分布的逆函数,相当于在式(29.12)中已知 $\Phi(\sqrt{2}\omega)$ 来推求 $\sqrt{2}\omega$ 的值。例如,利用 Excel 中的统计函数,可求得 $\Phi(\sqrt{2})$＝NORMSDIST$(\sqrt{2})$ ＝0.921\,350\,4;反过来,计算 $\Phi^{-1}(0.921\,350\,4)$＝NORMSINV$(0.921\,350\,4)$＝ 1.414\,213\,6＝$\sqrt{2}$。

式(29.13)的精度略低,当 $t_3<0.5$ 时(约相当于 $C_s<8.0$),最大误差 $|\varepsilon|<2.7\times10^{-4}$。在第二种表达法中还有比它精度更高的近似式,见后述。

当 S_y 已知后,据已算得的 l_1 和 l_2,其他两个参数为:

$$\bar{y}=\ln\left[\frac{l_2}{erf(S_y^2/2)}\right]-\frac{S_y^2}{2} \tag{29.17}$$

$$b=l_1-\exp(\bar{y}+S_y^2/2) \tag{29.18}$$

3) 不同频率时设计值的推求

对不同频率 P,设计值 x_p 的推算也有两种等价的方法。一种是根据式(29.2)～式(29.4),用 $\bar{x}$、C_v 和 C_s 按常用的公式来计算,即

$$x_p=\bar{x}(1+C_v\varphi) \tag{29.19}$$

式中,φ 为离均系数,可查已制成的表,或按式(29.20)计算[1]:

$$\varphi=(e^{u_p S_y-S_y^2/2}-1)(e^{S_y^2}-1)^{-1/2} \tag{29.20}$$

式中,u_p 为标准正态分布变量,按水文中的习惯为:

$$P=\frac{1}{\sqrt{2\pi}}\int_{u_p}^{\infty}e^{-t^2/2}dt=1-\Phi(u_p) \tag{29.21}$$

另一种是已知 $\bar{y}$、S_y 和 b 后,使

$$u_p=\frac{\ln(x_p-b)-\bar{y}}{S_y} \tag{29.22}$$

由此解得

$$x_p = b + e^{u_p S_y + \overline{y}}$$
(29.23)

29.2　分布的第二种表达法——间接表示法

1) 对数正态分布与参数

对数正态分布密度函数也可表示为[5]：

$$f(x) = \frac{1}{\alpha \sqrt{2\pi}} e^{kz - z^2/2}$$
(29.24)

其中

$$Z = \begin{cases} -\dfrac{1}{k} \ln\left[1 - \dfrac{k}{\alpha}(x - \xi)\right], & k \neq 0 \\ \dfrac{1}{\alpha}(x - \xi), & k = 0 \end{cases}$$
(29.25)

式中，α、k 和 ξ 为参数。当 $k \neq 0$ 时，有：

$$f(x) = \frac{1}{\alpha \sqrt{2\pi}} \frac{1}{1 - (x - \xi)k/\alpha} e^{-\frac{1}{2k^2}\left\{\ln\left[1 - \frac{k}{\alpha}(x - \xi)\right]\right\}^2}$$
(29.26)

当 $k = 0$ 时，为正态分布：

$$f(x) = \frac{1}{\alpha \sqrt{2\pi}} e^{-\frac{1}{2\alpha^2}(x - \xi)^2}$$
(29.27)

将式(29.26)与式(29.1)相比得：

(1) $k^2 = S_y^2$。当 $k < 0$ 时为正偏（$C_s > 0$），$k = -S_y$；当 $k > 0$ 时为负偏（$C_s < 0$），$k = S_y$。

(2) $\alpha\left[1 - \dfrac{k}{\alpha}(x - \xi)\right] = (x - b)S_y$，得 $\alpha = -k(\xi - b)$。

(3) $1 - \dfrac{k}{\alpha}(x - \xi) = \dfrac{x - b}{\bar{x} - b}$。比较 x 的系数，当 $k < 0$ 时，利用式(29.6)的关系，可得

$$e^{\overline{y}} = -\alpha/k$$
(29.28)

同样，比较常数项，得到 $\xi = -\dfrac{\alpha}{k} + b$，与第(2)条的结果一致。

α、k 和 ξ 与线性矩之间的关系，列述如下。

当 $k < 0$（$C_s > 0$）时，$k = -S_y$，由式(29.10)知：

$$t_3 = \frac{6}{\sqrt{\pi}} \int_0^{-k/2} \frac{erf(t/\sqrt{3}) e^{-t^2}}{erf(-k/2)} dt$$
(29.29)

因为 k 与 t_3 无显式关系，据参考文献[5]所列的近似式（包括 k 与 t_4 的关系）为：

$$t_3 = -k\,\frac{A_0 + A_1 k^2 + A_2 k^4 + A_3 k^6}{1 + B_1 k^2 + B_2 k^4 + B_3 k^6} \left.\vphantom{\frac{A}{B}}\right\}$$

$$t_4 = t_4^0 + k^2\,\frac{C_0 + C_1 k^2 + C_2 k^4 + C_3 k^6}{1 + D_1 k^2 + D_2 k^4 + D_3 k^6} \left.\vphantom{\frac{C}{D}}\right\} \tag{29.30}$$

当 $|k| \leqslant 3$ 时,$|t_3| \leqslant 0.99$ 时的误差 $|\varepsilon| < 2 \times 10^{-7}$,$t_4 \leqslant 0.98$ 时的误差 $|\varepsilon| < 5 \times 10^{-7}$。或有:

$$k = -t_3\,\frac{E_0 + E_1 t_3^2 + E_2 t_3^4 + E_3 t_3^6}{1 + F_1 t_3^2 + F_2 t_3^4 + F_3 t_3^6} \tag{29.31}$$

当 $|k| \leqslant 3$,$|t_3| \leqslant 0.94$ 时的相对误差 $|\varepsilon'| \leqslant 2.5 \times 10^{-6}$。上列各式中的系数见表 29.2。

表 29.2 式(29.30)和式(29.31)中的系数值
$$t_4^0 = 1.226\,017\,2E{-}01$$

$A_0 = 4.886\,025\,1E{-}01$	$C_0 = 1.875\,659\,0E{-}01$	$E_0 = 2.046\,653\,4E{+}00$
$A_1 = 4.449\,307\,6E{-}03$	$C_1 = -2.535\,214\,7E{-}03$	$E_1 = -3.654\,437\,1E{+}00$
$A_2 = 8.802\,703\,9E{-}04$	$C_2 = 2.699\,510\,2E{-}04$	$E_2 = 1.839\,673\,3E{+}00$
$A_3 = 1.150\,708\,4E{-}06$	$C_3 = -1.844\,668\,0E{-}06$	$E_3 = -2.036\,024\,4E{-}01$
$B_1 = 6.466\,292\,4E{-}02$	$D_1 = 8.232\,561\,7E{-}02$	$F_1 = -2.018\,217\,3E{+}00$
$B_2 = 3.309\,040\,6E{-}03$	$D_2 = 4.268\,144\,8E{-}03$	$F_2 = 1.242\,040\,1E{+}00$
$B_3 = 7.429\,068\,0E{-}05$	$D_3 = 1.1653\,690\,E{-}04$	$F_3 = -2.174\,180\,1E{-}01$

现将部分 t 与 k、C_s 的关系列于表 29.3 中。从水文计算中常用的 C_s 范围(如 $C_s = 0 \sim 10$)来看,相应的 t_3 约为 $0 \sim 0.52$,k 约为 $0 \sim -1.14$。显然,t_3 在变化幅度 0.52 内对应的 C_s 变化范围为 10;如果 t_3 有少许误差,则会较大地影响 C_s 的误差,特别在 t_3 较大时。

有了 k 之后,其他两个参数为[5]:

$$\alpha = \frac{l_2 k e^{-k^2/2}}{1 - 2\Phi(-k/\sqrt{2})} \tag{29.32}$$

$$\xi = l_1 - \frac{\alpha}{k}(1 - e^{k^2/2}) \tag{29.33}$$

因为 $S_y^{\ 2} = k^2$,由式(29.3)得:

$$S^2 = (e^{k^2} - 1)e^{2\bar{y} + k^2} \tag{29.34}$$

式中,$\bar{y}$ 已见于式(29.17),故

$$S = \frac{\alpha}{|k|}e^{k^2/2}(e^{k^2} - 1)^{1/2} \tag{29.35}$$

$C_v = S/\bar{x}$。至于式(29.32)中的系数亦可由式(29.9)与式(29.28)获得。

表 29.3　$t\sim k\sim C_s$ 的关系表

t_3	k	C_s	t_3	k	C_s
0.00	0.000 000 0	0.000 000 0	0.28	−0.583 985 3	2.171 589 1
0.01	−0.020 467 0	0.061 416 0	0.29	−0.605 704 6	2.292 321 9
0.02	−0.040 936 9	0.122 930 8	0.30	−0.627 521 0	2.419 272 2
0.03	−0.061 412 5	0.184 643 5	0.31	−0.649 439 1	2.553 030 4
0.04	−0.081 896 6	0.246 654 5	0.32	−0.671 463 6	2.694 251 3
0.05	−0.102 392 3	0.309 065 7	0.33	−0.693 599 2	2.843 663 1
0.06	−0.122 902 3	0.371 981 1	0.34	−0.715 851 0	3.002 077 6
0.07	−0.143 429 5	0.435 507 6	0.35	−0.738 224 1	3.170 401 2
0.08	−0.163 976 9	0.499 755 3	0.36	−0.760 723 9	3.349 649 2
0.09	−0.184 547 5	0.564 838 3	0.37	−0.783 356 0	3.540 960 5
0.10	−0.205 144 1	0.630 875 5	0.38	−0.806 126 0	3.745 616 8
0.11	−0.225 769 8	0.697 991 2	0.39	−0.829 040 0	3.965 062 9
0.12	−0.246 427 7	0.766 315 6	0.40	−0.852 104 2	4.200 932 5
0.13	−0.267 120 8	0.835 986 3	0.41	−0.875 325 2	4.455 077 0
0.14	−0.287 852 1	0.907 148 6	0.42	−0.898 709 5	4.729 600 1
0.15	−0.308 625 0	0.979 957 0	0.43	−0.922 264 4	5.026 898 9
0.16	−0.329 442 5	1.054 576 0	0.44	−0.945 997 0	5.349 712 0
0.17	−0.350 307 9	1.131 181 3	0.45	−0.969 915 5	5.701 177 1
0.18	−0.371 224 5	1.209 961 6	0.46	−0.994 027 5	6.084 900 1
0.19	−0.392 195 7	1.291 119 5	0.47	−1.018 341 7	6.505 037 1
0.20	−0.413 224 9	1.374 873 6	0.48	−1.042 866 8	6.966 393 6
0.21	−0.434 315 7	1.461 460 4	0.49	−1.067 612 3	7.474 543 9
0.22	−0.455 471 6	1.551 136 2	0.50	−1.092 588 0	8.035 975 6
0.23	−0.476 696 2	1.644 179 6	0.51	−1.117 804 3	8.658 266 0
0.24	−0.497 993 4	1.740 894 1	0.52	−1.143 271 9	9.350 296 5
0.25	−0.519 366 8	1.841 611 3	0.53	−1.169 002 6	10.122 516 5
0.26	−0.540 820 6	1.946 694 1	0.54	−1.195 008 5	10.987 267 8
0.27	−0.562 358 7	2.056 540 7	0.55	−1.221 302 6	11.959 186 9

2) 不同频率时设计值的计算

不同频率 P 时的设计值 x_P 可据 $\bar{x}$、C_v 和 C_s 用式(29.19)计算,也可通过 k、α 和 ξ 值推求。将式(29.26)与式(29.1)对比可知,$\dfrac{1}{|k|}\ln\left[1-\dfrac{k}{\alpha}(x-\xi)\right]$ 服从标准正态分布,故

$$\frac{1}{|k|}\ln\left[1-\frac{k}{\alpha}(x_{\mathrm{p}}-\xi)\right]=u_{\mathrm{P}} \tag{29.36}$$

或

$$x_{\mathrm{P}}=\xi+\frac{\alpha}{k}(1-\mathrm{e}^{-ku_{\mathrm{p}}}) \tag{29.37}$$

式中,u_{P}值按式(29.21)求得。

29.3　正态分布时参数的线性矩法表示

当 $k=0$ 时,$t_3=C_{\mathrm{s}}=0$,对数正态分布退化为正态分布,其密度函数为:

$$f(x)=\frac{1}{S\sqrt{2\pi}}\mathrm{e}^{-\frac{(x-\bar{x})^2}{2S^2}} \tag{29.38}$$

式中的参数与线性矩的关系如下:

$$\left.\begin{aligned}l_1&=\bar{x}\\l_2&=\frac{S}{\sqrt{\pi}}=0.564\,189\,6S\\t_3&=0\\t_4&=\frac{30}{\pi}\arctan\sqrt{2}-9=0.122\,601\,7\end{aligned}\right\} \tag{29.39}$$

其中 $\pi=180°$,即 $30/\pi=30/180=1/6$。式(29.39)中的第一式、第二式也可写为如下形式:

$$\left.\begin{aligned}\bar{x}&=l_1\\S&=\sqrt{\pi}l_2=1.772\,453\,9l_2\end{aligned}\right\} \tag{29.40}$$

29.4　小结

(1) 对数正态分布密度函数有两种表达方式,以线性矩法求参数 S_y、$\bar{y}$ 和 b 或 k、α 和 ξ 时,可用式(29.15)由 t_3 求得 S_y,再由式(29.17)和(29.18)利用 l_2 和 l_1 算得 $\bar{y}$ 和 b;或用式(29.31)由 t_3 求得 k,再由式(29.32)和(29.33)利用 l_2 和 l_1 算得 α 和 ξ。

(2) 任一组参数求得后,最好将其换算成常用的统计参数 $\bar{x}$、C_{v} 和 C_{s}(其中 $\bar{x}=l_1$),以便与其他方法的计算结果作比较。推求不同频率 P 时的设计值 x_{P},可用相应的公式(29.19)或公式(29.37)。

(3) 不同方法得到的参数,相互间有一定的关系,可相互验算。计算所得到的参数或设计值应进行合理性分析后才能取用。

参　考　文　献

[1] 金光炎. 水文统计原理与方法. 北京：中国工业出版社，1964

[2] Hosking J. R. M.. L-moments：Analysis and estimation of distributions using linear combinations of order statistics [J]. Journal of the Royal Statistical Society, Series B, 1990, 52(1) ：105～124

[3] Greenwood J. A., J. M. Landwehr, N. C. Matalas, J. R. Wallis. Probability-weighted moments：Definition and relation to parameters of distribution expressible in inverse form [J]. Water Resources Research, 1979,15(5) ：1049～1054

[4] Abramowitz M., I. A. Stegun. Handbook of Mathematical Functions with Formulas, Graphs, and Mathematical Tables [M]. National Bureau ofStandards, Applied Mathematics Series · 55, 1964

[5] Hosking J. R. M., J. R. Wallis. Regional Frequency Analysis- An Approach Based on L-moments [M]. Cambridge University Press, 1997

（本文完成于 2006 年）

30 极值分布与线性矩法

摘　要　主要叙述了对极值分布用线性矩法求解分布参数与设计值的方法,并与常规矩法的结果作了比较。同其他方法一样,其最终结果须经合理性分析才能应用。

关键词　水文频率计算　极值分布　线性矩法　参数估计

极值分布包括Ⅰ型、Ⅱ型和Ⅲ型分布,又称广义极值分布。水文频率计算中,这类分布是国际上采用最多的一种分布[1],了解其特性和计算方法,有助于研究和应用。

30.1　极值分布概述

1) 分布函数与密度函数

极值分布的分布函数为[2,3]:

$$F(x) = \begin{cases} 1 - \exp\left\{ -\left[1 - \dfrac{k}{\alpha}(x-\xi)^{1/k} \right] \right\}, & k \neq 0 \\ 1 - \exp\left[-\exp\left(-\dfrac{x-\xi}{\alpha} \right) \right], & k = 0 \end{cases} \tag{30.1}$$

式中,x 为随机变量 X 的取值;k、α 和 ξ 为参数,亦可用常用统计参数——均值 $\overline{\alpha x}$、标准差 S 或离差系数 C_v(等于 $S/\overline{x}$)和偏态系数 C_s 表示。

极值分布的密度函数为:

$$f(x) = \frac{1}{\alpha}\left[1 - \frac{k}{\alpha}(x-\xi) \right]^{1/k-1} \exp\left\{ -\left[1 - \frac{k}{\alpha}(x-\xi) \right]^{1/k} \right\} \tag{30.2}$$

亦可等价表示为[3]:

$$f(x) = \frac{1}{\alpha} e^{-(1-k)z - \exp(-z)} \tag{30.3}$$

其中

$$z = \begin{cases} -\dfrac{1}{k} \ln\left[1 - \dfrac{k}{\alpha}(x-\xi), \right] & k \neq 0 \\ \dfrac{x-\xi}{\alpha}, & k = 0 \end{cases} \tag{30.4}$$

k 为与偏度有关的参数。$k=0$ 时为极值Ⅰ型分布,相当于 $C_s=1.140$;$k<0$ 时为极值Ⅱ型分布,$C_s>1.140$;$k>0$ 时为极值Ⅲ型分布,$C_s<1.140$。水文计算

中,一般为 $C_s > 0$,其相应的 $k > 0.277\ 596\ 6$,见后述。

2) 分布的均值、中值和众值

为讨论方便起见,另设一变数 Y,取值为:

$$y = \frac{x - \xi}{\alpha} \tag{30.5}$$

密度函数化为:

$$f(y) = (1 - ky)^{1/k - 1} \exp[-(1 - ky)^{1/k}] \tag{30.6}$$

经演算可得均值 $\bar{y}$、中值 $\breve{y}$ 和众值 $\hat{y}$ 为[2]:

$$\left.\begin{array}{l} \bar{y} = \dfrac{1}{k}[1 - \Gamma(1 + k)] \\[2mm] \breve{y} = \dfrac{1}{k}[1 - (\ln 2)^k] \\[2mm] \hat{y} = \dfrac{1}{k}[1 - (1 - k)^k] \end{array}\right\} \tag{30.7}$$

式中,$\Gamma(\cdot)$ 为 Γ 函数。I 型分布,即 $k \to 0$ 时有 $\bar{y} = C$(Euler 常数 $= 0.577\ 22$),$\breve{y} = -\ln \ln 2 = 0.366\ 51$ 和 $\hat{y} = 0$。X 的这些参数,因与 Y 的位置相对应,故可由式(30.5)换算而得,例如 $\bar{x} = \xi + \alpha \bar{y}$ 等。

按一般的统计概念,在正偏分布时,式(30.7)中三个特征值的位置,其次序自小至大为:众值→中值→均值;在负偏分布时,位置次序与上述相反。然而,在极值分布的某个区段会出现反常的情况,如 $k = 0.291 \sim 0.302$($C_s = -0.040\ 5 \sim -0.074\ 5$)时,其次序为众值→均值→中值;$k = 0.302 \sim 0.307$($C_s = -0.074\ 5 \sim -0.089\ 4$)时,其次序为均值→众值→中值,也就是说,这一区段处于接近 $C_s = 0$ 且略呈负偏之处。

30.2 参数估计

1) 常规矩法

据参考文献[2],X 系列的参数 $\bar{x}$、S、C_s 与 k、α 和 ξ 的关系(为完整起见,亦列出峰态系数 C_k 的公式),当 $k \neq 0$ 时为:

$$\bar{x} = \xi + \frac{\alpha}{k}[1 - \Gamma(1 + k)] \tag{30.8}$$

$$S = \frac{\alpha}{|k|} \sqrt{\Gamma(1 + 2k) - \Gamma^2(1 + k)} \tag{30.9}$$

$$C_s = -\frac{k}{|k|} \frac{\Gamma(1 + 3k) - 3\Gamma(1 + k)\Gamma(1 + 2k) + 2\Gamma^3(1 + k)}{[\Gamma(1 + 2k) - \Gamma^2(1 + k)]^{3/2}} \tag{30.10}$$

$$C_k = \frac{\Gamma(1 + 4k) - 4\Gamma(1 + k)\Gamma(1 + 3k) + 3\Gamma^2(1 + 2k)}{[\Gamma(1 + 2k) - \Gamma^2(1 + k)]^2} - 3 \tag{30.11}$$

又 $C_v=S/\bar{x}$。显然,$\bar{x}$、S、C_s 和 C_k 的存在条件分别为 $k>-1$、$k>-1/2$、$k>-1/3$ 和 $k>-1/4$。极值分布仅有 3 个参数,只要用到前三阶矩,故须 $k>-1/3$。

从式(30.10)可见,由 C_s 推求 k 时无显式。参考文献[3]中列出了近似式,见表 30.1。当 $C_s=-2.0\sim4.5$ 时,其误差 $|\varepsilon|<0.001$。

表 30.1　由 C_s 推求 k 的近似式

情　况	k 的近似式
$k<0$ $(1.140<C_s<10)$	$k=0.285\,822\,1-0.357\,983\,C_s+0.116\,659C_s{}^2-0.022\,725\,C_s{}^3$ $+0.002\,604\,C_s{}^4-0.000\,161\,C_s{}^5+0.000\,004\,C_s{}^6$
$k>0$ $(-2<C_s<1.140)$	$k=0.277\,648-0.322\,016\,C_s+0.060\,278C_s{}^2+0.016\,759\,C_s{}^3$ $-0.005\,873\,C_s{}^4-0.002\,440\,C_s{}^5-0.000\,050\,C_s{}^6$

当 $k\to0$(Ⅰ型)时,有:

$$\bar{x}=\xi+0.577\,22\alpha$$
$$\delta=\alpha\pi/6=1.282\,55\alpha$$
$$C_s=1.139\,55\approx1.140 \tag{30.12}$$
$$C_k=5.400$$

且众值 $\hat{x}=\xi$。

2) 线性矩法

据参考文献[4],线性矩 l_r 或 t 参数 $t_r(r=1,2,3,4)$ 与 k、α 和 ξ 的关系摘列如下:

$$l_1=\bar{x}=\xi+\frac{\alpha}{k}[1-\Gamma(1+k)] \tag{30.13}$$

$$l_2=\frac{\alpha}{k}(1-2^{-k})\,\Gamma(1+k) \tag{30.14}$$

$$t_3=\frac{l_3}{l_2}=\frac{(1-3^{-k})}{1-2^{-k}}-3 \tag{30.15}$$

$$t_4=\frac{l_4}{l_2}=\frac{5(1-4^{-k})-10(1-3^{-k})}{1-2^{-k}}+6 \tag{30.16}$$

其中,由于一阶线性矩 l_1 等于一阶常规矩 $\bar{x}$,故式(30.8)与式(30.13)相同。$t_2=l_2/l_1$ 称为 L-离差系数(L-C_v)、t_3 称为 L-偏态系数(L-C_s)和 t_4 称为 L-峰态系数(L-C_k)。

由式(30.15)及式(30.10)计算得到的 $k\sim t_3\sim C_s$ 关系见表 30.2。其中仅列出较常用范围($k=-0.30\sim-0.30$)时的值,约对应于 $t_3=0.377\,881\,1\sim-0.008\,996\,1$ 及 $C_s=13.483\,55\sim-0.068\,74$。

表 30.2 极值分布 $k \sim t_3 \sim C_s$ 关系表

k	t_3	C_s	k	t_3	C_s
−0.30	0.377 881 1	13.483 552 4	0.01	0.163 514 6	1.081 093 5
−0.29	0.370 439 4	10.480 750 1	0.02	0.157 136 3	1.024 855 5
−0.28	0.363 034 4	8.592 447 9	0.03	0.150 789 9	0.970 702 1
−0.27	0.355 665 8	7.291 113 2	0.04	0.144 475 4	0.918 454 9
−0.26	0.348 333 5	6.336 922 1	0.05	0.138 192 4	0.867 965 3
−0.25	0.341 037 3	5.605 138 2	0.06	0.131 941 0	0.819 099 9
−0.24	0.333 777 1	5.024 462 5	0.07	0.125 721 0	0.771 738 6
−0.23	0.326 552 7	4.551 178 5	0.08	0.119 532 2	0.725 772 2
−0.22	0.319 364 0	4.156 985 5	0.09	0.113 374 4	0.681 101 8
−0.21	0.312 210 8	3.822 750 6	0.10	0.107 247 7	0.637 637 2
−0.20	0.305 092 9	3.535 071 6	0.11	0.101 151 7	0.595 295 7
−0.19	0.298 010 2	3.284 279 0	0.12	0.095 086 4	0.554 002 1
−0.18	0.290 962 6	3.063 219 5	0.13	0.089 051 7	0.513 687 1
−0.17	0.283 949 9	2.866 486 5	0.14	0.083 047 4	0.474 287 1
−0.16	0.276 971 9	2.689 916 3	0.15	0.077 073 3	0.435 743 3
−0.15	0.270 028 5	2.530 249 9	0.16	0.071 129 4	0.398 001 8
−0.14	0.263 119 5	2.384 899 4	0.17	0.065 215 5	0.361 012 4
−0.13	0.256 244 7	2.251 782 9	0.18	0.059 331 4	0.324 728 8
−0.12	0.249 404 2	2.129 206 4	0.19	0.053 477 1	0.289 107 9
−0.11	0.242 597 6	2.015 777 1	0.20	0.047 652 3	0.254 109 6
−0.10	0.235 824 8	1.910 339 2	0.21	0.041 857 1	0.219 696 8
−0.09	0.229 085 7	1.811 924 7	0.22	0.036 091 1	0.185 834 5
−0.08	0.222 380 1	1.719 717 4	0.23	0.030 354 4	0.152 490 5
−0.07	0.215 707 9	1.633 023 5	0.24	0.024 646 7	0.119 634 1
−0.06	0.209 069 0	1.551 249 3	0.25	0.018 968 0	0.087 237 0
−0.05	0.202 463 1	1.473 884 3	0.26	0.013 318 1	0.055 272 4
−0.04	0.195 890 2	1.400 486 2	0.27	0.007 696 8	0.023 715 1
−0.03	0.189 350 0	1.330 670 4	0.28	0.002 104 1	−0.007 458 4
−0.02	0.182 842 6	1.264 101 6	0.29	−0.003 460 1	−0.038 270 5
−0.01	0.176 367 6	1.200 498 3	0.30	−0.008 996 1	−0.068 742 1
0.00	0.169 925 0	1.139 547 1			

从表 30.2 可见，t_3 的变幅很小，仅约 0.387，而 C_s 的相应幅度却达到 13.5 左右。因此，如果 t_3 有微小误差，则会较大地影响 C_s 值，特别在 t_3 较大时。

一般，当分布呈对称时，有 $t_3 = C_s = 0$。但极值分布无确切的对称性[2]，且 t_3 和 C_s 不是同时为零，只是比较接近。有关数据见表 30.3。

表 30.3　$t_3 = 0$ 和 $C_s = 0$ 时的各参数值

参　数	$t_3 = 0$ 时的数值	$C_s = 0$ 时的数值
k	0.283 775 5	0.277 596 6
t_3	0	0.003 445 7
t_4	0.107 192 5	0.107 592 5
C_s	−0.019 132 6	0
C_k	2.713 521 8	2.716 861 1

对于 l_1、l_2、t_3 与 k、α 和 ξ 的关系，从式(30.15)可知，k 不能表示为 t_3 的显式，当 $-0.5 \leqslant t_3 \leqslant 0.5$ 时，Hosking 采用下列近似式(其最大误差 $|\varepsilon| < q \times 10^{-4}$)[3,4]：

$$k = 7.859\ 0C + 2.955\ 4C^2 \tag{30.17}$$

其中

$$C = \frac{2}{3 + t_3} - \frac{\ln 2}{\ln 3} \tag{30.18}$$

当 k 求得后，另两个参数为：

$$\alpha = \frac{l_2 k}{(1 - 2^{-k}) \Gamma(1 + k)} \tag{30.19}$$

$$\xi = l_1 - \frac{\alpha}{k} [1 - \Gamma(1 + k)] \tag{30.20}$$

由式(30.15)及式(30.16)知，当 $k \to 0$ 时，据罗毕达法则有

$$t_3 = \frac{2\ln 3}{\ln 2} - 3 = 0.169\ 925\ 0$$

$$t_4 = \frac{5\ln 4 - 10\ln 3}{\ln 2} + 6 = 0.150\ 375\ 0$$

30.3　不同频率时设计值的推求

不同频率 P 时，设计值 x_P 的计算有两种方法。

1) 通过 $\bar{x}$、C_v 和 C_s 进行计算

从资料系列计算得到 t_3、l_2 和 $l_1 = \bar{x}$ 之后，可由式(30.17)求得 k 值，并用式(30.10)算出 C_s 值。然后，用式(30.19)由 k 和 l_2 得到 α 值，再将其代入式(30.9)，得 S 值及 $C_v = S/\bar{x}$。这样，可以用式(30.22)计算 x_P 值：

$$x_P = \bar{x}(1 + C_v \Phi) \qquad (30.22)$$

式中，Φ 为离均系数，其值详见参考文献[2]。

2）通过 k、α 和 ξ 进行计算

同样由 t_3、l_2 和 $l_1 = \bar{x}$ 的值，分别用式(30.17)、式(30.19)和式(30.20)求得 k、α 和 ξ 值。由式(30.1)，使 $F(x) = P$，有

$$x_P = \begin{cases} \xi + \dfrac{\alpha}{k}\{1 - [-\ln(1-P)]^{-k}\}, & k \neq 0 \\[2mm] \xi - \alpha\ln[-\ln(1-P)], & k = 0 \end{cases} \qquad (30.23)$$

上述两种方法各有优缺点。第一种方法需将参数化为 C_v 和 C_s，计算过程比较多一点，但可与其他方法(亦有 C_v 及 C_s 值)计算所得的结果相比较，还便于与别种分布模型的结果作比较。第二种方法的计算过程相对直接一些，但不甚方便，特别是与别种分布模型计算结果比较时，因为不同模型有不同的参数，它们常常是不一致的。

30.4　小结

(1) 极值分布有三种型式，水文系列多为正偏分布，故最大的 k 值在 0.28 左右，即 $k \leqslant 0.28$，且多数 $k < 0$。

(2) 当 $k = 0 \sim 0.28$(相应的 $C_s = 1.140 \sim 0$)时，分布为Ⅲ型，呈正偏分布，有上限，下限趋于 $-\infty$。如果绘制密度曲线，可以发现其分布尾部的概率密度很小，甚至可以忽略，实际上可视部分仍在正值范围处。

(3) 将参数换算成常用的统计参数 $\bar{x}$、C_v 和 C_s 来进行计算和比较是较为有利的，特别是在比较不同模型的计算结果时。

(4) 参数和设计值的合理性分析非常重要，取用时需特别注意。

参 考 文 献

[1] Cunnane C.. Statistical Distribution for Flood Frequency Analysis [M]. WMO Operational Hydrology Report №33, WMO—№718, Geneva-Switzerland. 1989

[2] 金光炎. 广义极值分布及其在水文中的应用[J]. 水文,1998(2). 或见水文水资源分析研究. 南京:东南大学出版社,2003,73~80

[3] Rao. A. R., K. H. Hamed. Flood Frequency Analysis [M]. CRC Press, London—New York—Washington. D. C., 2000

[4] Hosking Z. R. M.. L-moments: Analysis and estimation of distributions using linear combinations of order statistics[J]. Journal of the Royal Statistical Society, Series B, 1990, 52:

105～124

[5] Hosking Z. R. M. and J. R. Wallis. Regional Frequency Analysis [M], An Approach Based on L-moments [M]. Cambridge University Press，1997

（本文完成于 2006 年）

31　广义指数分布与线性矩法

摘　要　首次论述了对广义指数分布用线性矩计算统计参数和设计值的方法,摘列了有关的常规矩法的结果。计算的最终结果须经合理性分析后才能应用。

关键词　水文频率计算　广义指数分布　线性矩法　参数估计

广义指数分布亦称 Goodrich 分布[1,2],其一般形式的分布函数为:

$$F(x)=\exp\left[-\frac{h\ (x-a)^c}{(b-x)^d}\right] \tag{31.1}$$

式中,b 和 a 分别为分布的上限和下限;c 和 d 为参数。

此分布有五个参数,当 $d=0$ 时,简化成通用的三参数分布。本文主要介绍这种类型。

31.1　分布函数与密度函数

三参数指数分布的分布函数为:

$$F(x)=\exp[-h(x-a)^c] \qquad a\leqslant x<\infty \tag{31.2}$$

式中,a 为位置参数,即分布的起点坐标值;$c>0$ 为与偏度有关的参数;$h>0$ 为标度参数。它们可以用常规矩法或线性矩法求解,也可用常用的统计参数——均值 $\bar{x}$、标准差 S(或离差系数 $C_v=S/\bar{x}$)和偏态系数 C_s 来表示。

对应于式(31.1)的密度函数为:

$$F(x)=hc(x-a)^{c-1}\exp[-h(x-a)^c] \tag{31.3}$$

为便于演算,将变量进行变换,使

$$y=h^{1/c}(x-a) \tag{31.4}$$

则分布函数和密度函数分别为:

$$F(y)=\exp[-y^c](0\leqslant x<\infty) \tag{31.5}$$

$$f(y)=cy^{c-1}\exp[-y^c] \tag{31.6}$$

分别对 $f(y)$ 求一次及二次导数,使之等于零,可得到众值和拐点的位置。其中众值为:

$$\hat{y}=\left(\frac{c-1}{c}\right)^{1/c} \tag{31.7}$$

拐点位置为:

$$y_拐=\begin{cases}\dfrac{c-2}{c}\\[2mm]\dfrac{1}{c}\end{cases}\qquad(31.8)$$

变换回原变数,由式(31.7)和式(31.4)得 X 系列的众值为:

$$\hat{x}=a+\left(\frac{c-1}{hc}\right)^{1/c}\qquad(31.9)$$

可见,$c<1$ 时无众值;$c=1$ 时,$\hat{x}=a$,$f(\hat{x})=h$;$c>1$ 时才有众值。再由式(31.8)和式(31.4)得 X 系列的拐点为:

$$x_拐=\begin{cases}a+\left(\dfrac{c-2}{hc}\right)^{1/c}\\[3mm]a+\left(\dfrac{1}{hc}\right)^{1/c}\end{cases}\qquad(31.10)$$

从上述可见,$c\leqslant1$ 时无拐点;$1<c\leqslant2$ 时仅一个拐点;$c>2$ 时有两个拐点。

31.2 参数估计

1)常规矩法

统计参数 $\bar{x}$、S、C_s、C_k 与 c、h、a 的关系如下[2]:

$$\bar{x}=a+\frac{1}{h^{1/c}}\Gamma\left(1+\frac{1}{c}\right)\qquad(31.11)$$

$$S=\frac{1}{h^{1/c}}\sqrt{\Gamma\left(1+\frac{2}{c}\right)-\Gamma^2\left(1+\frac{1}{c}\right)}\qquad(31.12)$$

$$C_s=\frac{\Gamma\left(1+\frac{3}{c}\right)-3\Gamma\left(1+\frac{1}{c}\right)\Gamma\left(1+\frac{2}{c}\right)+2\Gamma^3\left(1+\frac{1}{c}\right)}{\left[\Gamma\left(1+\frac{2}{c}\right)-\Gamma^2\left(1+\frac{1}{c}\right)\right]^{3/2}}\qquad(31.13)$$

$$C_k=\frac{\Gamma\left(1+\frac{4}{c}\right)-4\Gamma\left(1+\frac{1}{c}\right)\Gamma\left(1+\frac{3}{c}\right)+3\Gamma^2\left(1+\frac{2}{c}\right)}{\left[\Gamma\left(1+\frac{2}{c}\right)-\Gamma^2\left(1+\frac{1}{c}\right)\right]^2}-3\qquad(31.14)$$

其中,C_k 为峰态系数。$C_v=S/\bar{x}$。

不同 C_s 时的 c 值,见表 31.1。从中可见,当 C_s 值较大时,c 的变幅较小;而在 C_s 较小时,c 的变幅较大。例如,C_s 从9.0变到10.0,c 由 0.438 变至 0.420,相差仅0.018;另一端,C_s 从 0.0 变到 1.0,c 却由0.602变至1.564,相差达2.038。两端 c 的变率相差悬殊。

表 31.1 不同 C_s 时的 c 值表

C_s	c	C_s	c	C_s	c
0.0	3.602 349 4	1.0	1.563 914 0	6.0	0.523 689 5
0.1	3.221 970 9	1.5	1.211 124 3	6.5	0.504 215 5
0.2	2.904 810 5	2.0	1.000 000 0	7.0	0.487 379 7
0.3	2.637 558 5	2.5	0.863 174 5	7.5	0.472 656 7
0.4	2.410 324 1	3.0	0.768 615 5	8.0	0.459 652 8
0.5	2.215 597 8	3.5	0.699 806 4	8.5	0.448 067 1
0.6	2.047 572 4	4.0	0.647 617 6	9.0	0.437 666 1
0.7	1.901 686 3	4.5	0.606 688 8	9.5	0.428 265 4
0.8	1.774 307 4	5.0	0.573 704 0	10.0	0.419 717 6
0.9	1.662 510 1	5.5	0.546 518 3		

广义指数分布的特例,即 $c=1$ 时 $C_s=2$,此时为简单的指数分布,仅有两个参数 h 和 a,与 Γ 分布(皮尔逊Ⅲ型分布)$C_s=2$ 时的情况相同。

2)线性矩法

各阶概率权重矩 M_{1r0}(r=0,1,2,3)如下(由于导演较简单,故略去演算过程):

$$M_{100}=\bar{x}=\frac{1}{h^{1/c}}\Gamma\left(1+\frac{1}{c}\right)-a \tag{31.15}$$

$$M_{110}=\frac{1}{h^{1/c}}\left(1-\frac{1}{2^{1/c+1}}\right)\Gamma\left(1+\frac{1}{c}\right)-\frac{a}{2} \tag{31.16}$$

$$M_{120}=\frac{1}{h^{1/c}}\left(1-\frac{2}{2^{1/c+1}}+\frac{1}{3^{1/c+1}}\right)\Gamma\left(1+\frac{1}{c}\right)-\frac{a}{3} \tag{31.17}$$

$$M_{130}=\frac{1}{h^{1/c}}\left(1-\frac{3}{2^{1/c+1}}+\frac{3}{3^{1/c+1}}-\frac{1}{4^{1/c+1}}\right)\Gamma\left(1+\frac{1}{c}\right)-\frac{a}{4} \tag{31.18}$$

各阶线性矩 l_r(r=1,2,3,4)为:

$$l_1=M_{100}=\bar{x} \tag{31.19}$$

$$l_2=2M_{110}-M_{100}=\frac{1}{h^{1/c}}\left(1-\frac{1}{2^{1/c}}\right)\Gamma\left(1+\frac{1}{c}\right) \tag{31.20}$$

$$l_3=6M_{120}-6M_{110}+M_{100}=\frac{1}{h^{1/c}}\left(1+\frac{3}{2^{1/c}}+\frac{2}{3^{1/c}}\right)\Gamma\left(1+\frac{1}{c}\right) \tag{31.21}$$

$$l_4=20M_{130}-30M_{120}+12M_{110}-M_{100}=\frac{1}{h^{1/c}}\left(1-\frac{6}{2^{1/c}}+\frac{10}{3^{1/c}}-\frac{5}{4^{1/c}}\right)\Gamma\left(1+\frac{1}{c}\right) \tag{31.22}$$

线性矩法中的偏态系数和峰态系数 t_3(L$-C_s$)和 t_4(L$-C_k$)的公式如下:

$$t_3=\frac{l_3}{l_2}=3-\frac{2-2/3^{1/c}}{1-1/2^{1/c}} \tag{31.23}$$

$$t_4 = \frac{l_4}{l_2} = 6 - \frac{5 - 10/3^{1/c} + 5/4^{1/c}}{1 - 1/2^{1/c}} \qquad (31.24)$$

由于 c 不能表示为 t_3 的显式,建立近似式如下:

$$c = c_0 - \frac{a_1 t_3 + a_2 t_3^2}{1 + b_1 t_3 + b_2 t_3^2 + b_3 t_3^3} \qquad (31.25)$$

式中,c_0 为 $t_3 = 0$ 时的 c 值;各系数见表 31.2。当 $t_3 = 0 \sim 0.75$(约相当于 $c = 3.524 \sim 0.378$,$C_s = 0.019 \sim 13.319$)时,式(31.25)的最大误差 $|\varepsilon| < 7 \times 10^{-5}$。

表 31.2　式(31.25)中各系数的值

c_0	3.523 912 1	b_1	5.115 396 1
a_1	$2.230\ 356\ 3 \times 10$	b_2	$-4.528\ 539\ 1$
a_2	$1.686\ 992\ 5 \times 10$	b_3	$2.709\ 619\ 2 \times 10^{-2}$

不同 c 值时,相应的 t_3 及 C_s 值见表 31.3。实际应用中,一般水文系列呈正偏,有 $c < 3.6$;另一方面,C_s 通常不会超过 10,则 $c > 0.420$,相应的 $t_3 < 0.706$。

表 31.3　不同 c 值时的 t_3 与 C_s 值表

c	t_3	C_s	c	t_3	C_s	c	t_3	C_s
0.40	0.726 376 4	11.352 746 8	1.70	0.156 950 7	0.865 023 4	3.50	0.001 078 9	0.025 108 2
0.42	0.705 775 6	9.982 73 08	1.80	0.141 259 2	0.778 735 3	3.60	−0.003 344 5	0.000 562 9
0.44	0.685 789 8	8.883 205 0	1.90	0.126 992 6	0.701 240 2	3.70	−0.007 545 3	−0.022 867 7
0.46	0.666 434 9	7.985 851 4	2.00	0.113 967 1	0.631 110 7	3.80	−0.011 539 8	−0.045 264 1
0.48	0.647 715 9	7.242 571 9	2.10	0.102 028 7	0.567 226 7	3.90	−0.015 342 9	−0.066 698 7
0.50	0.629 629 6	6.618 761 2	2.20	0.091 047 8	0.508 695 7	4.00	−0.018 968 0	−0.087 237 0
0.55	0.587 112 1	5.430 680 3	2.30	0.080 914 4	0.454 796 1	4.10	−0.022 427 2	−0.106 938 2
0.60	0.548 245 7	4.593 409 9	2.40	0.000 000 0	0.404 937 6	4.20	−0.025 731 7	−0.125 856 2
0.70	0.480 229 9	3.498 370 3	2.50	0.062 827 6	0.358 631 8	4.30	−0.028 891 5	−0.144 040 1
0.80	0.423 107 1	2.814 648 6	2.60	0.054 724 1	0.315 470 6	4.40	−0.031 916 1	−0.161 534 7
0.90	0.374 717 4	2.344 964 6	2.70	0.047 163 7	0.275 109 6	4.50	−0.034 813 8	−0.178 381 1
1.00	0.333 333 3	2.000 000 0	2.80	0.040 093 8	0.237 256 1	4.60	−0.037 592 5	−0.194 616 9
1.10	0.297 608 9	1.733 970 3	2.90	0.033 468 2	0.201 659 3	4.70	−0.040 259 3	−0.210 277 0
1.20	0.266 499 2	1.521 131 0	3.00	0.027 246 7	0.168 102 8	4.80	−0.042 820 9	−0.225 393 1
1.30	0.239 189 6	1.345 933 0	3.10	0.021 393 3	0.136 398 8	4.90	−0.045 283 4	−0.239 994 9
1.40	0.215 039 8	1.198 436 2	3.20	0.015 876 5	0.106 383 1	5.00	−0.047 652 3	−0.254 109 6
1.50	0.193 541 9	1.071 986 6	3.30	0.010 668 1	0.077 911 8			
1.60	0.174 288 6	0.961 956 6	3.40	0.005 743 1	0.050 857 7			

广义指数分布无确切对称的情况。近似于对称时，t_3 和 C_s 不同时为零，此时的各参数值见表 31.4。

表 31.4 $t_3 = 0$ 和 $C_s = 0$ 时各参数值

参　数	$t_3 = 0$	$C_s = 0$
c	3.523 912 1	3.602 349 4
t_3	0	−0.003 445 7
t_4	0.107 192 5	0.107 592 5
C_s	0.019 132 9	0
C_k	2.713 521 8	2.716 861 1

由 t_3 求得 c 值后，据式(31.20)，可由 l_2 及 c 得到：

$$h = \left[\frac{1}{l_2} \left(1 - \frac{1}{2^{1/c}} \right) \Gamma \left(1 + \frac{1}{c} \right) \right]^c \tag{31.25}$$

再由式(31.15)求得：

$$a = \frac{1}{h^{1/c}} \Gamma \left(1 + \frac{1}{c} \right) - \bar{x} \tag{31.26}$$

同时还可用式(31.13)由 c 值求得 C_s 值，及用式(31.12)由 c 及 h 求得 S 值，从而获得 $C_v = S / \bar{x}$ 值。这样，就有了相应的 C_v 和 C_s 值。

31.3 不同频率时设计值的推求

不同频率 P 时，设计值 x_P 的计算有下列两种方法。

1) 通过 $\bar{x}$、C_v 和 C_s 进行计算

同常用的方法一样，由线性矩法得到与 c 及 h 对应的 C_v 和 C_s 值之后，用式(31.27)计算 x_P 值，即

$$x_p = \bar{x}(1 + C_v \Phi) \tag{31.27}$$

式中，Φ 为离均系数，可查已制成的表，如参考文献[2]中的附录 14，更详细的表可见参考文献[3]中的附录 2。由于两种矩法的均值 $\bar{x}$ 是相同的，不再作说明。

2) 通过 c、h 和 a 进行计算

根据式(31.2)，使 $F(x) = P$，则有

$$x_P = a + \left(\frac{-\ln P}{h} \right)^{1/c} \tag{31.28}$$

当已知 c、h 和 a 之后，x_P 即可求得。

以上两种方法各有优缺点。第一种方法求 C_v 和 C_s 的过程虽然多一点，但可与其他方法(亦有 C_v 和 C_s 值)的结果作比较。第二种方法的计算过程相对直接一

些,但不便于比较,特别在不同模型之间比较时,因不同模型有不同的参数,它们常常是不相同的。

31.4 小结

(1)广义指数分布在水文计算中较适用的为本文所述的三参数分布。当为正偏分布时,约为 $c<3.6$。

(2)将参数换算成常用的 $\bar{x}$、C_v 和 C_s 进行计算和比较是较为方便的,尤其是在比较不同模型的计算结果时。

(3)广义指数分布的线性矩法计算,在别的文献中尚未见到有全面的叙述,本文首次公布。

(4)在最终取用时,对统计参数和设计值的合理性分析必不可少。

参 考 文 献

[1] Goodrich R D. Straight line plotting of skewfrequency data [J]. Trans. ASCE, 1927, 91:
    1~43,91~118
[2] 金光炎. 水文统计原理与方法[M]. 北京:中国工业出版社,1964
[3] 金光炎. 水文水资源分析研究[M]. 南京:东南大学出版社,2003

(本文完成于 2007 年)

32   统计参数估计的仿线性矩法

摘　要　介绍了水文频率分布模型参数初值估计的仿线性矩法,计算条件是三个一阶矩(其中之一视为近似的一阶矩),即矩法计算的均值、离差系数和平均差。计算过程比较简单,可作为初值估计的方法之一。

关键词　水文频率计算　参数估计　平均差　仿线性矩法

水文频率计算中,频率分布模型(频率曲线线型)选定之后,就要对模型所含统计参数进行分析计算。现在,对于参数估计的方法较多,各有其特点和不足之处。由这些估计方法得到的结果均为初值,尚需进行合理性分析后才能确定。

对于需要进行大量分析且必须有唯一解的问题,可以选取一两种方法来计算。实际应用中,初值一般不会是最终取用值,故所取的方法愈简单愈好,尽量避免繁琐的计算过程,以节省工时。

线性矩法问世[1]以来,曾一度引起水文界很大的兴趣,并进行了不少的探讨和应用。实质上,线性矩是概率权重矩的线性组合,两种方法的结果是完全相同的,而概率权重矩法的提出[2]要早线性矩法 10 多年。

本文仿照线性矩法的思路,提出相近的方法——仿线性矩法,用以说明只要估计条件具备,能用一般的数学方法求解时,均可对参数进行初估。

32.1   参数估计的基本条件

以三参数的 Γ 分布(皮尔逊Ⅲ型分布)模型为例。该模型中有三个参数,一般只需取与参数个数相等的条件,通过适当的数学运算,即可求解。例如,矩法是采用三个常规矩得到的参数——均值 $\bar{x}$、离差系数 C_v 和偏差系数 C_s;极大似然法是利用三个一阶矩——均值 $\bar{x}$、对数平均数和倒数平均数;线性矩法中,除均值为 $\bar{x}$ 外,其他两者为两个和三个变数概率权重矩的线性组合;最小二乘法是用三个偏微分方程—— $\dfrac{\partial F}{\partial \bar{x}}=0$、$\dfrac{\partial F}{\partial C_v}=0$ 和 $\dfrac{\partial F}{\partial C_s}=0$ 联立求解而得。另外,还有三点法和加求矩法[3]等。

用不同方法得到的参数初值常不相同。有些方法的结果相近,有些相差较大。在求解时,有的方法比较简单,有的十分复杂。由于仅凭单一系列计算得到的参数是初值,尚需通过合理性分析经过协调和平衡后才能取用,故简单而容易操作的方法应为首选。

32.2　仿线性矩法

　　线性矩法是取三个一阶矩,同样我们也可取三个相似的条件,即均值 $\bar{x}$、离差系数 C_v 和平均差 D。前两个是常规矩中的参数,其中 C_v 是由二阶矩计算而得,但变量经平方后再开方,虽然不是直接的一阶矩,不妨认为它是近似的一阶矩。平均差是一阶矩,是变量的离均差绝对值的平均值,即

$$D = \frac{1}{n} \sum |x - \bar{x}| \tag{32.1}$$

式中,n 为系列的项数,$i = 1, 2, \cdots, n$;$\sum$ 为 i 自 $1 \sim n$ 的累加号的简写。

　　现将用这三个条件构成的方法称为仿线性矩法。仍以 Γ 分布为例,对平均差进行导演。据参考文献[3],有

$$D = Bs \tag{32.2}$$

式中

$$B = \frac{2}{\sqrt{\alpha}\Gamma(\alpha)}\left(\frac{\alpha}{e}\right)^{\alpha} \tag{32.3}$$

其中,$\alpha = 4/C_s^2$,标准差 $s = \bar{x}C_v$。按式(32.3),由 C_s($C_s = 2/\sqrt{\alpha}$)推算 B 值的简要关系见表 32.1。实际工作时,需由 B 推算 C_s,其关系见表 32.2。说明一点,当 $C_s \to 0$ 时,$\alpha \to \infty$,故式(32.3) 的 $B \to \sqrt{2/\pi} = 0.797\,884\,561$(表 32.2 中的 0.797 8+即为此数字)。

　　从表 32.1 和表 32.2 可见,B 和 C_s 的相应变化幅度是很不相称的,C_s 呈大幅度变化(0~8.0)时,B 只有微小的变化(约 0.8~0.4)。故由 C_s 推算 B 时显得很不灵敏;而由 B 推算 C_s 时却十分灵敏。这是参数估计中灵敏度不佳的表现,是由一阶矩的特性所决定的。这种情况,不仅仿线性矩法如此,就是极大似然法和线性矩法也是一样的。

表 32.1　由 C_s 推算 B 的简要关系表

C_s	B	C_s	B	C_s	B
0.0	0.797 88	3.0	0.673 12	6.0	0.493 51
0.5	0.793 74	3.5	0.640 06	6.5	0.469 65
1.0	0.781 47	4.0	0.607 56	7.0	0.447 56
1.5	0.761 70	4.5	0.576 36	7.5	0.427 13
2.0	0.735 76	5.0	0.546 85	8.0	0.408 21
2.5	0.705 57	5.5	0.519 22		

表 32.2　由 B 推算 C_s 的关系表

B	C_s	B	C_s	B	C_s	B	C_s
0.797 8+	0	0.791	0.645	0.69	2.743	0.54	5.121
0.797 8	0.071	0.790	0.691	0.68	2.895	0.53	5.301
0.797 7	0.105	0.785	0.885	0.67	3.047	0.52	5.485
0.797 6	0.131	0.780	1.044	0.66	3.198	0.51	5.675
0.797 5	0.152	0.775	1.184	0.65	3.349	0.50	5.870
0.797 4	0.171	0.770	1.311	0.64	3.501	0.49	6.071
0.797 3	0.188	0.765	1.427	0.63	3.653	0.48	6.278
0.797 2	0.203	0.760	1.536	0.62	3.807	0.47	6.492
0.797 1	0.217	0.755	1.640	0.61	3.962	0.46	6.714
0.797	0.231	0.750	1.738	0.60	4.119	0.45	6.943
0.796	0.337	0.740	1.924	0.59	4.278	0.44	7.181
0.795	0.417	0.730	2.100	0.58	4.440	0.43	7.427
0.794	0.484	0.720	2.268	0.57	4.605	0.42	7.684
0.793	0.543	0.710	2.430	0.56	4.773	0.41	7.951
0.792	0.596	0.700	2.588	0.55	4.945	0.39	8.230

32.3　实例

取资料系列如表 32.3，$n=19$。用仿线性矩法计算得到（计算过程略）：均值 $\bar{x}$ = 92.5，标准差 $s=80.7$，离差系数 $C_v=0.873$ 以及平均差 $D=62.8$，$B=D/\bar{x}=$ 0.778；由表 32.2 内插得 $C_s=1.101$。由此可见，仿线性矩法的计算过程比线性矩法简单得多，作为参数的初值估计，不失为是一种备选的方法。需要指出的是，本例计算得到的 $C_s/C_v=1.26<2$，说明频率曲线的尾部出现了负值；但一般的水文系列（如降雨与径流）不可能有小于零的项，故适当调整应有必要。

表 32.3　资料系列表

序号	x	$|x-\bar{x}|$	序号	x	$|x-\bar{x}|$	序号	x	$|x-\bar{x}|$
1	299.6	207.1	8	91.6	0.9	15	28.8	63.8
2	230.3	137.7	9	79.9	12.7	16	22.3	70.2
3	189.7	97.2	10	69.3	23.2	17	16.3	76.3
4	160.9	68.4	11	59.8	32.7	18	10.5	82.0
5	138.6	46.1	12	51.1	41.4	19	5.1	87.4
6	120.4	27.9	13	43.1	49.4	总和	1 757.9	1 193.7
7	105.0	12.5	14	35.7	56.9	均值	92.5	62.8

32.4　结语

水文频率分布模型的参数初值估计有多种方法,实际计算时,采用比较简单的方法,可以节省工时。仿线性矩法给定了与线性矩法相似的三个条件,基本上也是三个一阶矩(虽然 C_v 由二阶矩计算而得,但将其开方后可近似作为一阶矩看待),同样可以求解,而且计算比较简单。

这类计算方法的一个主要特点就是必须预先指定频率分布模型的形式,一种模型有一种特定的算法,并准备好必要的查用图表。

一般,初值不是最终的取用值,尚需在时间上(长短时段)和空间上(相似地区)进行协调和平衡,经合理性分析之后才能取定。

参 考 文 献

[1] Hosking J. R. M.. L-moments:Analysis and estimation of distributions using linear combination of order statistics [J]. J. R. Soc. , Ser. B, 1990,(52):105~124

[2] Greenwood J. A. , J. M. Landwehr, N. C. Matalas. Probility-weighted moments:Definition and relation to parameters of distribution expressive in inverse form [J]. Water Resources Research, 1979,15(5):1049~1054

[3] 金光炎.水文统计原理与方法[M].北京:中国工业出版社,1964

(原载:王式成等.水文水资源技术与实践.南京:东南大学出版社,2009:219~222)

附录 A　城市水文学基本知识

城市是政治、经济、科学和文化集中的地方。自出现城市以来,人们有目的地向城市汇集,在那里生活,从事各种各样的活动。于是,城市个数不断增加,人口不断增长,规模不断扩大,使城市化的程度愈来愈高。

城市化使城市区域人口密集、建筑物林立、道路纵横交叉,带来大量的人类活动,使城市的气候、水文和水资源条件起了明显的变化。水是城市发展的主要条件之一,人们的生产和生活,一刻也离不开水。因此,城市的建设、城市的发展都需要对城市的水文特点和与其有关的气候、水资源等情况进行了解和研究,这就是城市水文学所要介绍和探讨的内容。

城市人口占全国人口的比例,是城市化的主要标志。例如英国、澳大利亚、以色列和美国等,这个比例已达到 75% 以上,可称为是最城市化的国家。

城市,促进了国民经济的发展,给人们带来许多实惠,但也给水资源和水环境带来一些不利的影响。如何趋利避害,都是大家所关心的。增加城市水文学的知识,提高对城市水文学的认识,是有利于建设城市、促进城市发展的有益举措。

城市水文学中最主要的内容是城市防洪、排水、供水和水环境问题,这里先介绍城市的水文特点,再择要介绍有关的基本水文计算问题。

A.1　城市化与城市水文学

1) 城市化对气候的影响

城市化后,人类活动加剧,城市气候也随之变化,其变化的主要原因为:空气流通缓慢,下垫面性质的改变以及人类活动的强烈影响(如空气的污染和人为热的释放等)。它们直接关系到城市气候的动态变化,表 A.1 列出了城市与郊外(农村)气候特征比较的参考数据。

表 A.1 城市同郊外气候特征的比较[1]

项 目	要 素	与郊外比较
污染物质	尘埃 污染气体	多 10 倍 多 2 倍～25 倍
辐射日照	总辐射量 紫外线(冬季) 紫外线(夏季) 日照时数	少 15%～20% 少 30% 少 5% 少 5%～15%
云 雾	云量 雾(冬季) 雾(夏季)	多 5%～10% 多 100% 多 30%
湿 度	相对湿度(冬季) 相对湿度(夏季)	低 2% 低 8%
气 温	年平均 冬季平均最低	高 0.5～3℃ 高 1～2℃
风 速	年平均风速 瞬时最大风速	小 20%～30% 小 10%～20%
降 水	降水量 大于 5 mm 的雨日 降雪	多 5%～15% 多 10% 少 5%

由于这些变化,使城市中的气候产生以下几个主要的效应。

(1) 温室效应(greenhouse effect)

城市中的工厂、交通和家庭,每天要燃烧为数众多的煤、石油和天然气等化石燃料,给大气增加了二氧化碳(CO_2)。大气中的 CO_2,对来自太阳的短波辐射(如可见光和紫外线等)是敞开大门,允许它们长驱直入到达地表,地表吸入太阳能后气温升高。地表接受太阳能后又以长波辐射方式(如红外线辐射)将热量向高空扩散,以保持地球热量的收支平衡,CO_2 却对长波辐射会阻挡住,不让通过,使地表辐射的热量截留在大气的 CO_2 层内,对地表起了保温作用。这种作用与温室玻璃所起的效果相似,故称为"温室效应"。据研究,在一般情况下,大气中的 CO_2 浓度增加 1 倍,则地表气温上升 2～3℃,地表水体的温度亦相应提高。

目前,世界性的温室效应已引起人们的极大关注。全球性的气候变暖,不但加速了城市的温室效应,还将引起极地冰雪融化、海洋面积扩大和海平面上升。这使一些国家的沿海城市存在着水淹的隐患;抬高了风暴潮的潮水位;使地表水的咸淡水分界线向内地推移,影响邻近城乡的淡水供应。据报道,全球的温室效应不断扩大且日益严重,甚至居住在北极圈附近(如加拿大魁北克省的有些村庄)的人也要装空调开放冷气了。

限制化石燃料的使用、大量植树造林(可使大气中的 CO_2 还原),将工业和汽车等燃烧后的有害气体加以收集处理并采用新能源(如发展水电和核电等),可以控制温室效应的发展。据估计,如果气温持续上升,在达到某一临界值之后,将会很快地按指数方式增大,形成所谓"超温室效应",这不是不可能的。

为了控制温室效应的扩展,使人类免受气候变暖的威胁,联合国于 1992 年在地球高峰会期间通过了《联合国气候变化框架公约》(United Nations Framework Convention on Climate Change-UNFCCC),对"人为温室气体"(Anthropogenic Greenhouse Gas)排放做出全球性管制控制,并于 1997 年 12 月于日本京都举行的 UNFCCC 第三次缔约国大会上通过了具有约束效力的《京都议定书》(Kyoto Protocol),以规范工业国家未来温室气体的减量责任。中国于 1998 年签署并在 2002 年 8 月核准了该议定书,欧盟及成员国于 2002 年 5 月 31 日正式批准了《京都议定书》,俄罗斯于 2004 年 11 月 5 日在该议定书上签字。现在,已有许多国家和地区签署了《京都议定书》,批准国家的人口占全世界总人口的 80% 以上。然而,有的大国却以种种借口没有批准该议定书。

(2) 热岛效应(heat island effect)

城市热岛效应是指城市中的气温明显高于外围郊区的现象。城市中人为热的大量释放,使城市局地升温。城市内栉比鳞次的高层建筑,阻挡了空气的流通,减弱了风速,使热空气迟迟不能扩散,形成热量堆积。另外,由于城市地面大部分被不透水的道路和建筑物覆盖,降落的雨水很快被排走,蒸发量减少,加上气温高于郊外,使城市上空的湿度变小。同时,路面和建筑物不仅不易散热,还能反射热量,加上绿地较少,使城市的气温较高。特别在气压较低时,感到十分闷热。在近地面的温度等值线图上,郊区气温较低且变化不大,而城区则是一个高温区,好似突出在海面上的岛屿,所以就被形象地称为"热岛效应"。

一般而言,一年四季均可能出现城市热岛效应。虽然,有时也出现暖秋和暖冬现象,但是对居民生活和生产劳动产生影响最大的,主要是夏季高温天气下的热岛效应。环境温度与人体的生理活动有密切的关系,一旦气温升高(如达到 28℃ 以上),人们就会有不舒适感;温度再高(如高于 34℃),还会引发一系列的疾病。

(3) 火炉效应(heating stove effect)

人类活动所消耗的各种能源最后总要转化为热量,使周围的环境变热,地面温度升高,对城市来说尤为明显。这就像火炉一样,直接增暖大气,故称为"火炉效应"。

火炉效应再加上地形影响,使城市区域气温更高,使人更感闷热。中国曾有三个著名的火炉城市,即南京、武汉和重庆。据近年来的观测和统计,南方的不少城市(如长沙、韶关、南昌和南平等)已形成了新的火炉,其热感程度(人体对大气的热感觉)已超过了老的火炉城市。随着各种能源的普遍应用,热扩散量与日俱增,如不加控制,则火炉效应将会愈显出其严重性。

（4）雨岛效应（rain island effect）

由于城市上空凝结核丰富，上升气流和云量较多，导致城市在自然状态下的雨量有所增加，即比其毗邻的郊区和农村为大，其雨量等值线图形如岛屿，故称为"雨岛效应"，详见下述。

由于这些效应，使城市的环境变化多端，对水文条件的影响更为复杂。

2）城市化对水文的影响

城市化引起气候的改变，同时也引起与其有密切关系的水文条件发生变化，在降雨、蒸发和径流等方面显得特别明显。

（1）降雨（rainfall）

城市的降雨量要比郊区大，降雨次数也比郊区多，即上述所谓的雨岛效应。产生这种效应的主要原因如下：

第一，城市的热岛效应对降雨产生诱导和增量的作用。城区的热空气要比郊外的冷空气轻，会产生浮力在空中上升；而郊外的冷空气往下沉，并于底层流向城区，补充已上升的空气，形成热对流。当附近有云团移至城区时，热对流作用会使云团加速发展，增多降雨机会或增加降雨量。

第二，城市中有高低不同的建筑物，犹如一幅幅的屏障，对气流产生阻碍效应。当空气从郊外流向城区时，这些屏障起阻挡的作用，使其移动速度减慢，在城市滞留时间加长，导致城区降雨强度增大和降雨时间延长。

第三，城市空气中凝结核比郊外多，产生凝结核增雨的效应。由于城区许多工厂在生产时会排放出大量的粒状废气，不仅污染了空气，还会长时间地扩散或停留在空气中。这些废气含硝酸盐和硫酸盐类的物质，善于吸收水汽成为凝结核，起到增加雨量的作用。此类雨水多呈酸性（当 pH＜5.6 时称为酸雨），其会使水资源酸化，影响鱼类和水生物的繁殖发育；伤害植物的嫩叶芽枝，使农作物减产；腐蚀建筑物、雕塑和地下管道，降低使用质量；引起人类呼吸疾病，影响人体健康等。

举例来说，用多年平均雨量作比较，中国安徽省蚌埠市城区为 920 mm，而其北约 20 km 的五道沟试验站为 854 mm，前者比后者大 7.7%，若扣除雨量自南向北递减的梯度变化 1%～2%，尚大 6% 左右。如果考虑雨量的这种城乡差异，在绘制等值线图时，会明显地呈现出似"雨岛"的图形。

（2）蒸发（evaporation）

同雨岛效应相似，城市与郊外的蒸发量也是不一样的。城市中的高层建筑栉比鳞次，使空气流通不畅，风速降低，蒸发较小；而在郊外，地域开阔，风速远较城区为大，蒸发也较大。例如，以多年平均的年蒸发量（E601 蒸发器的观测值）作比较，蚌埠市城区为 920 mm，五道沟试验站为 1 150 mm，即前者比后者小 20%。如果加上蒸发自南向北递增的梯度变化1‰～2‰,则要偏小21‰～22‰。当考虑这种城乡差异并绘制等值线图时,图上会出现比上述"雨岛效应"更为明显的凹槽。

（3）径流（runoff）

城区的建筑物覆盖面大,加上沥青或混凝土铺设的路面众多,使不透水面积的比例很大,一般可达80%以上。由于这种不透水的下垫面,降雨后下渗水很少,加上排水管道的布设,使径流集中加快,径流量增大。在城市的中心地区,径流系数可达90%左右,远较农村为大。不同地面覆盖情况的径流系数的参考值见表 A.2。

表 A.2　城市中不同地面覆盖的径流系数[2]

地面覆盖情况	径流系数
各种屋面、混凝土和沥青路面	0.90
大块石铺路砌面和沥青表面处理的碎石路面	0.60
级配碎石路面	0.45
干砌砖石和碎石路面	0.40
非铺砌土路面	0.30
公园或绿地	0.15

城市各排水口的径流过程同排水系统的布设和排泄能力有关,常呈现为涨洪历时短、峰高量大。在中小雨时,一般可及时排出,但当遇到强度大的暴雨时,会造成排水管道宣泄不畅,地面积水,使径流过程线在峰顶有一个较为平缓的时间过程。由于径流过程的峰高量大,使内河或外河出现更大的洪峰流量,其频次增多(即重现期缩短),从而造成城市下游的洪水泛滥。同时,城市所排出的水体中,含有污泥及其他颗粒物质,使河道淤浅。

城市内透水的地面不多,故雨期的下渗水量小,使补给地下水的量大为减少;又因地面铺盖面积大,导致潜水蒸发量减小。从表 A.2 可见,如在城市中适当增加公园和绿地,不仅能吸收 CO_2、调节气候,还能更多地湿润土壤和下渗补给地下水。

（4）地下水（groundwater）

在城市中,降雨后,雨水除少数被截留与蒸发之外,大部分通过地下管道系统排出,成为径流,使城市地区的土壤入渗量不多,降雨补给地下水的量大大减少。

从表 A.2 可见,各种屋面、混凝土和沥青路面,地表径流系数为 0.90 左右,也就是说,约只有10%的雨水(还要扣去截流和蒸发损失)有可能渗入土壤。这些入渗水还要被土壤吸收一部分,只有更少的水能借重力的作用下达到地下水面。如果地下水埋藏较浅,则尚有一些补给;如果地下水埋藏较深,几乎不能得到补给。这样看来,城区仅能靠一些碎石路面、公园、绿地和泥土路面,使雨水补给地下水。因此,城市中应多布设一些绿地,铺设能透水的路面并有计划地建设能接纳屋顶雨水、路面雨水并有渗透能力的小沟,多方设法来补给地下水。

总之,城市中的地下水,靠雨水补给是不多的。如果超量开采地下水,且没有其他补给途径,将会使地下水位不断降低,造成种种不良后果。

(5) 水质(water quality)

城市中工业发达、人口集中、交通频繁,比郊外有更多的污染源。工厂无时无刻都在排放废水,其中有的不经过处理,有的虽经处理但未达标。大量的这种废水排入下水道,再汇入邻近的受纳水体(河流、湖泊等),将使受纳水体遭受严重污染。

城市居民的生活废水、医院中带病菌的污水、垃圾经雨水淋融的脏水,有的经下水道排入受纳水体,有的经土壤渗入地下,对地表水和地下水产生污染。各种机动车辆废油的散失及轮胎和道路的磨损,经水淋洗后,亦能污染水资源。所有这些,均能使各类水体的水质变坏,影响使用。

A.2　城市设计暴雨计算

城市的设计暴雨主要用于城市排水系统的规划和设计,通过降雨～径流关系得到设计流量,作为排水系统管网规模和管道尺寸等设计的依据。现将其设计标准、频率计算方法和暴雨强度计算模型的内容叙述于下。

1) 城市暴雨的设计标准

设计暴雨是确定设计流量的依据。在雨期,当暴雨降落后,必须使雨成径流迅速排走,才不致积涝成灾。城市暴雨的设计标准常用重现期(recurrence interval, return period)表示,如一年几遇或多少年一遇。据中国室外排水设计规范所载[2],一般选用 0.5～3 年一遇;重要干道、重要地段或短期积水即能引起严重后果的地区,一般选用 2～5 年一遇。特别重要地区和次要地区可酌情增减,最高有取到 20 年一遇的。

另外,在给排水设计手册中,对平原地区的设计暴雨标准,列有更详细的数据(见表 A.3)。其中除按地形特点选取外,尚有按地区建设重要性分级来确定,并取地形栏中的上限、中间数字或下限。分级依次为:Ⅰ——特殊主要地区;Ⅱ——干道、广场、中心区、工厂区、仓库区和使馆区等;Ⅲ——一般居住区及一般道路。

表 A.3　设计暴雨的重现期[3]

地形分级	重现期(年)	说　明
Ⅰ. 平缓地形	0.333,0.5,1,2	
Ⅱ. 豁谷线地形	0.5,1,2,3	地面坡度<0.003
Ⅲ. 封闭洼地	1,2,3,5 个别 10,20	

2) 设计暴雨频率计算

设计暴雨频率计算的主要内容为暴雨资料样本系列的选取(选样)、统计参数计算、频率曲线的绘制和暴雨强度公式的研制等。

(1) 暴雨资料的选样

为了使雨成径流在很短的时间内排走,城市排水用的设计暴雨为短历时暴雨。一般,历时多为 10~30 min;为了频率分析的需要,还应选用更短的 5 min 历时及较长的 45 min 以上历时。一般,选样时的采用历时为:5 min、10 min、15 min、20 min、30 min、45 min,60 min 和 120 min。

由于设计暴雨的设计标准较低,有的城镇只取一年多遇的雨量,故应采用超定量法(a peak over threshold, POT),亦称部分历时法(partial duration method)选样。超定量的门槛值,不同地区是不一样的,通常可取日雨量大于 25 mm(大雨的起点值)为门槛值,作为选取的参考值。为应用的需要,一般采用暴雨强度系列进行频率计算。

在规定的多个历时中,分别选取该历时 t 内的雨量 x,得到暴雨强度 i(以 mm/ min 计),即

$$i = \frac{x}{t} \tag{A.1}$$

所取各历时的雨量值,必须在自记雨量计的记录上读取,并与人工观测的时段雨量观测值进行对比分析后再用。

选样个数可按下法确定。设共有 n 年资料,据超定量法对每个历时取出 N 个值($N > n$),则平均每年取出 k 个,即

$$k = \frac{N}{n} \tag{A.2}$$

例如,取重现期 $T = 0.25$ 年,有 $k = 4$ 就够了,这时可将按雨量系列自大而小排列的末项(第 $N = 4n$ 项)作为设计值。然而,末项有一定的随机性,应取更长的资料系列。一般要取 $k \geqslant 4$,如取 $k = 5 \sim 6$ 等。即使 $T > 1$ 年,亦应取 $k > 1$,得到较长的系列,以便于频率分析和减少随机误差。

(2) 统计参数计算

根据已选好的暴雨系列(或暴雨强度系列),x 按自大而小的次序排列:

$$x_1 \geqslant x_2 \geqslant \cdots \geqslant x_N \tag{A.3}$$

其中,N 为系列的项数。用矩法计算统计参数——均值 $\bar{x}$、标准差 S(或离差系数 C_v)和偏态系数 C_s,计算公式如下:

$$\bar{x} = \frac{1}{N} \sum x_i \tag{A.4}$$

$$S = \sqrt{\frac{\sum (x_i - \bar{x})^2}{N-1}} \tag{A.5}$$

$$C_v = \frac{S}{\bar{x}} \tag{A.6}$$

$$C_s = \frac{N}{(N-1)(N-2)} \frac{\sum (x_i - \bar{x})^3}{S^3} \tag{A.7}$$

式中，$\sum$ 为 i 自 $i \sim N$ 累加。

由于实测系列的各项含有误差(如水文测验误差等)，特别是对 C_s 值的计算，其立方后会引起更大的误差，通常不直接取用按式(A.7)所得的计算值，而是按下面所述的适线法(curve fitting method)进行确定。

(3) 频率曲线的绘制

绘制频率曲线，需选取经验频率公式，选用频率分布形式(模型)，并用适线法拟合出所需的频率曲线，经过合理性分析，得到最终结果，即各个统计参数值和不同频率时的设计值。

① 经验频率计算

经验频率亦称绘点位置(plotting position)，是频率曲线绘制中采用适线法的主要依据。例如，有了 n 年资料系列，一般我们希望系列的老大项的重现期约为 n 年一遇，老二项约为 n 年两遇等，这样比较直观和易于理解。

对于某一历时，有了 N 个雨量(或其强度)值组成的系列，可以用下列经验频率公式计算次频率；

$$P_E = \frac{m}{N+1} \tag{A.8}$$

式中，P_E——超定量法选样系列的次经验频率；

m——系列中各值自大而小排列的序次。

式(A.8)为经验频率的数学期望公式(mathematical expectation formula)，亦称 weibull 公式。

由此，可以在概率格纸上绘出 $x_m - P_E$ 的对应点(经验频率点)，如图 A.1 中的"×"号，其中 X_m 是序位 m 时的雨量值。这时，可以用适线法来绘制次雨量的频率曲线。

应用时，需把次频率的结果换算成以年为单位的频率(或重现期)。取定重现期 T(年)，此时相应设计频率 P_{ET} 的序次 $m_T = n/T$。例如，当 $T=2$ 时，n 年中 T 年设计暴雨值是 $n/2$ 序位的对应值，于是有 $P_{ET} = m_T/T$。由于我们采用的是如式(A.8)的数学期望公式，故 P_{ET} 为：

$$P_{ET} = \frac{n+1}{(N+1)T} \tag{A.9}$$

因此,有了 T 之后,就能算得 P_{ET},即可在次频率曲线上查得雨量值 X_T。由此可见,虽然 k 值不同,但会得到相同的 X_m(或 X_T)值,见图 A.1 的 A 点所示。

② 次雨量频率曲线的绘制

设次雨量系列(自大而小排列)为 $x_1, x_2, \cdots, x_m, \cdots, x_N$。

按式(A.8),计算与上列系列对应的频率:$P_{E1}, P_{E2}, \cdots, P_{Em}, \cdots, P_{EN}$。

将 $x_m - P_{Em}(m=1,2,\cdots,N)$ 的对应点点绘在概率格纸上,如图 A.1。再按这些点的分布趋势选配一种频率分布模型拟合之。

常用的频率分布模型,各国、各地区并不一样,如欧洲和非洲多用极值分布(Extreme Values Distribution),简写为 EV 分布。极值分布有三种类型:Ⅰ 型、Ⅱ 型和 Ⅲ 型,常用的为极值 Ⅰ 型分布(EVI 分布),亦称 Gumbel 分布,其分布函数为:

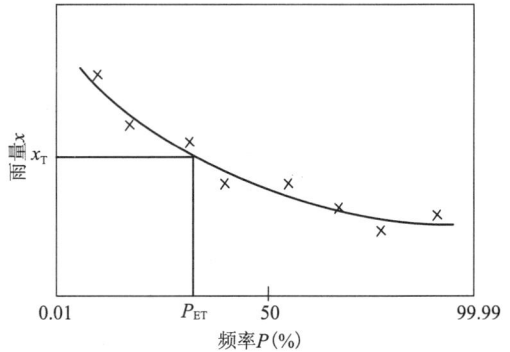

图 A.1　雨量系列的频率分布图

$$P = 1 - \exp\{-\exp[-\alpha(x-u)]\} \tag{A.10}$$

式中,α 和 u 为分布参数,其与均值 $\bar{x}$ 和标准差 S 的关系为:

$$\alpha = \frac{\pi}{S\sqrt{6}} = \frac{1.28255}{S} \tag{A.11}$$

$$u = \bar{x} - \frac{C}{\alpha} = \bar{x} - 0.45005S \tag{A.12}$$

其中,

$$\bar{x} = \frac{1}{N}\sum_{m=1}^{N} x_m \tag{A.13}$$

$$S = \sqrt{\frac{1}{N-1}\sum_{m=1}^{N}(x_m - \bar{x})^2} \tag{A.14}$$

C 为 Euler 常数,等于 0.57722。

当 α 和 u 确定之后,某一频率 P 时,雨量 x 的对应值 x_P 为:

$$x_P = u - \frac{1}{\alpha}\ln[-\ln(1-P)] \tag{A.15}$$

中国采用的是 Pearson Ⅲ 型分布(记为 P3 型分布,或 Γ 分布),其分布密度函数为:

$$f(x) = \frac{\beta^\alpha}{\Gamma(\alpha)}(x-a_0)^{\alpha-1}\mathrm{e}^{-\beta(x-a_0)} \tag{A.16}$$

式中，α、β 和 a_0 为分布参数，且 $\alpha>0$。$\Gamma(\alpha)$ 为 α 的 gamma 函数，当 α 为正整数时，$\Gamma(\alpha)=(a-1)$，$\Gamma(1/2)=\sqrt{\pi}$，其他参数有表可查。这些参数与均值 $\bar{x}$、离差系数 C_v（即标准差与均值的比值 $S/\bar{x}$）和偏态系数 C_s 的关系为：

$$\alpha=\frac{4}{C_s^2} \tag{A.17}$$

$$\beta=\frac{2}{\bar{x}C_vC_s} \tag{A.18}$$

$$a_0=\bar{x}\left(1-\frac{2C_s}{C_v}\right) \tag{A.19}$$

P3 型分布的 x_P 与 P 无显式关系，因

$$P=\frac{\beta^\alpha}{\Gamma(\alpha)}\int_{x_P}^{\infty}(t-a_0)^{\alpha-1}\,\mathrm{e}^{-\beta(t-a_0)}\,\mathrm{d}t \tag{A.20}$$

现已制订了详细的、计算不同 C_s 和 P 时的标准化变数 $\Phi_P=\dfrac{x_P-\bar{x}}{s}$（亦称频率因子）值表，载于各类水文计算书中。这样与 P 对应的 x_P 值即可求得：

$$x_P=\bar{x}(1+C_v\Phi_P) \tag{A.21}$$

美国有的部门采用对数 Pearson Ⅲ 型分布（记为 LP3 分布），即令 $Y=\lg X$，使 Y 服从 P3 型分布，计算方法与 P3 型分布类似，不再复述。

举例说明如下。采用 P3 型曲线，对某站最大一日暴雨进行适线，其中 $\bar{x}=93.4$，$C_v=0.34$，$C_s=4C_v$。频率曲线图如图 A.2。

3）设计暴雨强度计算模型

（1）暴雨强度公式

设计暴雨强度 i 与重现期 T 和历时 t 有关。目前，暴雨强度的计算多采用下列公式：

$$i=\frac{A(1+C\lg T)}{(t+b)^{n_1}} \tag{A.22}$$

式中：i——暴雨强度（mm/min）；

　　T——重现期（年）；

　　t——暴雨历时（min）；

　　n_1——折减系数

　　A,C,b——待定系数。

式（A.22）中，有 4 个待定的参数：n_1,b,A 和 C。为了计算方便，把该式中右端的分子写为：

$$S=A+C'\lg T \tag{A.23}$$

式中，S 称为雨力；$C'=AC$ 或

$$C = \frac{C'}{A} \qquad\qquad (A.24)$$

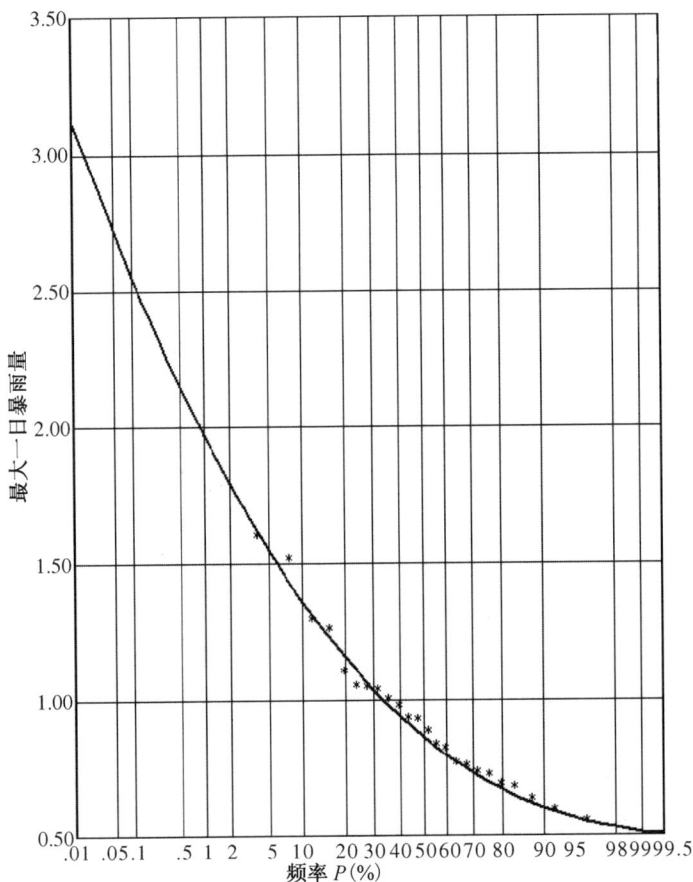

图 A.2　某站最大一日暴雨频率曲线图

（2）参数的确定

确定式（A.22）中的参数，分下列几个步骤。

① 绘制次降雨强度的频率曲线（i-P_E关系）

将各个历时 t（例如，$t_1 = 5\ \text{min}$，$t_2 = 10\ \text{min}$，…）的 i-P_E 关系分别绘在概率格纸上，如图 A.3。最好，将它们画在同一张纸上，以便相互比较和调整。注意，所绘出的频率曲线要接近于平行，间隔要合适，上下部位均不能相交。当使用 P3 型分布曲线时，还可分别得到各历时次频率曲线的统计参数：均值 $\overline{i}$、离差系数 C_v 和

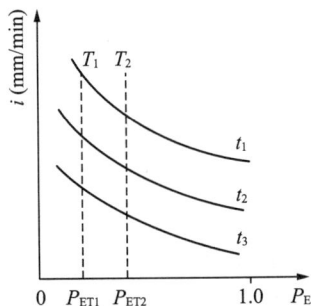

图 A.3　各个历时的次频率曲线

偏态系数 C_s。

在图 A.3 上，分别按预定的重现期 T（例如 $T_1 = 20$ 年，$T_2 = 10$ 年，…），据式（A.8）算出 P_E（即 P_{ET1}，P_{ET2}，…），然后在图上查出对应的 i 值。

② 推算 b 和 n_1 值

由第（1）步可知，当 T 固定时，可得 i-t 的关系。从式（A.22）及式（A.23），有：

$$\lg i = \lg S - n_1 \lg(t+b) \qquad (A.25)$$

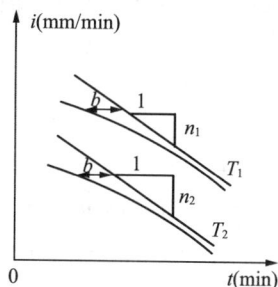

图 A.4   不同 T 时的 i-t 关系图

显然，$\lg i$ 与 $\lg(t+b)$ 为直线关系。使 T 为参变数，在双对数纸上点绘 i-t 的关系，如图 A.4。若此关系为直线，则 $b = 0$。一般，i-t 关系为曲线，必须试凑 b 值，即在曲线的横坐标上均加一个 b 值，要经多次试凑，直至加 b 后的线成为直线，该时的 b 值即为所求。注意，对各个 T 值来说，b 值应相同，且各直线相互平行（如果 b 值不同或直线不平行，须再次试算并进行调整），从而求得直线的斜率 n_1。据分析，中国的 n_1 值范围约为 $0.3 \sim 1.1$，其中大都为 $0.6 \sim 0.9$。多数实践表明，此直线的斜率并非对所有 t 值都一样，而在 $t = 60$ min 时有一个折点，即 $t \leqslant 60$ min 时为 n_1；$t > 60$ min 时为 n_2，且 $n_2 > n_1$。

③ 推求 A 和 C 值

有了 b 和 n_1 值之后，可以得到：

$$S = i(t+b)^{n_1} \qquad (A.26)$$

例如，将图 A.4 上某个 T 值时 i 与 t 的关系（一般可取直线两端的对应值，如 $t = 10$ min 及 $t = 60$ min 时的 i 值）代入式（A.26），可计算得 S 值。各个 T 值对应的 S 值可能有些差异，如果差异不大，可取其平均值；否则应检查上几步，予以调整。

已知 S-T 关系后，按式（A.23）即可求得参数 A 和 C。如图 A.5，取 S 为均匀分格坐标，T 为对数坐标，S-T 为直线关系。当 $T = 1$ 年时（即 $\ln T = 0$），得到 $S = A$ 及直线的斜率为 C'，从而求得 $C = C'/A$。

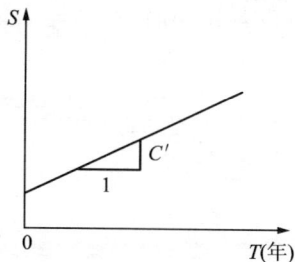

图 A.5 S-T 关系图

A.3   城市设计流量计算

城市的设计流量有两类：一为雨成径流（雨期流量），即由暴雨产生的径流；二为非雨成径流（非雨期流量或旱期流量），即常年排泄的生产和生活废污水径流。设计时，如果管道为合流制，则需把这两类径流叠加。

1) 雨成径流的设计流量

取定设计标准,可以根据设计暴雨来计算雨期的设计流量。一般,每个城市有数个排水子系统,由于单个排水子系统的汇水面积较小,可用小汇水面积的计算方法进行计算,其中较为重要的参数是径流系数。

(1) 径流系数

单一地面覆盖情况的径流系数已见表 A.3。各排水子系统所控制面积上的径流系数,可用加权平均法计算,即将不同地面覆盖的面积加权计算其综合径流系数。如无当地的实测资料,可采用有关国家标准规定的值。表 A.4 为中国城市的综合径流系数。

表 A.4 城市综合径流系数表(一)[2]

区 域	综合径流系数
市 区	0.5~0.8
郊 区	0.4~0.6

对于平缓的地面,径流系数主要取决于城市中各分区的不透水面积大小。一般,径流系数约等于地面不透水建筑物的覆盖率,即房屋、道路等不透水面积与总面积之比。

表 A.4 中所列的径流系数幅度较大,无覆盖率的因素;有关给水排水手册中列有较详细的参考值,见表 A.5,其中 k 为覆盖率。

表 A.5 城市综合径流系数表(二)[3]

区 域	k	径流系数	说 明
建筑稠密的中心区	>70%	0.6~0.8	前 3 个区相当于市区,最后 1 个区为郊区
建筑较密的居住区	50%~70%	0.5~0.7	
建筑较稀的居住区	30%~50%	0.4~0.6	
建筑很稀的居住区	<30%	0.3~0.5	

(2) 设计暴雨历时

用暴雨推算流量,需要确定暴雨历时,然后用暴雨强度公式计算相应历时的暴雨强度,再进行设计流量的计算。用于雨水管渠设计的暴雨历时,包括地面集水时间和管渠内流行时间两部分,计算公式为:

$$t = t_1 + mt_2 \qquad (A.27)$$

式中,t——设计暴雨历时(min);

t_1——地面集水时间(min);

t_2——管渠内流行时间(min);

m——延缓系数,暗管用 2,明渠用 1.2。

地面集水时间是管渠起点断面在设计重现期、设计历时的降雨条件下,达到设计流量的时间。它的确定,要考虑地面的集水距离、集水面积、地面坡度、地面覆盖和暴雨强度等因素。在地面坡度、地面覆盖和暴雨强度都比较接近的情况下,地面集水距离是主要的因素,一般 t_1 取 5~15 min。

（3）计算公式

城市中,下水管道密布,一般其管道口所受纳水的汇水面积不大,可用推理公式（rational formula）进行计算:

$$Q=166.7\psi iF \tag{A.28}$$

式中,Q——设计流量（L/s）;

ψ——径流系数;

i——设计降雨强度（mm/min）;

F——汇水面积（hm^2）;

166.7——单位换算系数。

对于城市中的明渠、涵洞的设计流量,亦用式（A.28）计算。注意,得到由雨水形成的设计流量（雨期流量）之后,尚需加上非雨成的流量（旱期流量）,才是总的设计流量,见后述。

在地面比较平坦的地区,如果各管道口的汇水面积之间无很好的分界设施,则在中小水时尚能各入各的管道口,而在大水时常会串流,在设计时应考虑这个因素。

2）非雨成径流的估计

城市中,工厂、机关和生活等地区常年累月地排泄出废水,汇集于管道中,然后排入受纳水体。这种废水多为不经处理或虽经处理而未达标的水。下面分居住区与工业区两种情况进行叙述。

（1）居住区生活污水量的计算[2,3]

① 居住区的生活污水量

居住区的生活污水量,应按当地的气候条件、室内卫生设备情况、生活习惯、生活水平和文化水平等因素来确定。中国采用的室内平均日排水定额参考值见表 A.6,其中的数字已包括区内小型公共建筑物的污水量,但未包括高层建筑和商业、旅游业、服务业、文教卫等单位的排水量。

表 A.6 居住区生活污水量平均日排水定额（L/（人・日））[2]

情 况	分区				
	A	B	C	D	E
① 有给水排水卫生设备但无淋浴设备	55~90	60~95	65~100	65~100	55~90
② 有给水排水卫生设备和淋浴设备	90~125	100~140	110~150	120~160	100~140
③ 有给水排水卫生设备并有淋浴和集中热水供应	130~170	140~180	145~185	150~190	140~180

表 A.6 中,A、B、C、D、E 大致是:A 区为东北各省,B 区为北京、天津等地,C 区为上海及其附近,D 区为广东、台湾地区,E 区为其他区域。

② 变化系数

由于表 A.6 所列定额为平均值,采用时尚应考虑最大日污水量的因素。生活污水的变化系数为:

$$日变化系数 K_1 = \frac{最大日污水量}{平均日污水量} \qquad (A.29)$$

同时,还要计及最大时变化的因素,即

$$时变化系数 K_2 = \frac{最大日最大时污水量}{最大日平均时污水量} \qquad (A.30)$$

于是,总变化系数 K_z 为:

$$K_z = K_1 K \qquad (A.31)$$

生活污水量总变化系数参考值见表 A.7。

表 A.7　居住区生活污水量 K_z 值表[2]

平均日流量 Q(L/s)	5	15	40	70	100	200	500	≥1 000
K_z	2.3	2.0	1.8	1.7	1.6	1.5	1.4	1.3

当平均日流量 Q 为表 A.6 所列的中间数字时,可用式(A.32)计算:

$$K_z = \frac{2.7}{Q^{0.11}} \qquad (A.32)$$

③ 计算公式

居住区生活污水设计最大流量 Q_m 的计算公式为:

$$Q_m = \frac{qNK_z}{86\,400}(L/s) \qquad (A.33)$$

式中:q——每人每日平均污水量定额(L/(人·日));

N——设计人口数。

(2) 工业企业生产污废水量的计算[3]

工业企业污废水的计算公式如下:

① 工业企业污废水设计最大流量 Q_1 为:

$$Q_1 = \frac{mMK_g}{3\,600T}(L/s) \qquad (A.34)$$

式中:m——生产过程中,单位产品的废水量定额(L),据具体产品而定;

M——每日产品数量;

K_g——总变化系数,据工艺或经验确定;

T——每日工作小时数。

② 工业企业生活污水设计最大流量 Q_2 为：

$$Q_2 = \frac{q_1 N_1 K_z + q_2 N_2 K_z}{3\,600\,T_1} \text{(L/s)} \tag{A.35}$$

式中：q_1——一般车间污水量定额(L/(人·班))，一般取 25；

q_2——热车间污水量定额(L/(人·班))，一般取 35；

N_1——一般车间最大班工人数；

N_2——热车间最大班工人数；

T_1——每班工作小时数。

③ 工业企业淋浴用水设计最大流量 Q_3 为(每班使用淋浴时间按 1 小时计)

$$Q_3 = \frac{q_3 N_3 + q_4 N_4}{3\,600} \text{(L/s)} \tag{A.36}$$

式中，q_3 为不太脏车间淋浴水量定额(L/(人·班))，一般取 40；q_4 为较脏车间淋浴水量定额(L/(人·班))，一般取 60；N_3 为不太脏车间最大班使用淋浴人数；N_4 为较脏车间最大班使用淋浴人数。

(3) 合流流量的计算[2,3]

城市中，如果管道布设是分流制的，则可按雨水和生活污水分别计算设计流量后进行设计。如果是合流制的，就要将两部分的流量适当相加后作为设计的数据。

合流管道的总设计流量按式(A.37)计算

$$Q_z = Q_y + Q_s + Q_g = Q_y + Q_h \tag{A.37}$$

式中，Q_z 为总设计流量(L/s)；Q_y 为设计雨成流量(L/s)；Q_s 为生活污水流量(L/s)，总变化系数可采用 1；Q_g 为工业废水流量(L/s)，宜采用最大生产班内的最大流量；Q_h 为溢流井以上的旱期污水流量(L/s)，等于 $Q_s + Q_g$。

在合流制中，雨水的设计重现期可适当高于同一情况下的雨水管道设计标准。

合流制管道上常设有溢流井，有截流槽和跳越堰等形式。溢流井以后管段的流量按式(A.38)计算：

$$Q_z' = Q_y' + (n_0 + 1)Q_h + Q_h' \tag{A.38}$$

式中，Q_z' 为溢流井以后的管段流量(L/s)；Q_y' 为溢流井以后汇水面积的设计雨水流量(L/s)；Q_h' 为溢流井以后的旱期污水流量(L/s)；n_0 为截流倍数，即开始溢流时所截留的雨水量与旱期污水量之比。截流倍数 n_0 因排放条件不同而异，参考值见表 A.8。

表 A.8　n_0 的参考值

排放条件	n_0
在居住区内排入大河（$Q \geqslant 10 \text{ m}^3/\text{s}$）	1～2
在居住区内排入小河（$Q = 5 \sim 10 \text{ m}^3/\text{s}$）	3～5
在泵站前入排水总管的端部	0.5～2
在处理构筑物旁	0.5～1

A.4　城市设计洪水计算

上面两节介绍的是与城市内水有关的水文计算方法。就城市不仅要处理好内水，也要重视外水对城市的侵袭问题。

城市在洪水季节，必须确保安全。许多城市毗邻江河，直接受到江河上游奔腾而来的洪水的威胁，需要建造或保护好城市的圈堤——防洪堤。

防洪堤的高度，通常用洪水频率计算方法来确定，并考虑一定的风浪影响高度，一般用堤顶高程来表示。

1）城市的防洪标准

要按照城市的重要性来确定防洪标准。例如中国曾按城市等别及洪水的类型制定了防洪标准，见表 A.9。

表 A.9　城市的防洪标准（Ⅰ）[4]

城市等别	防洪标准（重现期：年）		
	河（江）洪、海潮	山洪	泥石流
特别重要城市	≥200	100～50	>100
重要城市	200～100	50～20	100～50
中等城市	100～50	20～10	50～20
小城市	50～20	10～5	20

以后重新制订的防洪标准，是按城市社会经济地位的重要程度、城市内非农业人口数量来划分的，见表 A.10。此表的防洪标准比表 A.9 有所提高。

表 A.10　城市的防洪标准（Ⅱ）[5]

等别	重要程度	非农业人口（万人）	防洪标准（重现期/年）
Ⅰ	特别重要城市	≥150	≥200
Ⅱ	重要城市	150～50	200～100
Ⅲ	中等城市	50～20	100～50
Ⅳ	一般城镇	≤20	50～20

2）城市设计洪水计算

收集城市圈堤外主要河流的水位与流量资料，以年最大值（annual maximum value method）法取样，即每年取一个最高水位或最大流量为计算系列。现以年最大流量系列用洪水频率计算法推求设计洪水为例。

年最大值流量系列 Q（按自大而小次序排列）为：

$$Q_1 \geqslant Q_2 \geqslant \cdots \geqslant Q_m \geqslant \cdots \geqslant Q_n \qquad (A.39)$$

其中，n 为系列的年数。采用下列经验频率（绘点位置）公式：

$$P = \frac{m}{n+1} \qquad (A.40)$$

式中，m 为系列（A.39）的序次，老大项 Q_1 的 $m=1, \cdots$，最小项 Q_n 的 $m=n$；P 为对应于第 m 项流量 Q_m 的频率。重现期 T 为：

$$T = \frac{1}{P} \qquad (A.41)$$

对于老大项 Q_1，其对应的重现期为 $n+1$，当 n 较大时，近似于 n 年一遇。在概率格纸上点绘 $P \sim Q$ 的关系，见图 A.6。同暴雨频率计算一样，选定频率分布模型，如极值分布或 P3 型分布等。然后通过点群中心配出一条频率曲线。

这里的一个问题是：由于 Q 系列的资料常常较短，例如只有 40 年资料，即 $n=40$，其最大观测值 Q_1 的重现期约只 40 年一遇，如图 A.6 上的 A 点；但从表 A.10 可知，对于中等以上的城市，其设计标准在 100 年一遇以上。例如，设 $P^*=1\%$，则重现期 $T^*=100$ 年，即图 A.6 上的 B 点。原先在拟合频率曲线时，我们只看到有点子部分的拟合情况，现要考虑点以

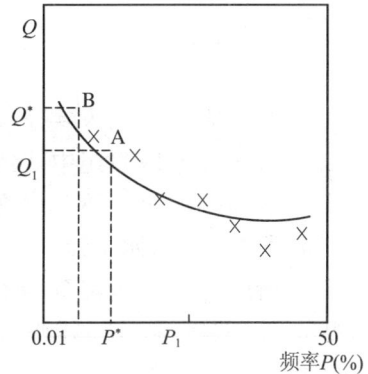

图 A.6 年最大流量频率计算图

外部位，即要外延，这常常会出现误差，而且外延愈远，则可能产生的误差愈大。碰到这种情况，常常要请有经验的工作者根据该河流上下游或相似流域的有关的情况，经过合理性分析之后加以确定，再经上级批准。有关详细的分析、计算方法，请见有关文献，如中国的《水利水电工程设计洪水计算规范》和美国的"Guidelines for Determining Flood Flow Frequency"等。

通过上述的流量频率计算可以得到设计标准的设计流量值，然后由水位～流量关系曲线，求得相应设计标准时的设计洪水位，再加一定的超高，成为城市防洪堤的高度或高程。

同样，也可以用每年最高水位的资料系列来推求设计洪水位，选取哪个系列

可视具体情况而定。

3）城市的洪水遭遇

有些城市，位于两条河流的交汇口。例如中国的重庆（嘉陵江入长江）和武汉（汉江入长江）等，最恶劣的情况是两条河的最大洪峰流量同时到达交汇口。又如中国的上海，位于长江入海口，如果长江的洪水到来时又遇到风暴潮的高峰期，也同样会出现两峰相遇，对城市产生威胁。

因此，在计算这类城市的设计洪水时，不能单独考虑一条河流的洪水，还必须考虑同另一条河流洪水遭遇的问题。

两条河流或多条河流的洪水遭遇分析，可以用历史观测资料进行分析，即分析计算大洪水与大洪水、大洪水与特大洪水遭遇的可能性。

编后语

城市水文学是随着城市建设的发展和需要而形成的一门学科，现在已经有比较丰富的内容。在此只作了简单的介绍，并以中国个别城市为例，说明了一些情况，供作参考。

城市水文学的发展，大致分为三个阶段：

第一阶段约从 19 世纪中期到 20 世纪 60 年代，是形成城市水文学的孕育阶段，基本上是运用一些常规的水文学方法，如推理公式、下渗曲线和单位线法等，用来解决所需的城市水文计算问题。

第二阶段是从 20 世纪 60 年代到 70 年代，建立了一些具有城市特色的分析方法，提出了一些适用于不同问题的综合性模型，经过试用、修正，设计了通用的软件包，这是逐渐形成独立学科的时期。

第三阶段是 20 世纪 70 年代之后，进入了较为定型的阶段，应用、推广和完善了已有的一些模型程序，是推广和应用最广泛的时期。

要做好城市水文工作，必须有足够和可靠的资料支持。大家知道，如果资料不准确，即使以后分析再好，都是无法得到可靠结果的。其次是要有合适的模型和方法，其理论要联系实际、简单明确、可操作性强、乐于为广大工作者所接受。第三是工作者要有丰富的知识和经验，能对分析计算过程和最终结果结合实际情况进行检查和调整，对每一环节都要进行合理性分析，使成果可靠和实用。

城市建设和发展，促进了城市水文学的发展，反过来，城市水文学的进步，能更好地为城市建设服务，这是相互关联的，希望多对城市水文工作给予帮助，使城市水文学得以健康成长的发展。

参 考 文 献

[1] 张家城,朱明道等. 气候变迁及其原因. 北京:科学出版社,1976

[2] GBJ14 - 87(1997 年版). 室外排水设计规范. 北京:计划出版社,1988

[3] 北京市政设计院. 给水排水设计手册(第 5 册):城市排水. 北京:中国建筑工业出版社,1986

[4] CJJ50 - 92. 城市防洪工程设计规范. 北京:中国计划出版社,1993

[5] GB50201 - 94. 防洪标准. 北京:中国计划出版社,1994

[6] SL44 - 2006. 水利水电工程设计洪水计算规范. 北京:中国水利水电出版社,2006

[7] Interagency Advisory Committee on Water Data , et al. Guideline for Determining Flood Flow Frequency. Bulletin of the Hydrology Subcommittee, Editorial Corrections, Mar. 1982

[8] 朱元甡,金光炎. 城市水文学. 北京:中国科学技术出版社,1991

[9] Hall M. J. , Urban Hydrology. Elsevier Applied Science Publishes,London and New York,1984

Appendix A　Introduction to Urban Hydrology

City is the central area of political, economic, scientific and cultural activities. Since the emergence of city, people intentionally gathered into the city, and lived there to engage in a variety of activities. Thus excessively, the number of cities increased, the population grown, the scale expanded, so that the degree of urbanization is becoming higher and higher.

Urbanization made the population of urban areas denser, buildings everywhere, the road crossed, and produced numerous human activities, and all of these changed the urban climate, hydrology and water conditions significantly. Water is one of the major conditions for urban development; people cannot produce and live without water even for a moment. Therefore, the construction and development of a city requires understanding and study on hydrologic characteristics of a city and its relevant situation of its climate and water resources, which are the topics to be introduced and discussed in Urban Hydrology.

The proportion of the population in urban areas to the total population of the whole nation is the main indicator of urbanization. For example, in Britain, Australia, Israel and the United States and some other countries, its proportion is more than 75%, which can be regarded as the most urbanized countries.

City has fostered the development of the national economy, brought many benefits to the people, but also made some adverse effects to water resources and environment. How to avoid damage and make full use of its advantages are concerned by all of us. To increase the knowledge about and awareness of urban hydrology are favorable to the construction of the city and a useful measurement to promote the development of the city.

The most important topics of urban hydrology are urban flood control, drainage, water supply and water environmental problems. Here, the first introduction is the hydrologic characteristics of city, and then the basic contents of hydrologic calculation is introduced selectively.

A. 1　Urbanization and Urban Hydrology

1) The impact of urbanization on climate

With the process of urbanization, intensified by human activities, the climate of cities has begun to change, and the main reasons for the change are: the slow circulation of air, the change in the nature of under laying surface, and strong influence of human activities (such as air pollution and the heat released due to human activities). They are directly associated with the dynamic changes of urban climate; Table A. 1 shows the reference data of comparative climate features between urban and rural areas.

Table A. 1　Comparative climate features between urban and rural areas

Item	Elements	Compare to rural areas
Pollutant	Dust Dust gas	More than 10 times More than 2~2. 5 times
Sunlight radiation	Total quantity of radiation Ultraviolet radiation (winter) Ultraviolet radiation(summer) Sunlight hours	15%~20% less 30% less 5% less 5%~15% less
Cloud and mist	Quantity of cloud Fog (winter) Mist (summer)	5%~10% more 100% more 30% more
Humidity	Relative humidity(winter) Relative humidity (summer)	2% lower 8% lower
Air temperature	Annual average The average lowest in winter	0. 5~3℃ higher 1~2℃ higher
Wind speed	Annual average wind speed Instantaneous highest wind speed	20%~30% lower 10%~20% lower
Precipitation	Amount of precipitation Rain day of more than 5mm Snowfall	5%~15% more 10% more 5% less

These changes have made the urban climate to the main effects as the following.

(1) Greenhouse effect

In urban areas,factories, traffic and families burn a lot of fossil fuels everyday, such as coal, oil and gas, thus increasing the quantity of carbon dioxide (CO_2) in the atmosphere. CO_2 in the atmosphere is opening to the short-wave radiation from the sun (such as visible light and ultraviolet rays, etc.), allowing them to enter directly to earth surface, and warming the surface after absorbing solar energy. The solar energy accepted by earth surface is spread into the high space by long-wave radiation (such as infrared radiation) to maintain the earth's heat balance. But CO_2 will block the long-wave radiation and, not allow passing. The heat retention of surface radiation that stayed in the layer of CO_2 in the atmosphere played a role of heat preservation for the Earth's Surface. Because of its similarity to the function created by the greenhouse, it is so called "greenhouse effect". According to the research, in general, if the concentration of CO_2 in the atmosphere is increased by 100%, the surface temperature will rise 2℃ to 3℃, and the surface water temperature will increase correspondingly.

At present, the global greenhouse effect has got people's attention universally. Global climate warming, not only intensifies city's greenhouse effect, but also causes the melting of the polar ice, expanding of marine area, and rising of sea levels. In this way, some of the coastal cities is facing the potential of flooding, and the tidal level of storm tide may be elevated, which will push the boundary of fresh water and salt water invade inland and influence neighboring urban and rural water supply. It is reported that, the global greenhouse effect has been expanding and growing more severe day by day, it even made the people living in the vicinity of the Arctic Circle (like some of the villages in the province of Quebec in Canada), need to install air conditioners.

Restrictions on the use of fossil fuels, large-scale afforestation (this will enable reduction of CO_2 in the atmosphere), collection for treatment of harmful gases from industrial and automotive combustion and taking effective measures (such as development of hydropower and nuclear power) can control the development of the greenhouse effect. It is estimated that if the temperature continues to rise and reaches a critical value, the temperature will soon increase in an exponential way, forming a so-called "super-greenhouse effect," it is not impossible.

In order to control the expansion of greenhouse effect and release the human from the threat of climate warming, the UN passed the United Nations Framework Convention on Climate Change (UNFCCC) at Earth Summit Conference in 1992, which made a global control to the release of Anthropogenic Greenhouse Gas. And in December 1997 in Kyoto, Japan, the third Assembly of State Parties to the UNFCCC adopted the *Kyoto Protocol* which has a binding effectiveness to regulate the responsibility of industrialized countries for the reduction of future greenhouse gas. China signed it in 1998 and approved the *Protocol* in August 2002. The EU and its member states formally approved the *Kyoto Protocol* on May 31, 2002, and Russia signed the *Protocol* on November 5, 2004. Many countries and regions have now signed the *Kyoto Protocol*; population of countries that have approved the protocol is more than 80% of the total world population. However, some powerful countries have used all kinds of excuses not to approve the *Protocol*.

(2) Heat island effect

Urban heat island effect is the phenomenon that the temperature in urban areas is significantly higher than suburbs. Large quantity heat released from city raises the temperature in urban areas. High buildings in the city block the air flow and reduce the wind speed, leading to heat accumulation. In addition, because most of earth surface in the cities is covered by impermeable roads and buildings, rainwater drained away quickly, evaporation reduced, and since the temperature is higher than the suburbs, which makes the humidity over cities decreased. Furthermore, due to reduction of green surface, the temperature of cities will rise definitely. In particular, under the condition of low air pressure, it will be very hot. Thus, on the contour map of temperature of near-surface, the temperature of suburbs is lower with mild changes, while city is a high-temperature district, which is looked like an island in the sea, which is vividly termed as "heat island effect."

Generally speaking, urban heat island effect may appear in every season of a year. Although sometimes there are warm autumn and warm winter, but that can not pose significant impact on the living and working of residents; the impact mainly is caused by the hot weather of heat island effect in the summer. Ambient temperature is closely related to the physical activities of human body. If the temperature rises as high as 28℃ and above, people will feel uncomfortable and higher temperature above 34℃, will trigger a series of diseases.

(3) Heating stove effect

Energy consumption by human activities will be finally turned into heat, which would increase the temperature of surrounding environment and ground, and is particularly significant in the city. This is just like a stove, warming atmosphere directly. This effect is known as "heating stove effect."

Coupling with the local terrain, heating stove effects make the temperature in urban areas even higher, and make people feeling sultry. China had three famous stove cities, Nanjing, Wuhan and Chongqing. According to the observations and statistics in recent years, many cities in the south (such as Changsha, Shaoguan, Nanchang, Nanping and others) have become new stoves already, degree of heat feeling (the human thermal sensation to the atmosphere) even exceeds that in the old stove cities. With the use of various types of energy, thermal diffusion is growing rapidly, if it is not controlled, heating stove effect will become more and more serious.

(4) Rain Island Effect

Rich condensation nuclei over the city and large quantity of upward wind and cloud cover lead to an increasing rainfall in the natural state, and the magnitude of rainfall is more obvious than the neighboring suburbs and rural areas. Its rainfall contour map is looked like a rainy island, so called "rainy island effect", as detailed below.

These effects vary urban environment with many effects and their impact on hydrologic conditions is more complicated.

2) The impact of urbanization on hydrology

Urbanization causes the changes in climate, and also in hydrologic conditions and changes in rainfall, evaporation and runoff are particularly significant.

(1) Rainfall

The quantity of rainfall in urban areas is larger than rural areas, and the urban also meet more frequent rainfall events, this is the so-called rain island effect. This effect is primarily caused by the following reasons.

Firstly, urban heat island effect plays a role of inducing the rains and increasing the quantity of rain. The hot air in urban area is lighter than cold air in countryside, so it will rise up by floating force, but the cool air in suburban areas will sink down and flows towards urban area to substitute the air rose, so that heat convection formed. When the clouds nearby moved to the urban areas, it will speed up the development of clouds resulting from thermal convection, increase the frequency or quantity of rainfall.

Secondly, buildings at different height in the cities are just like barriers that impede the air flow. When air flows from the outskirts to urban areas, these barriers will hold them up, slow down their moving speed, and it will stay longer in urban areas, thus, the intensity of rainfall is augmented and duration is prolonged.

Third, condensation nuclei in the air of urban areas are relatively more; condensation nuclei will intensify the production of rainfall. Since many factories in the city will produce a lot of particulate waste gases, these not only pollute the air, but also spread or remain in the air for long periods. These gases contain nitrate and sulfate materials, which are good at absorbing moisture to form condensation nuclei, it will play the role of increasing rainfall. On the other hand, most of this kind of rainwater has a character of acidity, as pH<5.6, it becomes acid rain, which will acidify the water; effect the breeding and growth of fish and aquatic organism; hurt the buds and leaves of plant; damage the crop production; corrode buildings, sculptures and underground pipes and reduce their quality for use; cause human respiratory diseases and affect human health, etc.

For example, compared with multi-years average rainfall, the rainfall quantity in urban area in Bengbu, Anhui Province of China is 920 mm, but at Wudaogou Experimental Station in 20 km north of Bengbu, its value is 854 mm which is 7.7% less than the former. Reducing 1%~2% gradient changes of decreasing from north to south, the balance is still 6%. Considering the differences of rainfall between the rural and urban areas in drawing the contour maps, it will clearly show a "rain island" graphics.

(2) Evaporation

Similar to the rain island effect, evaporation both in urban and rural areas are not the same. High buildings in the urban areas block the air circulation, slow down the wind speed, and reduce the evaporation; but in the suburbs of open areas, wind speed is faster than that in urban areas, evaporation quantity is greater. For example: the average annual evaporation (measured value of the E601 evaporation pan) in urban area of Bengbu is 920 mm, compared with the observed value of 1,150 mm in Wudaogou Station near Bengbu City, which is 20% higher than the former. If we take into account the real changing rate of evaporation from the south to the north, the value will be 21%~22% lower. Considering this difference between urban and rural areas in making contour map, it will represent an apparent trough which will be more obvious than the rain island above mentioned.

(3) Surface runoff

The coverage of buildings in urban areas is rather large, many roads are paved with asphalt or concrete, these increase the proportion of impermeable areas, which can be amounted to 80% or above. Because of this impermeable surface, only small proportion of rainfall is able to infiltrate into underground, the pipes collect the runoff rapidly. In the central part of a city, runoff coefficient can reach as high as around 90%, the figure is much higher than that in rural areas. The runoff coefficient values of coverage condition of different surfaces are shown in Table A. 2.

Table A. 2　Runoff coefficient values of different surface conditions in urban areas

surface condition	runoff coefficient
Various roofs, concrete and asphalt pavement	0. 90
Block stone facing pavement and gravel pavement with surface asphalt processed	0. 60
Proportioned gravel pavement	0. 45
Dry stone tiles and gravel pavement	0. 40
Soil-paved road	0. 30
Park or green belt	0. 15

The hydrograph of each drainage point in the urban areas is relevant to the setting out and discharge capacity of drainage system, the characteristics of the hydrograph is usually the short duration, high peak and substantial amount of runoff volume. In the situation of moderate rain, generally rainwater can be discharged immediately, but for intense storms, due to the constraints of the discharge capacity of the pipes, the hydrograph will be flattened and the low land in urban areas are inundated.

Because of the high peak and large volume of the hydrograph, which increase peak discharge both for out-river and in-river. It also increases the frequency (the recurrence interval shortened), thereby causing more floods in downstream cities. Furthermore, the water discharged from the urban areas contains sludge and other particulate matter, which will be deposited and narrow the cross section of the rivers.

The ground surface in urban area is largely impermeable, so that the infiltration in rainy season is small. This makes a significant reduction of groundwater recharge and that of groundwater evaporation. From table A. 2, we can see that appropriate increase of parks and greenbelts, not only can absorb CO_2 and regulate climate, but also can moisten the soil and supply the groundwater via more infiltration.

(4) Groundwater

The increasing quantity of asphalt or concrete pavement and buildings in urban areas enlarged the proportion of impervious areas, which usually can be larger than 80%. When it rains, despite the fact that small amount rainwater is retained and evaporated, most of the rainwater is discharged through underground drainage system which decreases the soil infiltration and groundwater recharge.

In table A. 2, we can see that, the runoff coefficient of various roofs, concrete and asphalt pavement is around 0.90, that is to say, only about 10% of the rainwater (also after deducting the retention and evaporation losses) can seep into the soil. Part of this seepage will be retained by the soil, only a little amount of water can reach the water table by gravity. The groundwater is supplied with shallow aquifer, while the recharge is impossible if the water table is deep to be supplied. As such, groundwater recharge due to rainfall in urban areas can only rely on gravel and sandy roads, parks and green belts. Therefore, more greenbelts, permeable land surface should be emplaced in a planned way and small ditches with high infiltration capacity, which can collect rainwater from roofs and road surfaces, will be helpful to increase groundwater recharge.

In short, only a small amount of underground water in urban area is supplied by rain water. If the groundwater is over-exploited and no other supplying sources, the water table will be lowered, leading to environmental problems.

(5) Water quality

Because of the developed industry, the concentration of population and the traffic jam, urban areas have more pollutant sources than that in the countrysides. The factories discharge wastewater at all time, part of the waste water are not processed as for the part which are processed, but not up to the standard. A large amount of wastewater is discharged into the sewers and then into the nearby receiving water bodies (rivers, lakes, etc.), which are seriously polluted.

The urban wastewater, sewage with germ from the hospital, filthy water caused by the garbage when drenched by rain: part of the polluted material is discharged into receiving water bodies through sewerage system, part is infiltrated into underground, thus polluting both the surface water and groundwater. The loss of motor vehicle oil and fuel, frayed tires and roads, being drenched, also pollute water. All of these will deteriorate the water quality and give negative impact on water use.

A. 2　Calculation of urban design storm

Urban design storm is mainly for the design and planning of urban drainage system, and its design magnitude is achieved through the establishment of rainfall-runoff relations, the design flow achieved is the basis for the design of scale of the pipe system and the dimension of the pipe net work. Its design standards, method of frequency analysis and calculation model of storm intensity, are described as the following sections.

1) Design standards of urban storm

Design storm is the basis for determining the design flow. In rainy period, after pouring of storm, in order to avoid flood disaster, rainfall runoff should be drained away quickly. Design standard of urban storm is normally represented by return period, i. e. in average how long the event with same magnitude could appear again. According to the design specification for outdoor drainage, normally 0. 5~3 years is selected; for important trunk roads, or those areas even shorter duration can cause serious consequences, in this case 2 to 5 years return period is selected. For more important region the design standard can be adjusted appropriately; the maximum value can even be selected as once for every 20 years.

In addition, in water supply and drainage design manual, more detailed data are shown for the standard of design storm in plane area(see Table A. 3). In addition to the topographic features, the importance of the construction site for different regions should also be considered, the figures for upper, middle, or lower limit in terrain column should be appropriately selected. This kind of classification is as follows: I —areas for special importance; II —trunk roads, city square, downtown area, factory and population concentrated areas, depository areas and embassy district; III —ordinary residential areas and roads.

Table A. 3　Return period of design storm

grade of terrain	return period (year)	specification
I gentle slope II valley III closed depression	0. 333,0. 5,1,2 0. 5,1,2,3 1,2,3,5, specific 10,20	ground slope <0. 003

2) Frequency analysis of design storm

The main contents of frequency calculation of design storm include the selection of sample series of storm, calculation of statistical parameters, plotting frequency curve and development of storm intensity formula.

(1) The sampling of storm data

In order to drain away storm runoff in a very short period, the design storm used in urban drainage should be short duration. In general, the duration ranges from 10 to 30 minutes, but for the frequency analysis, shorter duration as 5 minutes or longer duration as 45 minutes should also be adopted. Generally, the sampling duration used are: 5、10、15、20、30、45、60 and 120 minutes.

As the standard for the design storm is relatively low, only several events in a year are used in limited cases, therefore we should adopt a peak over threshold method (POT), also known as partial duration method. Threshold values are different in different regions, usually daily rainfall over 25 mm (starting value for heavy rain) are used as a reference for the selection of threshold value. In practice storm intensity series is usually used in frequency analysis.

For a given duration, the storm intensity (i) (by mm/min) can be obtained from the duration (t) and the corresponding rainfall amount (x), i. e.

$$i = \frac{x}{t} \tag{A.1}$$

The rainfall amount of each duration should be taken from the self-recording rain gauge records, and its value should be used after checking with the manually observed values.

The number of the samples can be determined as follows. Suppose the data cover n years, it is necessary to take out N records $(N > n)$ according to POT method, so that an averaged k (annually) is obtained, i. e.

$$k = \frac{N}{n} \tag{A.2}$$

For example, provided the return period adopted is $T = 0.25$ year, $k = 4$ should be enough. The samples are then arranged in order of magnitude, the last item $(N = 4n)$ is regarded as a design value. However, it still should needs to check by using longer data series to reduce the randomness in the frequency analysis. Generally, we should take $k \geqslant 4$, such as $k = 5 \sim 6$. Even when $T > 1$ year, it should also adopt $k > 1$ to get longer series, so as to reduce the random error and be convenient for frequency analysis.

(2) Calculation of statistical parameters

According to the selected storm data series (or in terms of intensity) X is ranked in the order of magnitude

$$x_1 \geqslant x_2 \geqslant \cdots \geqslant x_N \tag{A.3}$$

In(A. 3), N is the number of items of the series. The statistical parameters— mean $\bar{x}$, standard deviation S (coefficient of variation C_v) and the skew coefficient C_s are calculated with the method of moment, the formula is given as follows:

$$\bar{x} = \frac{1}{N} \sum x_i \tag{A.4}$$

$$S = \sqrt{\frac{\sum (x_i - \bar{x})^2}{N-1}} \tag{A.5}$$

$$C_v = \frac{S}{\bar{x}} \tag{A.6}$$

$$C_s = \frac{N}{(N-1)(N-2)} \frac{\sum (x_i - \bar{x})^3}{S^3} \tag{A.7}$$

In which, $\sum$ is the accumulation from 1 to N of i.

As each item in the observed series may be with a series of errors (observation error, etc.), especially for the calculation of C_s, the error will be much higher due to its cubic effect, usually the calculated value by formula (A. 7) is not directly used, but can be determined through the curve fitting method described below.

(3) Plotting of frequency curve

Plotting of frequency curve requires to choose the experience frequency formula, the frequency distribution type (model), the final results are obtainable to get the desirable frequency curve with the curve fitting method. The design values for different statistical parameters and frequencies are so identified after reasonable analysis.

① Calculation of experience frequency

Experience frequency is also known as plotting position, which is the basis for frequency curve fitting method. For example, with the data series of n years, generally we hope that the return period of the maximum one can be reoccurred once for every n years, the second item can be assumed twice in n years, the expression is more intuitive and easier to understand.

For certain durations, with the series of N rainfall records (or intensity), the POT-series frequency can be calculated by the following formula:

$$P_E = \frac{m}{N+1} \tag{A.8}$$

In the formula:

P_E——the frequency determined by POT method;

m——the sequence is arranged in order of magnitude.

Formula (A. 8) is the mathematical expectation formula using experience frequency, it is also called Weibull formula.

Thus, we can plot the points (termed as experience frequency points) for each pair of $x_m - P_E$ on the probability paper, as "$\times$" in figure 1, where x_m is rainfall amount in the order of m in the sequence. Thus, frequency curve of POT is obtained.

In application, the results of POT-frequency should be converted into frequency (or return period) with the unit of year. Suppose the return period is T (year), it is corresponded to the sequence position $m_T = n/T$ of design frequency P_{ET}. For example, when $T=2$, the design storm value of year T in n years is the corresponding value of sequence position $n/2$. Hence, we got $P_{ET} = m_T/T$, because we have adopted the mathematical expectation formula (A. 8), P_{ET} is

$$P_{ET} = \frac{n+1}{(N+1)T} \tag{A. 9}$$

Thus, if T is known, P_{ET} can be calculated, and the rainfall amount can be found in the POT-frequency curve to get x_T. Evidently, although the value k is different, the same $x_m(x_T)$ values will be the same, as shown by point A in figure A. 1.

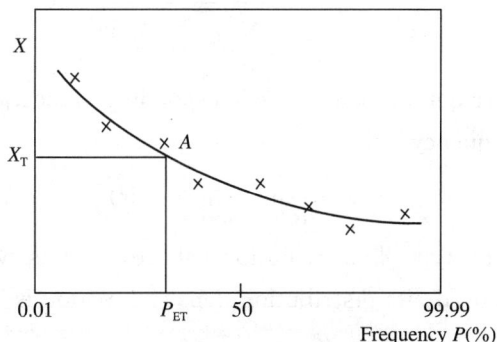

Figure A. 1　Distribution Curve of Rainfall Amount Series

② Plotting POT-rainfall frequency curve

Suppose the POT-rainfall series (arranged from the high to the low) is x_1, $x_2, \ldots, x_m, \ldots x_N$.

Calculate the frequency corresponding to the aboveseries with Formula (A. 8):$P_{E1}, P_{E2}, \ldots, P_{Em}, \ldots P_{EN}$.

Draw the corresponding points of $x_m - P_{Em}(m=1,2,\ldots,N)$ on the probability paper, as shown in figure 1, and choose a frequency distribution model to fit the distribution trend of these points.

The frequency distribution of commonly used model in different countries and regions are not the same, in Europe and Africa, Extreme Values Distribution is widely used, which can be abbreviated as EV distribution. There are three types of EV distribution: type Ⅰ, type Ⅱ and type Ⅲ, and type Ⅰ Extreme Values Distribution (EV Ⅰ distribution) is most widely used, which is also known as the Gumbel distribution, its distribution function is as follows:

$$P = 1 - \exp\{-\exp[-\alpha(x-u)]\} \tag{A.10}$$

α and u in the formula are distribution parameters, their relationship with the mean $\overline{x}$ and standard deviation S is:

$$\alpha = \frac{\pi}{S\sqrt{6}} = \frac{1.28255}{S} \tag{A.11}$$

$$u = \overline{x} - \frac{C}{\alpha} = \overline{x} - 0.45005S \tag{A.12}$$

in which, C is Euler constant, being equal to 0.57722, and

$$\overline{x} = \frac{1}{N}\sum_{m=1}^{N} x_m \tag{A.13}$$

$$S = \sqrt{\frac{1}{N-1}\sum_{m=1}^{N}(x_m - \overline{x})^2} \tag{A.14}$$

When α and u are determined, the corresponding value x_P of rainfall amount x under a certain frequency P is

$$x_P = u - \frac{1}{\alpha}\ln[-\ln(1-P)] \tag{A.15}$$

In China, Pearson type Ⅲ distribution (abbreviated as type P3 distribution or Γ distribution) is used, its distribution density function is:

$$f(x) = \frac{\beta^\alpha}{\Gamma(\alpha)}(x-a_0)^{\alpha-1}e^{-\beta(x-a_0)} \tag{A.16}$$

In the formula, the, α, β and a_0 are distribution parameters, and $\alpha > 0$. $\Gamma(\alpha)$ is the gamma function of α, as α is positive integer, $\Gamma(\alpha)=(\alpha-1)!$ and $\Gamma(1/2)=\sqrt{\pi}$, and under other situation it can be investigated in Table. The relationship of these parameters with mean $\overline{x}$, coefficient of variation C_v (the ratio of standard deviation and mean $S\sqrt{x}$) and the skew coefficient C_s respectively are

$$\alpha = \frac{4}{C_s^2} \tag{A. 17}$$

$$\beta = \frac{2}{\overline{x}C_v C_s} \tag{A. 18}$$

$$a_0 = \overline{x}\left(1 - \frac{2C_s}{C_v}\right) \tag{A. 19}$$

x_p and P in P3 distribution haven't got explicit relationship. Since

$$P = \frac{\beta^{\alpha}}{\Gamma(\alpha)}\int_{x_p}^{\infty}(t-a_0)^{\alpha-1}e^{-\beta(t-a_0)}\,dt \tag{A. 20}$$

A detailed $\Phi_p = \dfrac{x_p - \overline{x}}{s}$ value (also known as the frequency factor) table which is used to calculate the standardized variables under different C_s and P, it is available and is given in various hydrologic books. Thus, the P and the corresponding value x_p can be obtained by:

$$x_p = \overline{x}(1 + C_v \Phi_p) \tag{A. 21}$$

In United States, the logarithm Pearson Ⅲ distribution (abbreviated as type LP 3) is used in many institutes, that is, let $y = \ln x$, and make y to follow P3 distribution, the calculating method is similar to P3 distribution, so that there is no need to repeat here.

For example, in application of type P3 curve, the parameters of curve fitting for the maximum daily storm at a given station are: $\overline{x} = 93.4$, $C_v = 0.34$, $C_s = 4C_v$. The frequency curve is shown in Figure A. 2.

3) Calculation model of urban design storm intensity

(1) Formula of Storm Intensity

The intensity i of design storm is related to the return period T and the duration t. At present, storm intensity is normally calculated by the following formula:

$$i = \frac{A(1 + C\lg T)}{(t+b)^{n_1}} \tag{A. 22}$$

In which:

　　i——storm intensity (mm/min);

　　T——return period (year);

　　t——storm duration (mm);

　　A, C, b——undetermined coefficients

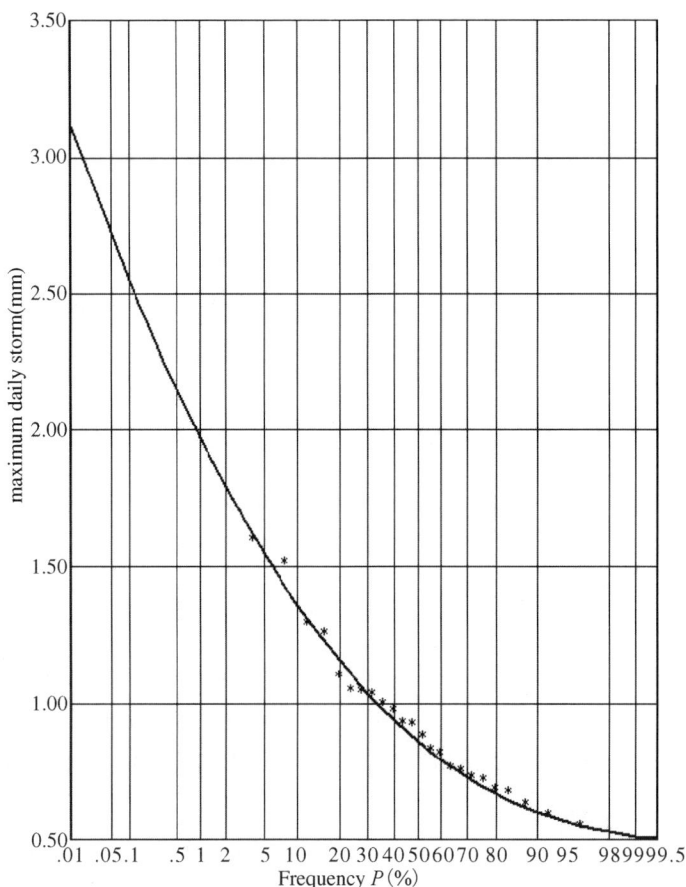

Figure A. 2　Frequency curve of maximum daily storm

Formula (A. 22) has four undetermined coefficients: n_1, b, A and C. To facilitate the calculation, the numerator of the right in the formula can be written as:

$$S = A + C' \lg T \tag{A. 23}$$

In the formula, S is called rain force, $C' = AC$ or

$$C = \frac{C'}{A} \tag{A. 24}$$

(2) Determination of parameters

The determination of parameters in formula (A. 22) can be proceeded as the following:

① To plot the frequency curve (relationship between i—P_E) of rainfall intensity.

To establish i—P_E relations for each duration t ($t_1 = 5$ min, $t_2 = 10$ min, ...)

in probability paper, as in Figure A. 3. It is better to plot on a same plotting paper, so as to be convenient for comparison and adjustment. It should be pointed out that, the frequency curve charted should be in near parallel, with a suitable space interval, in order to avoid interception. With the use of P3 distribution curve, we can get the statistical parameters of POT-frequency for each duration : mean $\bar{i}$, coefficient of variation C_v and skew coefficient C_s.

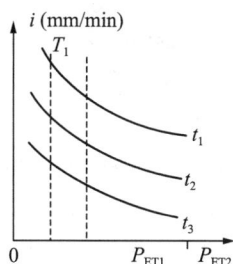

Figure A. 3 POT-frequency curve with different durations

On figure A. 3, P_E (i. e. P_{ET1}, P_{ET2},...) can be calculated respectively by the formula (A. 8) with the given return period T ($T_1 = 20$, $T_2 = 10$,...) and corresponding value i is obtainable on the figure.

② To estimate the values b and n_1

From the previous step, we can see that when T is fixed, the relationship between i—t is available. From formula (A. 22) and (A. 23), we can get

$$\lg i = \lg S - n_1 \lg(t + b) \qquad (A. 25)$$

Obviously, $\lg i$ and $\lg(t+b)$ follows linear relation. Draw the relation between i—t on a double logarithmic paper with T as a parameter, as in Figure A. 4. If this relationship is linear, we can get $b=0$. Generally, the relationship between i—t is a curve, so that try and error method is used to determine the value b, that is, to add a value b at all points on horizontal axis of the curve, the value should be modified several times until the curve turns to be a straight line and value of b is finally determined. It should be noted that, for each value T, the value b should be the same, and lines should be in parallel (if the value b is different, or lines are not parallel, the above procedure should be repeated, so that the slope of a straight line n_1 can be obtained. According to the

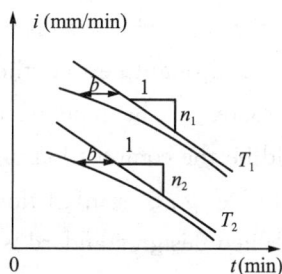

Figure A. 4 i~t relation figure when T is different

analysis, the value n_1 in China is in the range of approximately 0. 3~1. 1, the majority of which is 0. 6 ~ 0. 9. Most of the practices show that, the slope is not the same for all the value t, there is a turning point when $t = 60$ min, that is, when $t \leqslant 60$ min, it would be n_1, and when $t > 60$ min, it would be n_2, $n_2 > n_1$

and $n_2 > n_1$.

③ To estimate the values A and C

With the value b and n_1, we may obtain

$$S = i(t+b)^{n_1} \tag{A. 26}$$

For instance, according to the relationship between i and t (generally preferable to be value at both ends of the line, such as the value i when $t = 10$ and 60 min) under a certain value T on figure A. 2. 4, value S can be calculated by formula (A. 26). The corresponding value S of each T may be with some differences, if differences are minor, it is desirable to take its average, otherwise, it needs to be checked, and the values be adjusted.

Knowing the S-T relationship, according to formula (A. 23), parameter A and C are obtained. As in figure A. 5, the S is expressed in ordinary coordinates, the T is in logarithmic coordinates, S-T are in linear relationship. When $T = 1$ year (i. e. $T = 0$), we can get that $S = A$ and the slope of the straight line is C', and thus $C = C'/A$.

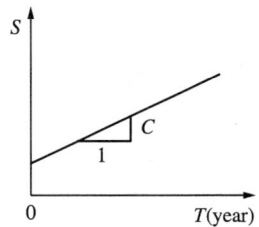

Figure A. 5　S-T Relationships

A. 3　Calculation of Urban Design Flow

There are two kinds of urban design flow: one is rainfall-runoff (flow in rainy period), which is mainly caused by heavy rain; the other is flow in rainless period or drought period, the latter is the perennial discharge of sewage and sanitary waste. If the pipeline is designed for only one system, the design value should be the composition of these two.

1) Design of rainfall flow

When design standard is determined, the design flow during rainy period can be calculated based on the design storm. Generally, every city has several drainage subsystems, because the drainage area of a single drainage subsystem is relatively small, it can be calculated using the method for small catchments area, among various factors the runoff coefficient is an important factor.

(1) Runoff coefficient

The runoff coefficients for a homogeneours underlying surface are shown in table A. 3. The runoff coefficient for an area with different drainage subsystems can be calculated by the method of weighted mean, that is, to calculate the synthetic runoff coefficient for that area with weighted method. If the data are not available, the values specified in the national standard can be adopted. Table A. 4 is the proposed synthetic runoff coefficients in China.

Table A. 4　Runoff coefficients in urban areas（Ⅰ）[2]

Region	Synthetic runoff coefficient
Urban area	0.5~0.8
Suburbs	0.4~0.6

In area of gently sloping surface, urban runoff coefficient depends mainly on the size of impermeable area in each district. Generally, the runoff coefficient is approximately equal to the percentage of impermeable coverage of buildings, that is, the ratio of impervious area covered by buildings, roads and others to that of the total area.

As to the runoff coefficients listed in Table A. 4, which shows too large variation, without the factor expressing the proportion of the underlying conditions or coverage percentage. The detailed reference values are listed in related manual of water supply and drainage, as shown in table A. 5, k is coverage percentage.

Table A. 5　Synthetic runoff coefficients in urban areas（Ⅱ）[3]

Area	k	Runoff coefficient	Notes
Downtown area　with dense buildings	>70%	0.6~0.8	
Residential area with relatively dense buildings	50%~70%	0.5~0.7	The first three refer to urban areas, the last item represents rural areas
Residential area with relatively sparse buildings	30%~50%	0.4~0.6	
Residential area with very sparse buildings	<30%	0.3~0.5	

(2) Duration of design storm

To estimate flow produced from the storm, we need to determine the storm duration, and to calculate storm intensity for corresponding durations by the storm intensity formula. The storm duration used for the design of storm-drainage systems includes two parts: the water concentration time on ground surface and that in the pipes, its calculation formula is:

$$t = t_1 + mt_2 \tag{A. 27}$$

In the formula:

t——duration for design storm (min);

t_1——water concentration time on ground surface (min);

t_2—— flowing time in the pipes (min);

m——delaying coefficient, 2 for pipes and 1. 2 for open cannel.

Water concentration time on ground surface refers to the time required that to the flow discharge at the cross section of starting point of pipes and cannels reaches the design flow discharge corresponding to the design storm which is related to a specific duration. Its determination requires the consideration for a number of factors, i. e, water concentrated distance on ground surface, catchments area, ground slope, the underlying conditions, storm intensity and other factors. Under the situation of that the ground slope, the ground coverage and storm intensity are relatively close, the water concentrated distance on ground surface is the major factor, and generally t_1 ranges from 5 to 15 min.

(3) Calculation formula

Due to the dense net work of the pipes in urban areas and its small catchments area of each pipe rational formula is applied:

$$Q = 166. 7\psi i F \tag{A. 28}$$

In the formula:

Q——design flow discharge (L/s)

ψ——Runoff coefficient

i——Design storm intensity(mm/min)

F——Catchment areas(hm^2)

166. 7——Conversion coefficient

The design flow of open cannels and culverts in urban areas can also be calculated by formula (A. 28). It is noticeable that, the design flow discharge (in rainy period) formed by the rain water, needs to add the flow discharge during dry period, so as to obtain the total design flow discharge described hereafter.

In flat terrain, the catchment areas for each pipeline sometimes is difficult to identify due to the fact that the boundary is unclear, the rain water in this area will not flow into the respective designed pipelines especially during heavy rains, which should be taken into account in the design.

2) Estimation of non-rainfall flow

The wastewater discharged by factories, public buildings and residential areas in cities throughout the year, collected by pipeline systems, and is finally discharged into receiving water bodies. The wastewater is either not disposed or not reaches the standards after treatment, which is discussed both for residential and industrial areas as the following.

(1) Estimation of sewage discharge in residential areas[2,3]

① The sewage discharge in residential areas

The sewage discharge in residential areas is determined by local climate conditions, sanitary facilities, tradition life style, standards, culture and other factors. The reference value of indoor average daily drainage ration used in China is shown in table A. 6, in which the values include the sewerage quantity of small public buildings in the residential areas, but do not include that of high buildings, business, tourism, service industry, culture, education and sanitary sectors, etc.

Table A. 6 Reference value of indoor average daily drainage ration in residential areas (L/(person · day))

Relevant facilities	Subarea				
	A	B	C	D	E
With water supply-drainage facilities but without shower facility	55~90	60~95	65~100	65~100	55~90
With water supply-drainage and shower facility	90~125	100~140	110~150	120~160	100~140
With water supply-drainage and shower facilities as well as centralizing hot water supply system	130~170	140~180	145~185	150~190	140~180

Table A. 6 refers to different regions in China, namely: Region A refers to northeastern provinces of China; Region B: Beijing, Tianjing, etc. ; Region C: Shanghai and its neighborhood; Region D: Guangdong, Taiwan; Region E refers to other regions.

② The changing coefficient

The ration listed in table A. 6 is the average value. In practice the maximum daily sewerage amount should be considered. The changing coefficient of living sewerage is:

$$\text{Daily changing coefficient } K_1 = \frac{\text{the maximum daily sewerage discharge}}{\text{Average daily sewerage discharge}}$$

(A. 29)

Further it needs to consider the factor of maximum hourly change, namely:

Hourly changing coefficient $K_z=$

$$\frac{\text{maximum hourly sewerage discharge selected from the maximum daily discharge}}{\text{average daily sewerage discharge selected from the maximum daily discharge}}$$

(A. 30)

Therefore, the total changing coefficient K_z is:

$$K_z = K_1 K \tag{A. 31}$$

The reference value of the total changing coefficient of sewerage quantity is listed in the table A. 7.

Table A. 7　K_z value of sewerage discharge in residential areas

Average daily discharge $Q(\text{L/s})$	5	15	40	70	100	200	500	$\geqslant 1\,000$
K_z	2. 3	2. 0	1. 8	1. 7	1. 6	1. 5	1. 4	1. 3

When average daily discharge is the same as the middle values listed in table A. 6, it can be calculated by the following formula:

$$K_z = \frac{2.7}{Q^{0.11}} \tag{A. 32}$$

③ Computation formula

The computation formula of the maximum discharge Q_m, for sewerage design in residential area is:

$$Q_m = \frac{qNK_z}{86\,400}(\text{L/s}) \tag{A. 33}$$

In the formula:

q——average sewerage quantity discharge per person per day (L/(person · day));

N—— expected population。

(2) The calculation of waste discharge for industries [3]

The computation formula is as the following:

① The design maximum discharge Q_1 of sewerage and wastewater for industry sector is:

$$Q_1 = \frac{mMK_g}{3\,600T}(\text{L/s}) \tag{A. 34}$$

In the formula:

m——wastewater ration (L) of unit product during the production process, depended on specific product;

M——daily product;

K_g——total changing coefficient, depended by the prevailing technology or by experience;

T——daily working hour。

② The design maximum discharge Q_2 of sewerage in industry sector for non-production referring to living and other public water supply)is:

$$Q_2 = \frac{q_1 N_1 K_z + q_2 N_2 K_z}{3\,600 T_1}\,(\text{L/s}) \tag{A. 35}$$

In the formula:

q_1——workshop sewerage discharge ration (L/(person • shift)), generally taking 25;

q_2——thermal workshop sewerage discharge ration (L/(person • shift)), generally taking A. 35;

N_1——maximum worker number per shift for ordinary workshops;

N_2——maximum worker number per shift for thermal workshop;

T_1——per shift working hours.

③ The design maximum discharge Q_3 (shower time per shift is used to be one hour) for factories is:

$$Q_3 = \frac{q_3 N_3 + q_4 N_4}{3\,600}\,(\text{L/s}) \tag{A. 36}$$

In the formula:

q_3——shower ration of not dirty workshop suggested to be 40 [L/(person • shift)];

q_4——shower ration of dirty workshop suggested to be 60[L/(person • shift)];

N_3——worker number of maximum shift for not dirty workshop;

N_4——worker number of maximum shift for dirty workshop.

(3) The calculation of total runoff [2,3]

If a pipeline in urban planning is in separated system, the design discharge can be calculated in accordance with rainwater and sewerage separately. If the total discharge system is applied, the design value will be the summation of the two components.

The total design discharge of the pipelines is calculated by the following formula:

$$Q_z = Q_y + Q_s + Q_g = Q_y + Q_h \tag{A. 37}$$

In the formula:

Q_z——the total design discharge (L/s);

Q_y——the design rain fed discharge (L/s);

Q_s——the sewerage discharged from household use (L/s), the total changing coefficient can be taken as 1;

Q_g——the industrial wastewater discharge (L/s), is suggested to take the maximum discharge for the shift of maximum workers;

Q_h——the sewerage discharge in dry period over the weir (L/s), being equal to $Q_s + Q_g$.

In total discharge system, the design return period for rainwater can properly exceed the design standards of storm discharge in the same conditions.

The pipelines for total discharge were built including the system which always set up overflow wells, trough, weir and other facilities with similar functions. The discharge down to these structures is calculated in accordance with the following formula:

$$Q'_z = Q'_y + (n_0 + 1)Q_h + Q'_h \qquad (A.38)$$

In the formula:

Q_z——discharge of pipeline down to the overflow well (L/s);

Q_y——design rainwater discharge for catchment areas down to the overflow wells (L/s);

Q_h——the sewerage discharge down to the overflow wells in dry period (L/s);

n_0——interception multiplier, i. e, the ratio between the amounts of rainwater intercepted at the beginning of overflow and total sewerage amount in dry period.

The magnitude of n_0 depends upon indigenous discharging conditions. The reference value is given in table A. 8.

Table A. 8　the reference value of n_0

Discharging conditions	n_0
Discharge into large river from residential areas ($Q \geqslant$ 10 m³/s)	1~2
Discharge into small river from residential areas ($Q=$ 5~10 m³/s)	3~5
Discharge into main pipes upstream of pumping station	0.5~2
Beside disposing buildings	0.5~1

A. 4　Calculation of Urban Design Flood

The above two sections have introduced the hydrologic computation method in urban areas. In addition, urban areas also need to deal with flood water outside. The safety of cities must be secured in flood season. Many cities are located along river banks so that they are threatened by flood from up streams. They are protected by the enclosed embankments

The height of embankment is usually determined by the method of frequency analysis. Furthermore, it needs to consider the impact of waves due to wind, which should be added in flood design, and the total height of embankment is usually expressed in terms of the height above mean sea level.

1) Standard of design flood in urban areas

Flood control standard in urban areas is determined in accordance with their importance. For example, China has established the flood control standard according to cities' grades and types of flood as in table A. 9.

Table A. 9 Standard of urban flood control in China(I)[4]

Cities' grades	Cities' flood control standard(return period/year)		
	River flood, tide	Mountain torrents	Debris flow
The most important cities	≥200	100~50	>100
Important cities	200~100	50~20	100~50
Middle cities	100~50	20~10	50~20
Small cities	50~20	10~5	20

The flood control standard was revised in accordance with the importance of social and economic conditions and the population of the cities, seen in table A. 10. The flood control standard as given in table A. 10 is higher than that in table A. 9.

Table A. 10 Flood control standard in urban areas of China (II)[5]

Grade	Importance of cities	Non-agricultural population (ten thousand persons)	Flood control standard (return period/year)
I	The most important cities	≥150	≥200
II	Important cities	150~50	200~100
III	Middle size cities	50~20	100~50
IV	Small size cities	≤20	50~20

2) Calculation of design flood in urban areas

The data for water level and discharge for major rivers around the city should be collected and analyzed in accordance with annual maximum value method, namely the sample series is established by taking highest water level or maximum discharge each year. An example is given to show the annual maximum discharge series using flood frequency method.

Annual maximum discharge series Q (arranged in sequence in order of magnitude is:

$$Q_1 \geqslant Q_2 \geqslant \cdots \geqslant Q_m \geqslant \cdots \geqslant Q_n \qquad \text{(A. 39)}$$

In the formula, n is numbers of years of the sample series. Experience frequency (plotting point position) formula is used to identify the frequency of maximum discharge in the series.

$$P = \frac{m}{n+1} \qquad \text{(A. 40)}$$

In the formula: m is the order of annual maximum discharge in the series (A. 39), for first item Q_1, $m = 1$; ...; for the last item Q_n, $m = n$; P is the empirical frequency of Q_m, return period T is:

$$T = \frac{1}{P} \qquad \text{(A. 41)}$$

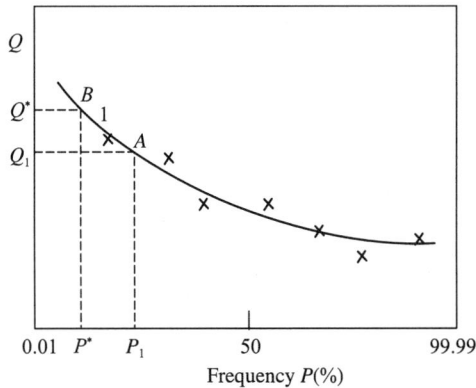

Figure A. 6　Annual maximum discharge frequency chart

For first item Q_1, its corresponding return period is $n+1$. When n is large enough, it approximates once in every n-year. The value of P and its corresponding value of Q are plotted on probability paper as in figure A. 6. As the same procedure applied in storm frequency analysis, a frequency distribution model should be chosen, such as P3 distribution or Extreme Values distribution, etc., and then a frequency curve is drawn to fit most of the plotted points.

The problem is that observed Q series is usually short, for example, only 40 years data are available, its return period for first item Q_1 is only once in every

40-year, as the point A in figure A. 6. However, from table 10 we know that the design standard for middle or large cities exceeds 100-year return period. For example, suppose $P^* = 1\%$, the return period $T^* = 100$ years, as the point B in figure A. 6. In frequency curve fitting, the usual practice is to fit the plotted points, however what we need is to extend the curve to determine the design value which is located in the extrapolated part of the curve, which in most cases may cause error. The error will be much more significant if the curve is far extrapolated. In such cases reasonable analysis will be made in accordance with relevant information of upstream and downstream of the river or that for kindred basins and the design should be submitted to relevant authority for approve. The detailed analysis may refer to "Criterion of Design Flood for Water Resources and Hydropower Projects in China and "Guidelines for Determining Flood Flow Frequency" in US, etc.

The design flood discharge is obtainable following the above procedure, the corresponding design water level is then taken via H-V curve. Finally, the flood surcharge due to wind should be taken into account in the design.

The design flood water level can also be estimated in accordance with the series of annual highest water level as per information available.

3) Flood encountering in urban areas

Some cities are located at the confluence of two rivers, such as Chongqing (Jialing River flowing into Yangtze River) and Wuhan (Han River flowing into Yangtze River), etc. The worst situation is that the maximum flood peak of two rivers arrives at the confluence at the same time. Another example is Shanghai, which is located in estuary of Yangtze River. If the storm tide attacks Shanghai during the flood period of Yangtze River, the city will be threatened by the composition of two flood peaks.

Therefore, the encountering of flood from two rivers must be considered. The encountering of floods for two or more rivers can be analyzed by historic data, namely analyzing and calculating the encountering probability between big floods and that between extraordinary big floods.

Editor's words

Urban hydrology, a new discipline with the development of infrastructure in urban areas is getting rich in its content. A brief introduction is presented references via introducing a number of examples in China.

The development of urban hydrology can be divided into three stages. The first stage (from mid-19th century to 1960s) was the time during which urban hydrology was being formed. Widely used hydrologic methods like rational formula, infiltration curve and unit hydrograph etc. , were cited in urban hydrological design.

In second stage (from the 1960s to 1970s) analytical methods was used, in which a number of synthetic models were applied in full consideration of the urban characteristics. A multi-purpose software package was worked out via probation and revision. Urban hydrology enters a period of independent discipline.

In third stage (after 1970s) the existing models were improved through practice so that they are widely applied and popularized.

In order to achieve the successful application of the methodologies in urban hydrology, the support of enough hydrological data is the must. Obviously the reliable outcome can't be obtainable without the support of enough and accurate data, regardless of the satisfied models and analytical methods applied. The models should be simple in structure, adaptable to local conditions and be easily accepted by the users. It should be pointed out that the engineers should be rich in experience in urban hydrology practice. He/She should be able to take appropriate measures in the adoption of models, examination and adjustment of the parameters, reasonable analysis of each step in the calculation procedure so as to achieve an reliable and practical results. The process of urbanization has promoted the development of urban hydrology while the advancement of urban hydrology can better serve for urban construction. It is interrelated and it is the author's hope that more support to urban hydrology will be very much favorable to the rapid urbanization process in China.

References

1　Zhang J C, Zhu M D, et al. *Climate Change and Its Causes*. Beijing: Science Press, 1976

2　National Standard of People's Republic of China. GBJ14-87. *Design Specification of Outdoor Drainage*. Beijing: China Planning Press

3　Beijing Public Works Design Institute. *Urban Drainage. Design Manual for Water Supply and Drainage*, Volume 5, Beijing: China Architecture & Building Press, 1986

4　Trade Standard of People's Republic of China. CJJ50-92. *Design Specification for Urban*

Flood Control Works, Beijing: China Planning Press, 1986

5　National standard of People's Republic of China. GB50201-94. *Standard for Flood Control*. Beijing: China Planning Press, 1994

6　Trade Standard for Water Conservancy of People's Republic of China. SL44-2006. *Calculation of Design Flood for water Conservancy and Hydropower Project*. Beijing: China water Conservancy and Hydropower Press. 2006

7　Interagency Advisory Committee on Water Data , et al. *Guideline for Determining Flood Flow Frequency*. *Bulletin of the Hydrology Subcommittee*, Editorial Corrections, Mar. 1982

8　Zhu Y S, Jin G Y. *Urban Hydrology*. Beijing: China Science and Technology Press, 1991

9　Hall, M. J. *Urban Hydrology*. London and New York, Elsevier Applied Science Publishes, 1984

附录 B　Pareto 分布离均系数 Φ 值表

Cs/P(%)	0.01	0.02	0.05	0.1	0.2	0.5	1	2	5	10	20	30	50	70	75	80	90	95	99	99.9	99.99
0.00	1.732	1.731	1.730	1.729	1.725	1.715	1.697	1.663	1.559	1.386	1.039	0.693	0.000	−0.693	−0.866	−1.039	−1.386	−1.559	−1.697	−1.729	−1.732
0.10	1.873	1.872	1.869	1.866	1.859	1.842	1.815	1.765	1.627	1.417	1.028	0.661	−0.037	−0.704	−0.868	−1.030	−1.350	−1.509	−1.636	−1.664	−1.667
0.20	2.030	2.029	2.024	2.017	2.006	1.978	1.937	1.868	1.692	1.443	1.013	0.627	−0.072	−0.713	−0.866	−1.018	−1.316	−1.462	−1.578	−1.603	−1.606
0.30	2.207	2.204	2.195	2.184	2.165	2.121	2.064	1.970	1.751	1.462	0.994	0.593	−0.103	−0.718	−0.863	−1.005	−1.282	−1.416	−1.523	−1.546	−1.549
0.40	2.406	2.399	2.383	2.364	2.335	2.271	2.192	2.070	1.805	1.476	0.972	0.559	−0.131	−0.721	−0.858	−0.991	−1.249	−1.373	−1.471	−1.493	−1.495
0.50	2.627	2.615	2.589	2.559	2.515	2.425	2.320	2.167	1.852	1.484	0.948	0.526	−0.156	−0.722	−0.851	−0.976	−1.217	−1.332	−1.423	−1.443	−1.445
0.60	2.873	2.852	2.812	2.767	2.704	2.582	2.447	2.259	1.893	1.487	0.922	0.494	−0.179	−0.721	−0.843	−0.961	−1.186	−1.294	−1.378	−1.396	−1.398
0.70	3.145	3.112	3.051	2.986	2.900	2.740	2.571	2.346	1.928	1.486	0.896	0.463	−0.199	−0.718	−0.834	−0.946	−1.157	−1.257	−1.336	−1.353	−1.355
0.80	3.441	3.392	3.304	3.214	3.100	2.896	2.691	2.426	1.956	1.481	0.869	0.433	−0.216	−0.715	−0.825	−0.930	−1.129	−1.223	−1.296	−1.312	−1.314
0.90	3.763	3.691	3.569	3.450	3.302	3.050	2.804	2.499	1.979	1.472	0.843	0.405	−0.231	−0.710	−0.815	−0.915	−1.103	−1.191	−1.260	−1.275	−1.276
1.00	4.107	4.007	3.844	3.690	3.504	3.199	2.912	2.566	1.996	1.462	0.817	0.379	−0.245	−0.705	−0.805	−0.900	−1.077	−1.161	−1.225	−1.240	−1.241
1.10	4.473	4.339	4.126	3.932	3.704	3.342	3.012	2.625	2.009	1.449	0.791	0.355	−0.256	−0.699	−0.795	−0.885	−1.054	−1.133	−1.194	−1.207	−1.208
1.20	4.856	4.682	4.412	4.173	3.900	3.478	3.105	2.678	2.018	1.434	0.767	0.332	−0.266	−0.693	−0.785	−0.871	−1.032	−1.106	−1.164	−1.177	−1.178
1.30	5.256	5.034	4.700	4.413	4.091	3.607	3.190	2.724	2.023	1.419	0.743	0.311	−0.274	−0.687	−0.775	−0.857	−1.011	−1.082	−1.137	−1.149	−1.150
1.40	5.667	5.392	4.988	4.648	4.276	3.729	3.269	2.765	2.025	1.402	0.721	0.292	−0.281	−0.681	−0.765	−0.844	−0.991	−1.059	−1.111	−1.123	−1.124
1.50	6.086	5.752	5.272	4.877	4.453	3.842	3.340	2.800	2.024	1.386	0.699	0.274	−0.288	−0.674	−0.755	−0.832	−0.972	−1.037	−1.087	−1.098	−1.099
1.60	6.511	6.113	5.552	5.100	4.622	3.948	3.405	2.831	2.021	1.369	0.679	0.258	−0.293	−0.668	−0.746	−0.820	−0.955	−1.017	−1.065	−1.075	−1.077
1.70	6.939	6.472	5.826	5.315	4.783	4.046	3.463	2.857	2.017	1.352	0.660	0.243	−0.297	−0.662	−0.737	−0.808	−0.938	−0.998	−1.044	−1.054	−1.055
1.80	7.366	6.827	6.093	5.521	4.935	4.137	3.516	2.878	2.011	1.335	0.642	0.229	−0.301	−0.655	−0.729	−0.797	−0.923	−0.981	−1.025	−1.035	−1.036

续表

C_s/P(%)	0.01	0.02	0.05	0.1	0.2	0.5	1	2	5	10	20	30	50	70	75	80	90	95	99	99.9	99.99
1.90	7.791	7.176	6.351	5.719	5.079	4.221	3.563	2.897	2.004	1.319	0.625	0.216	-0.304	-0.649	-0.720	-0.787	-0.908	-0.964	-1.007	-1.016	-1.017
2.00	8.210	7.517	6.601	5.908	5.215	4.298	3.605	2.912	1.996	1.303	0.609	0.204	-0.307	-0.643	-0.712	-0.777	-0.895	-0.949	-0.990	-0.999	-1.000
2.10	8.623	7.850	6.841	6.087	5.342	4.369	3.643	2.925	1.987	1.287	0.595	0.193	-0.309	-0.638	-0.705	-0.767	-0.882	-0.934	-0.974	-0.983	-0.984
2.20	9.028	8.173	7.071	6.258	5.461	4.434	3.676	2.935	1.978	1.272	0.580	0.183	-0.311	-0.632	-0.697	-0.759	-0.870	-0.921	-0.959	-0.968	-0.969
2.30	9.424	8.487	7.292	6.419	5.573	4.494	3.706	2.943	1.968	1.257	0.567	0.174	-0.312	-0.627	-0.690	-0.750	-0.858	-0.908	-0.945	-0.954	-0.955
2.40	9.809	8.790	7.502	6.572	5.678	4.549	3.733	2.949	1.958	1.243	0.555	0.165	-0.314	-0.621	-0.684	-0.742	-0.848	-0.896	-0.932	-0.940	-0.941
2.50	10.184	9.082	7.704	6.717	5.776	4.599	3.757	2.953	1.948	1.229	0.543	0.157	-0.315	-0.616	-0.677	-0.734	-0.837	-0.884	-0.920	-0.928	-0.929
2.60	10.547	9.363	7.895	6.853	5.868	4.645	3.777	2.956	1.938	1.216	0.532	0.150	-0.316	-0.612	-0.671	-0.727	-0.828	-0.874	-0.909	-0.916	-0.917
2.70	10.899	9.634	8.078	6.982	5.953	4.687	3.796	2.958	1.928	1.203	0.522	0.143	-0.316	-0.607	-0.666	-0.720	-0.819	-0.864	-0.898	-0.905	-0.906
2.80	11.239	9.894	8.251	7.104	6.033	4.726	3.812	2.959	1.918	1.191	0.512	0.136	-0.317	-0.603	-0.660	-0.713	-0.810	-0.854	-0.887	-0.895	-0.895
2.90	11.567	10.143	8.417	7.219	6.108	4.761	3.827	2.960	1.908	1.180	0.503	0.130	-0.317	-0.598	-0.655	-0.707	-0.802	-0.845	-0.878	-0.885	-0.886
3.00	11.884	10.382	8.574	7.328	6.178	4.793	3.839	2.959	1.899	1.168	0.494	0.125	-0.317	-0.594	-0.650	-0.701	-0.794	-0.837	-0.869	-0.876	-0.876
3.10	12.189	10.612	8.723	7.430	6.243	4.823	3.850	2.958	1.889	1.158	0.486	0.119	-0.317	-0.590	-0.645	-0.696	-0.787	-0.828	-0.860	-0.867	-0.867
3.20	12.483	10.831	8.865	7.527	6.304	4.850	3.860	2.956	1.880	1.147	0.479	0.115	-0.317	-0.587	-0.640	-0.690	-0.780	-0.821	-0.852	-0.858	-0.859
3.30	12.766	11.041	9.000	7.618	6.362	4.875	3.868	2.953	1.871	1.138	0.471	0.110	-0.317	-0.583	-0.636	-0.685	-0.773	-0.813	-0.844	-0.851	-0.851
3.40	13.038	11.243	9.128	7.704	6.415	4.898	3.876	2.951	1.862	1.128	0.464	0.106	-0.317	-0.579	-0.632	-0.680	-0.767	-0.807	-0.836	-0.843	-0.844
3.50	13.300	11.435	9.250	7.785	6.466	4.919	3.882	2.948	1.853	1.119	0.458	0.102	-0.317	-0.576	-0.628	-0.675	-0.761	-0.800	-0.829	-0.836	-0.837
3.60	13.552	11.620	9.366	7.862	6.513	4.938	3.887	2.944	1.844	1.110	0.452	0.098	-0.317	-0.573	-0.624	-0.671	-0.755	-0.794	-0.823	-0.829	-0.830
3.70	13.794	11.797	9.476	7.935	6.557	4.956	3.892	2.941	1.836	1.102	0.446	0.094	-0.317	-0.570	-0.620	-0.666	-0.750	-0.788	-0.816	-0.823	-0.823
3.80	14.027	11.966	9.581	8.004	6.598	4.972	3.896	2.937	1.828	1.094	0.440	0.091	-0.317	-0.567	-0.616	-0.662	-0.745	-0.782	-0.810	-0.816	-0.817
3.90	14.251	12.128	9.681	8.069	6.637	4.987	3.899	2.933	1.820	1.086	0.435	0.088	-0.316	-0.564	-0.613	-0.658	-0.740	-0.777	-0.804	-0.811	-0.811
4.00	14.466	12.283	9.777	8.131	6.674	5.001	3.902	2.929	1.812	1.079	0.430	0.085	-0.316	-0.561	-0.610	-0.654	-0.735	-0.771	-0.799	-0.805	-0.806
4.10	14.673	12.432	9.868	8.190	6.708	5.013	3.904	2.925	1.805	1.072	0.425	0.082	-0.316	-0.558	-0.606	-0.651	-0.730	-0.766	-0.794	-0.800	-0.800

续表

$C_s/P(\%)$	0.01	0.02	0.05	0.1	0.2	0.5	1	2	5	10	20	30	50	70	75	80	90	95	99	99.9	99.99
4.20	14.872	12.575	9.954	8.245	6.741	5.025	3.906	2.921	1.798	1.065	0.420	0.079	-0.315	-0.556	-0.603	-0.647	-0.726	-0.762	-0.789	-0.794	-0.795
4.30	15.064	12.712	10.037	8.298	6.772	5.036	3.908	2.917	1.791	1.059	0.416	0.077	-0.315	-0.553	-0.600	-0.644	-0.722	-0.757	-0.784	-0.790	-0.790
4.40	15.249	12.843	10.116	8.348	6.800	5.046	3.909	2.913	1.784	1.052	0.412	0.074	-0.315	-0.551	-0.598	-0.641	-0.718	-0.753	-0.779	-0.785	-0.785
4.50	15.426	12.969	10.191	8.396	6.828	5.055	3.909	2.909	1.777	1.046	0.408	0.072	-0.314	-0.549	-0.595	-0.638	-0.714	-0.749	-0.775	-0.780	-0.781
4.60	15.597	13.090	10.263	8.441	6.853	5.063	3.910	2.904	1.771	1.040	0.404	0.070	-0.314	-0.547	-0.592	-0.635	-0.710	-0.745	-0.770	-0.776	-0.777
4.70	15.762	13.206	10.332	8.484	6.878	5.071	3.910	2.900	1.765	1.035	0.400	0.068	-0.314	-0.544	-0.590	-0.632	-0.707	-0.741	-0.766	-0.772	-0.772
4.80	15.921	13.318	10.398	8.525	6.901	5.078	3.910	2.896	1.759	1.029	0.397	0.066	-0.313	-0.542	-0.587	-0.629	-0.703	-0.737	-0.762	-0.768	-0.768
4.90	16.074	13.425	10.461	8.564	6.923	5.085	3.909	2.892	1.753	1.024	0.393	0.064	-0.313	-0.540	-0.585	-0.626	-0.700	-0.733	-0.758	-0.764	-0.765
5.00	16.222	13.528	10.521	8.602	6.943	5.091	3.909	2.888	1.747	1.019	0.390	0.062	-0.313	-0.538	-0.583	-0.624	-0.697	-0.730	-0.755	-0.760	-0.761
5.10	16.364	13.628	10.579	8.637	6.963	5.097	3.908	2.883	1.741	1.014	0.387	0.061	-0.312	-0.537	-0.581	-0.621	-0.694	-0.727	-0.751	-0.757	-0.757
5.20	16.502	13.723	10.634	8.671	6.981	5.102	3.908	2.879	1.736	1.009	0.384	0.059	-0.312	-0.535	-0.578	-0.619	-0.691	-0.723	-0.748	-0.753	-0.754
5.30	16.634	13.816	10.687	8.704	6.999	5.107	3.907	2.875	1.731	1.005	0.381	0.057	-0.312	-0.533	-0.576	-0.616	-0.688	-0.720	-0.745	-0.750	-0.751
5.40	16.762	13.904	10.739	8.735	7.015	5.111	3.906	2.871	1.726	1.000	0.378	0.056	-0.311	-0.531	-0.574	-0.614	-0.685	-0.717	-0.742	-0.747	-0.747
5.50	16.886	13.990	10.788	8.765	7.031	5.115	3.904	2.867	1.721	0.996	0.375	0.054	-0.311	-0.530	-0.572	-0.612	-0.683	-0.714	-0.739	-0.744	-0.744
5.60	17.006	14.072	10.835	8.793	7.046	5.119	3.903	2.863	1.716	0.992	0.373	0.053	-0.310	-0.528	-0.571	-0.610	-0.680	-0.712	-0.736	-0.741	-0.741
5.70	17.121	14.152	10.880	8.820	7.061	5.122	3.902	2.860	1.711	0.988	0.370	0.052	-0.310	-0.526	-0.569	-0.608	-0.678	-0.709	-0.733	-0.738	-0.738
5.80	17.233	14.229	10.923	8.846	7.074	5.125	3.901	2.856	1.706	0.984	0.368	0.050	-0.310	-0.525	-0.567	-0.606	-0.675	-0.706	-0.730	-0.735	-0.736
5.90	17.341	14.303	10.965	8.871	7.087	5.128	3.899	2.852	1.702	0.980	0.366	0.049	-0.309	-0.524	-0.565	-0.604	-0.673	-0.704	-0.727	-0.732	-0.733
6.00	17.446	14.374	11.006	8.895	7.100	5.131	3.898	2.848	1.698	0.977	0.363	0.048	-0.309	-0.522	-0.564	-0.602	-0.671	-0.702	-0.725	-0.730	-0.730
6.10	17.548	14.443	11.045	8.918	7.112	5.134	3.896	2.845	1.693	0.973	0.361	0.047	-0.309	-0.521	-0.562	-0.600	-0.669	-0.699	-0.722	-0.727	-0.728
6.20	17.646	14.510	11.082	8.940	7.123	5.136	3.895	2.841	1.689	0.970	0.359	0.046	-0.308	-0.519	-0.561	-0.599	-0.666	-0.697	-0.720	-0.725	-0.725
6.30	17.741	14.575	11.118	8.962	7.134	5.138	3.893	2.838	1.685	0.966	0.357	0.045	-0.308	-0.518	-0.559	-0.597	-0.664	-0.695	-0.718	-0.723	-0.723
6.40	17.833	14.638	11.153	8.982	7.144	5.140	3.891	2.834	1.681	0.963	0.355	0.044	-0.308	-0.517	-0.558	-0.595	-0.662	-0.693	-0.715	-0.720	-0.721

续表

$C_s/P\%$	0.01	0.02	0.05	0.1	0.2	0.5	1	2	5	10	20	30	50	70	75	80	90	95	99	99.9	99.99
6.50	17.923	14.698	11.187	9.002	7.154	5.142	3.890	2.831	1.678	0.960	0.353	0.043	-0.307	-0.516	-0.556	-0.594	-0.660	-0.690	-0.713	-0.718	-0.719
6.60	18.009	14.757	11.219	9.021	7.163	5.143	3.888	2.827	1.674	0.957	0.352	0.042	-0.307	-0.514	-0.555	-0.592	-0.659	-0.688	-0.711	-0.716	-0.716
6.70	18.093	14.814	11.250	9.039	7.172	5.145	3.886	2.824	1.670	0.954	0.350	0.041	-0.307	-0.513	-0.554	-0.591	-0.657	-0.687	-0.709	-0.714	-0.714
6.80	18.175	14.869	11.281	9.056	7.181	5.146	3.884	2.821	1.667	0.951	0.348	0.040	-0.307	-0.512	-0.552	-0.589	-0.655	-0.685	-0.707	-0.712	-0.712
6.90	18.254	14.922	11.310	9.073	7.189	5.147	3.883	2.818	1.663	0.948	0.346	0.039	-0.307	-0.511	-0.551	-0.588	-0.653	-0.683	-0.705	-0.710	-0.712
7.00	18.331	14.974	11.338	9.089	7.197	5.148	3.881	2.815	1.660	0.946	0.345	0.038	-0.306	-0.510	-0.550	-0.586	-0.652	-0.681	-0.703	-0.708	-0.710
7.10	18.406	15.024	11.366	9.105	7.205	5.149	3.879	2.812	1.657	0.943	0.343	0.038	-0.306	-0.509	-0.549	-0.585	-0.650	-0.679	-0.701	-0.706	-0.708
7.20	18.479	15.073	11.392	9.120	7.212	5.150	3.878	2.809	1.653	0.941	0.342	0.037	-0.305	-0.508	-0.547	-0.584	-0.648	-0.678	-0.699	-0.704	-0.707
7.30	18.550	15.120	11.418	9.135	7.219	5.151	3.876	2.806	1.650	0.938	0.340	0.036	-0.305	-0.507	-0.546	-0.582	-0.647	-0.676	-0.698	-0.702	-0.705
7.40	18.618	15.166	11.443	9.149	7.226	5.152	3.874	2.803	1.647	0.936	0.339	0.035	-0.305	-0.506	-0.545	-0.581	-0.645	-0.674	-0.696	-0.701	-0.703
7.50	18.685	15.211	11.467	9.163	7.232	5.152	3.872	2.800	1.644	0.933	0.337	0.035	-0.305	-0.505	-0.544	-0.580	-0.644	-0.673	-0.694	-0.699	-0.701
7.60	18.750	15.254	11.490	9.176	7.238	5.153	3.871	2.797	1.641	0.931	0.336	0.034	-0.304	-0.504	-0.543	-0.579	-0.643	-0.671	-0.693	-0.697	-0.700
7.70	18.814	15.296	11.513	9.189	7.244	5.153	3.869	2.794	1.639	0.929	0.335	0.033	-0.304	-0.503	-0.542	-0.578	-0.641	-0.670	-0.691	-0.696	-0.698
7.80	18.875	15.337	11.535	9.201	7.250	5.154	3.867	2.792	1.636	0.926	0.333	0.033	-0.304	-0.502	-0.541	-0.577	-0.640	-0.668	-0.690	-0.694	-0.696
7.90	18.935	15.377	11.556	9.213	7.256	5.154	3.865	2.789	1.633	0.924	0.332	0.032	-0.304	-0.502	-0.540	-0.575	-0.639	-0.667	-0.688	-0.693	-0.695
8.00	18.994	15.416	11.577	9.224	7.261	5.154	3.864	2.786	1.630	0.922	0.331	0.032	-0.303	-0.501	-0.539	-0.574	-0.637	-0.665	-0.687	-0.691	-0.693
8.10	19.051	15.453	11.597	9.236	7.266	5.155	3.862	2.784	1.628	0.920	0.330	0.031	-0.303	-0.500	-0.538	-0.573	-0.636	-0.664	-0.685	-0.690	-0.692
8.20	19.106	15.490	11.616	9.246	7.271	5.155	3.860	2.781	1.625	0.918	0.329	0.030	-0.303	-0.499	-0.537	-0.572	-0.635	-0.663	-0.684	-0.689	-0.690
8.30	19.160	15.526	11.635	9.257	7.276	5.155	3.859	2.779	1.623	0.916	0.328	0.030	-0.303	-0.498	-0.536	-0.571	-0.634	-0.662	-0.683	-0.687	-0.689
8.40	19.213	15.561	11.654	9.267	7.280	5.155	3.857	2.776	1.620	0.914	0.326	0.029	-0.302	-0.498	-0.535	-0.570	-0.632	-0.660	-0.681	-0.686	-0.688
8.50	19.265	15.595	11.672	9.277	7.285	5.155	3.855	2.774	1.618	0.912	0.325	0.029	-0.302	-0.497	-0.535	-0.569	-0.631	-0.659	-0.680	-0.685	-0.686
8.60	19.315	15.628	11.689	9.287	7.289	5.155	3.854	2.772	1.616	0.911	0.324	0.028	-0.302	-0.496	-0.534	-0.568	-0.630	-0.658	-0.679	-0.683	-0.685
8.70	19.364	15.660	11.706	9.296	7.293	5.155	3.852	2.769	1.613	0.909	0.323	0.028	-0.302	-0.495	-0.533	-0.568	-0.629	-0.657	-0.678	-0.682	-0.684
8.80	19.412	15.691	11.722	9.305	7.297	5.155	3.850	2.767	1.611	0.907	0.322	0.027	-0.301	-0.495	-0.532	-0.567	-0.628	-0.656	-0.676	-0.681	-0.681

附录 C Logistic 分布离均系数 Φ 值表

Cs/P(%)	0.01	0.02	0.05	0.1	0.2	0.5	1	2	5	10	20	30	50	70	75	80	90	95	99	99.9	99.99
0.0	5.078	4.696	4.190	3.808	3.425	2.918	2.533	2.146	1.623	1.211	0.764	0.467	0.000	-0.467	-0.606	-0.764	-1.211	-1.623	-2.533	-3.808	-5.078
0.1	5.343	4.920	4.366	3.951	3.538	2.997	2.590	2.183	1.640	1.216	0.760	0.459	-0.010	-0.475	-0.612	-0.768	-1.206	-1.606	-2.477	-3.670	-4.827
0.2	5.621	5.154	4.547	4.097	3.653	3.076	2.646	2.219	1.655	1.219	0.754	0.450	-0.021	-0.482	-0.618	-0.772	-1.200	-1.588	-2.421	-3.536	-4.590
0.3	5.912	5.397	4.734	4.246	3.769	3.155	2.701	2.254	1.670	1.222	0.748	0.441	-0.031	-0.489	-0.623	-0.774	-1.193	-1.569	-2.365	-3.408	-4.369
0.4	6.213	5.647	4.924	4.397	3.885	3.233	2.755	2.288	1.683	1.223	0.742	0.432	-0.041	-0.496	-0.627	-0.776	-1.185	-1.549	-2.311	-3.286	-4.162
0.5	6.524	5.902	5.117	4.548	4.002	3.309	2.807	2.320	1.695	1.224	0.735	0.422	-0.051	-0.502	-0.631	-0.777	-1.177	-1.530	-2.258	-3.171	-3.970
0.6	6.842	6.163	5.311	4.700	4.117	3.384	2.857	2.351	1.705	1.224	0.728	0.413	-0.060	-0.507	-0.635	-0.778	-1.168	-1.510	-2.206	-3.061	-3.792
0.7	7.167	6.426	5.506	4.851	4.230	3.457	2.906	2.380	1.714	1.223	0.720	0.404	-0.069	-0.511	-0.637	-0.778	-1.159	-1.490	-2.157	-2.958	-3.627
0.8	7.495	6.691	5.700	5.000	4.342	3.528	2.952	2.407	1.722	1.221	0.713	0.394	-0.077	-0.515	-0.639	-0.778	-1.150	-1.470	-2.109	-2.862	-3.475
0.9	7.825	6.956	5.892	5.147	4.450	3.596	2.996	2.432	1.729	1.219	0.705	0.385	-0.086	-0.519	-0.641	-0.777	-1.140	-1.451	-2.063	-2.771	-3.336
1.0	8.156	7.219	6.081	5.291	4.555	3.661	3.038	2.455	1.735	1.216	0.697	0.376	-0.093	-0.522	-0.642	-0.776	-1.131	-1.432	-2.019	-2.686	-3.207
1.1	8.486	7.480	6.268	5.431	4.657	3.723	3.077	2.476	1.739	1.212	0.689	0.367	-0.101	-0.525	-0.643	-0.774	-1.121	-1.413	-1.977	-2.607	-3.089
1.2	8.813	7.738	6.449	5.567	4.755	3.782	3.113	2.495	1.743	1.208	0.681	0.358	-0.107	-0.527	-0.643	-0.772	-1.111	-1.395	-1.938	-2.534	-2.981
1.3	9.136	7.990	6.626	5.698	4.849	3.838	3.148	2.513	1.745	1.204	0.673	0.350	-0.114	-0.529	-0.643	-0.770	-1.102	-1.378	-1.900	-2.465	-2.882
1.4	9.454	8.237	6.798	5.825	4.939	3.891	3.179	2.529	1.747	1.199	0.665	0.342	-0.120	-0.530	-0.643	-0.767	-1.092	-1.361	-1.864	-2.401	-2.790
1.5	9.766	8.478	6.965	5.946	5.025	3.941	3.209	2.543	1.748	1.194	0.657	0.334	-0.125	-0.531	-0.642	-0.765	-1.083	-1.345	-1.831	-2.342	-2.706
1.6	10.070	8.713	7.125	6.063	5.107	3.987	3.236	2.556	1.749	1.189	0.650	0.327	-0.130	-0.532	-0.642	-0.762	-1.074	-1.329	-1.799	-2.287	-2.629
1.7	10.367	8.940	7.280	6.175	5.185	4.031	3.261	2.568	1.748	1.184	0.642	0.320	-0.135	-0.533	-0.641	-0.759	-1.065	-1.314	-1.769	-2.235	-2.557
1.8	10.656	9.160	7.428	6.281	5.258	4.072	3.285	2.578	1.748	1.178	0.635	0.313	-0.140	-0.533	-0.640	-0.756	-1.056	-1.299	-1.741	-2.188	-2.491

续表

C_s/P%	0.01	0.02	0.05	0.1	0.2	0.5	1	2	5	10	20	30	50	70	75	80	90	95	99	99.9	99.99
1.9	10.936	9.372	7.571	6.383	5.328	4.111	3.306	2.588	1.747	1.173	0.629	0.306	-0.144	-0.533	-0.638	-0.753	-1.048	-1.286	-1.714	-2.143	-2.431
2.0	11.208	9.577	7.707	6.480	5.394	4.147	3.326	2.596	1.745	1.168	0.622	0.300	-0.148	-0.533	-0.637	-0.750	-1.040	-1.272	-1.689	-2.101	-2.375
2.1	11.470	9.775	7.838	6.573	5.457	4.181	3.344	2.603	1.743	1.162	0.615	0.294	-0.151	-0.533	-0.636	-0.747	-1.032	-1.260	-1.665	-2.062	-2.322
2.2	11.724	9.965	7.963	6.661	5.516	4.212	3.361	2.609	1.741	1.157	0.609	0.288	-0.155	-0.533	-0.634	-0.744	-1.025	-1.248	-1.643	-2.026	-2.274
2.3	11.969	10.147	8.082	6.744	5.572	4.241	3.377	2.615	1.739	1.152	0.603	0.283	-0.158	-0.533	-0.633	-0.741	-1.017	-1.236	-1.622	-1.992	-2.229
2.4	12.205	10.322	8.196	6.824	5.625	4.269	3.391	2.620	1.737	1.147	0.598	0.278	-0.161	-0.532	-0.631	-0.738	-1.010	-1.225	-1.602	-1.960	-2.188
2.5	12.432	10.491	8.305	6.899	5.675	4.295	3.404	2.624	1.734	1.142	0.592	0.273	-0.164	-0.532	-0.630	-0.736	-1.004	-1.215	-1.583	-1.930	-2.149
2.6	12.651	10.652	8.409	6.971	5.722	4.319	3.416	2.628	1.731	1.137	0.587	0.268	-0.166	-0.531	-0.628	-0.733	-0.997	-1.205	-1.565	-1.902	-2.112
2.7	12.862	10.807	8.509	7.039	5.766	4.341	3.427	2.631	1.728	1.132	0.582	0.264	-0.168	-0.531	-0.627	-0.730	-0.991	-1.195	-1.548	-1.876	-2.078
2.8	13.064	10.956	8.603	7.104	5.808	4.362	3.437	2.634	1.726	1.127	0.577	0.260	-0.171	-0.530	-0.625	-0.727	-0.985	-1.186	-1.532	-1.851	-2.047
2.9	13.259	11.098	8.694	7.165	5.848	4.381	3.446	2.636	1.723	1.123	0.572	0.256	-0.173	-0.530	-0.623	-0.725	-0.979	-1.177	-1.516	-1.828	-2.017
3.0	13.447	11.234	8.780	7.224	5.886	4.400	3.455	2.638	1.720	1.118	0.567	0.252	-0.175	-0.529	-0.622	-0.722	-0.974	-1.169	-1.502	-1.806	-1.989
3.1	13.627	11.365	8.862	7.279	5.922	4.417	3.463	2.640	1.717	1.114	0.563	0.248	-0.176	-0.528	-0.620	-0.720	-0.968	-1.161	-1.488	-1.785	-1.962
3.2	13.801	11.491	8.941	7.332	5.955	4.433	3.470	2.641	1.714	1.109	0.559	0.245	-0.178	-0.527	-0.619	-0.717	-0.963	-1.153	-1.475	-1.766	-1.938
3.3	13.967	11.611	9.016	7.383	5.987	4.448	3.477	2.643	1.711	1.105	0.555	0.242	-0.180	-0.527	-0.617	-0.715	-0.958	-1.146	-1.463	-1.747	-1.914
3.4	14.128	11.727	9.088	7.431	6.018	4.462	3.483	2.643	1.708	1.101	0.551	0.238	-0.181	-0.526	-0.616	-0.713	-0.954	-1.139	-1.451	-1.729	-1.892
3.5	14.282	11.838	9.157	7.477	6.046	4.476	3.488	2.644	1.705	1.097	0.547	0.235	-0.182	-0.525	-0.615	-0.711	-0.949	-1.132	-1.440	-1.713	-1.871
3.6	14.431	11.944	9.223	7.520	6.074	4.488	3.494	2.644	1.702	1.093	0.544	0.232	-0.184	-0.524	-0.613	-0.708	-0.945	-1.126	-1.429	-1.697	-1.852
3.7	14.574	12.046	9.285	7.562	6.099	4.500	3.498	2.645	1.699	1.090	0.540	0.230	-0.185	-0.524	-0.612	-0.706	-0.940	-1.120	-1.419	-1.682	-1.833
3.8	14.711	12.145	9.346	7.601	6.124	4.511	3.503	2.645	1.696	1.086	0.537	0.227	-0.186	-0.523	-0.610	-0.704	-0.936	-1.114	-1.409	-1.667	-1.815
3.9	14.844	12.239	9.403	7.639	6.147	4.521	3.507	2.645	1.693	1.083	0.534	0.224	-0.187	-0.522	-0.609	-0.702	-0.932	-1.108	-1.400	-1.654	-1.798

续表

C_s/P(%)	0.01	0.02	0.05	0.1	0.2	0.5	1	2	5	10	20	30	50	70	75	80	90	95	99	99.9	99.99
4.0	14.971	12.330	9.458	7.675	6.170	4.531	3.511	2.645	1.691	1.079	0.531	0.222	-0.188	-0.522	-0.608	-0.700	-0.929	-1.103	-1.391	-1.641	-1.782
4.1	15.094	12.417	9.511	7.710	6.191	4.540	3.514	2.645	1.688	1.076	0.528	0.220	-0.189	-0.521	-0.607	-0.698	-0.925	-1.097	-1.382	-1.628	-1.767
4.2	15.213	12.501	9.562	7.743	6.211	4.549	3.517	2.644	1.685	1.073	0.525	0.217	-0.190	-0.520	-0.605	-0.697	-0.922	-1.092	-1.374	-1.616	-1.753
4.3	15.327	12.582	9.611	7.775	6.230	4.557	3.520	2.644	1.682	1.070	0.522	0.215	-0.191	-0.519	-0.604	-0.695	-0.918	-1.087	-1.366	-1.605	-1.739
4.4	15.437	12.659	9.658	7.805	6.249	4.565	3.523	2.643	1.680	1.067	0.520	0.213	-0.192	-0.519	-0.603	-0.693	-0.915	-1.083	-1.358	-1.594	-1.726
4.5	15.544	12.734	9.703	7.834	6.266	4.572	3.525	2.643	1.677	1.064	0.517	0.211	-0.192	-0.518	-0.602	-0.692	-0.912	-1.078	-1.351	-1.584	-1.713
4.6	15.647	12.806	9.746	7.862	6.283	4.579	3.528	2.642	1.675	1.061	0.515	0.209	-0.193	-0.517	-0.601	-0.690	-0.909	-1.074	-1.344	-1.574	-1.701
4.7	15.746	12.876	9.787	7.889	6.299	4.586	3.530	2.642	1.672	1.058	0.512	0.208	-0.194	-0.517	-0.600	-0.688	-0.906	-1.070	-1.337	-1.564	-1.689
4.8	15.842	12.943	9.827	7.914	6.314	4.592	3.532	2.641	1.670	1.055	0.510	0.206	-0.194	-0.516	-0.599	-0.687	-0.903	-1.066	-1.331	-1.555	-1.678
4.9	15.934	13.008	9.866	7.939	6.329	4.598	3.534	2.640	1.668	1.053	0.508	0.204	-0.195	-0.515	-0.598	-0.685	-0.900	-1.062	-1.325	-1.546	-1.668
5.0	16.024	13.070	9.903	7.963	6.343	4.604	3.535	2.639	1.665	1.050	0.506	0.202	-0.196	-0.515	-0.597	-0.684	-0.897	-1.058	-1.319	-1.538	-1.657
5.1	16.110	13.131	9.939	7.985	6.356	4.609	3.537	2.638	1.663	1.048	0.504	0.201	-0.196	-0.514	-0.596	-0.682	-0.895	-1.054	-1.313	-1.530	-1.648
5.2	16.194	13.189	9.973	8.007	6.369	4.614	3.538	2.638	1.661	1.045	0.502	0.199	-0.197	-0.514	-0.595	-0.681	-0.892	-1.051	-1.307	-1.522	-1.638
5.3	16.275	13.246	10.006	8.028	6.381	4.619	3.540	2.637	1.659	1.043	0.500	0.198	-0.197	-0.513	-0.594	-0.680	-0.890	-1.047	-1.302	-1.515	-1.629
5.4	16.354	13.300	10.038	8.048	6.393	4.623	3.541	2.636	1.657	1.041	0.498	0.196	-0.198	-0.512	-0.593	-0.679	-0.888	-1.044	-1.297	-1.507	-1.621
5.5	16.430	13.353	10.069	8.068	6.405	4.628	3.542	2.635	1.655	1.039	0.496	0.195	-0.198	-0.512	-0.592	-0.677	-0.885	-1.041	-1.292	-1.500	-1.612
5.6	16.504	13.404	10.099	8.087	6.416	4.632	3.543	2.634	1.652	1.036	0.494	0.194	-0.199	-0.511	-0.591	-0.676	-0.883	-1.038	-1.287	-1.494	-1.604
5.7	16.575	13.453	10.128	8.105	6.426	4.636	3.544	2.633	1.650	1.034	0.492	0.192	-0.199	-0.511	-0.590	-0.675	-0.881	-1.035	-1.282	-1.487	-1.597
5.8	16.645	13.501	10.156	8.122	6.436	4.639	3.545	2.632	1.649	1.032	0.491	0.191	-0.200	-0.510	-0.589	-0.674	-0.879	-1.032	-1.278	-1.481	-1.589
5.9	16.712	13.548	10.183	8.139	6.446	4.643	3.545	2.631	1.647	1.030	0.489	0.190	-0.200	-0.510	-0.589	-0.673	-0.877	-1.029	-1.273	-1.475	-1.582
6.0	16.777	13.592	10.209	8.155	6.455	4.646	3.546	2.631	1.645	1.028	0.488	0.189	-0.200	-0.509	-0.588	-0.671	-0.875	-1.026	-1.269	-1.469	-1.575

续表

C_s/P(%)	0.01	0.02	0.05	0.1	0.2	0.5	1	2	5	10	20	30	50	70	75	80	90	95	99	99.9	99.99
6.1	16.840	13.636	10.234	8.171	6.464	4.650	3.547	2.630	1.643	1.027	0.486	0.188	−0.201	−0.509	−0.587	−0.670	−0.873	−1.024	−1.265	−1.463	−1.568
6.2	16.902	13.678	10.258	8.186	6.473	4.653	3.547	2.629	1.641	1.025	0.485	0.187	−0.201	−0.508	−0.586	−0.669	−0.871	−1.021	−1.261	−1.458	−1.562
6.3	16.961	13.719	10.282	8.201	6.481	4.656	3.548	2.628	1.639	1.023	0.483	0.186	−0.201	−0.508	−0.586	−0.668	−0.869	−1.019	−1.257	−1.452	−1.555
6.4	17.020	13.759	10.305	8.215	6.489	4.659	3.548	2.627	1.638	1.021	0.482	0.185	−0.202	−0.507	−0.585	−0.667	−0.868	−1.016	−1.254	−1.447	−1.549
6.5	17.076	13.798	10.327	8.229	6.497	4.661	3.549	2.626	1.636	1.019	0.480	0.184	−0.202	−0.507	−0.584	−0.666	−0.866	−1.014	−1.250	−1.442	−1.543
6.6	17.131	13.835	10.349	8.242	6.505	4.664	3.549	2.625	1.634	1.018	0.479	0.183	−0.202	−0.506	−0.583	−0.665	−0.864	−1.012	−1.246	−1.437	−1.538
6.7	17.184	13.872	10.370	8.255	6.512	4.666	3.549	2.624	1.633	1.016	0.478	0.182	−0.203	−0.506	−0.583	−0.664	−0.863	−1.009	−1.243	−1.433	−1.532
6.8	17.236	13.907	10.390	8.268	6.519	4.669	3.550	2.623	1.631	1.015	0.476	0.181	−0.203	−0.505	−0.582	−0.664	−0.861	−1.007	−1.240	−1.428	−1.527
6.9	17.287	13.942	10.410	8.280	6.526	4.671	3.550	2.622	1.630	1.013	0.475	0.180	−0.203	−0.505	−0.581	−0.663	−0.859	−1.005	−1.236	−1.424	−1.522
7.0	17.336	13.975	10.429	8.292	6.532	4.673	3.550	2.621	1.628	1.012	0.474	0.179	−0.203	−0.504	−0.581	−0.662	−0.858	−1.003	−1.233	−1.420	−1.516
7.1	17.384	14.008	10.448	8.303	6.539	4.675	3.550	2.620	1.627	1.010	0.473	0.178	−0.204	−0.504	−0.580	−0.661	−0.856	−1.001	−1.230	−1.415	−1.512
7.2	17.430	14.040	10.466	8.314	6.545	4.678	3.551	2.620	1.625	1.009	0.472	0.177	−0.204	−0.504	−0.580	−0.660	−0.855	−0.999	−1.227	−1.411	−1.507
7.3	17.476	14.071	10.483	8.325	6.551	4.679	3.551	2.619	1.624	1.007	0.471	0.176	−0.204	−0.503	−0.579	−0.659	−0.854	−0.997	−1.224	−1.407	−1.502
7.4	17.520	14.101	10.500	8.335	6.557	4.681	3.551	2.618	1.622	1.006	0.470	0.176	−0.204	−0.503	−0.578	−0.659	−0.852	−0.995	−1.222	−1.404	−1.498
7.5	17.563	14.130	10.517	8.346	6.562	4.683	3.551	2.617	1.621	1.005	0.469	0.175	−0.204	−0.502	−0.578	−0.658	−0.851	−0.993	−1.219	−1.400	−1.493
7.6	17.605	14.159	10.533	8.355	6.568	4.685	3.551	2.616	1.620	1.003	0.468	0.174	−0.205	−0.502	−0.577	−0.657	−0.850	−0.992	−1.216	−1.396	−1.489
7.7	17.647	14.187	10.549	8.365	6.573	4.686	3.551	2.615	1.618	1.002	0.467	0.173	−0.205	−0.502	−0.577	−0.656	−0.848	−0.990	−1.213	−1.393	−1.485
7.8	17.687	14.214	10.564	8.374	6.578	4.688	3.551	2.614	1.617	1.001	0.466	0.173	−0.205	−0.501	−0.576	−0.656	−0.847	−0.988	−1.211	−1.389	−1.481
7.9	17.726	14.240	10.579	8.383	6.583	4.690	3.551	2.614	1.616	0.999	0.465	0.172	−0.205	−0.501	−0.576	−0.655	−0.846	−0.987	−1.208	−1.386	−1.477
8.0	17.764	14.266	10.594	8.392	6.588	4.691	3.551	2.613	1.614	0.998	0.464	0.171	−0.205	−0.501	−0.575	−0.654	−0.845	−0.985	−1.206	−1.383	−1.473